Andreas Bärtels

Wild- und Zieräpfel

Üppige Pracht für Gärten und Parks

Quelle & Meyer Verlag Wiebelsheim

Die Angaben in diesem Buch sind vom Autor und dem Verlag sorgfältig erwogen und geprüft, dennoch kann keine Garantie übernommen werden. Eine Haftung des Autors bzw. des Verlags und seiner Beauftragten für Personen-, Sach- und Vermögensschäden ist ausgeschlossen.

Bibliografische Information der Deutschen Nationalbibliothek
Die Deutsche Nationalbibliothek verzeichnet diese Publikation in der Deutschen Nationalbibliografie; detaillierte bibliografische Daten sind im Internet über http://dnb.d-nb.de abrufbar.

www.quelle-meyer.de

Umschlagabbildungen: vorne: E. J. Jablonski (o.l., o.r.)
hinten: E. J. Jablonski (o.); H.-R. Müller (u.r.); alle weiteren Bilder: A. Bärtels
Druck und Verarbeitung: Belvédère Print & Packaging b.v.
Printed in Europe/Imprimé en Europe
ISBN 978-3-494-01830-0

Geleitwort

Vor vier Jahrzehnten sah ich in einem alten Garten einen kleinen Baum stehen. Er fiel besonders auf, da er überreich in zarten Rosatönen blühte. Die Blütenfülle war so groß, dass zwischen den Blüten kaum noch Gezweig oder Blätter zu sehen waren. Es war ein „Vielblütiger Apfel" (*Malus floribunda*). Er stand noch lange in diesem Garten und würde vermutlich heute noch dort stehen, denn ein *Malus floribunda* kann viele Jahrzehnte alt werden, aber das Haus wurde verkauft und der Garten umgestaltet, für das Bäumchen gab es keinen Platz mehr. Im eigenen Garten wurde aber bald ein solcher Apfel gepflanzt und mittlerweile sind viele Wild- und Zieräpfel dazugekommen. In jedem Jahr werden sie schöner und sie blühen und fruchten stets verlässlich. Ich möchte sie nicht mehr missen.

Ein voll erblühter Wild- oder Zierapfel zählt zu den schönsten Blütengehölzen überhaupt. Dem Betrachter bietet sich ein wahres Blütenmeer. Die meisten Zieräpfel weisen zudem ab dem Spätsommer einen reichen Fruchtbehang auf, häufig sind diese Äpfel leuchtend gefärbt, in Gelb, Orange oder Rot. Einige von ihnen zeigen auch eine wundervolle Herbstfärbung, die von goldgelb bis rotorange reichen kann.

Im Wuchs zumeist schwächer wachsend, sind sie eine außerordentliche Zierde für den Hausgarten. Es gibt Sorten mit Hänge- oder mit pyramidalem Wuchs. Auch als kleinkronige Straßenbäume sieht man Wild- und Zieräpfel mittlerweile häufiger, einige von ihnen gelten sogar als zukunftsträchtige „Klimabäume".

Obwohl sie schon seit mindestens Mitte des 18. Jahrhunderts bei uns in Kultur sind, gehören sie aber immer noch zu den seltener verwendeten Ziergehölzen.

Wild- und Zieräpfel haben einen hohen ökologischen Wert. Sie sind ausgezeichnete Bienenbäume, bieten vielen Insekten und weiteren Tieren Nahrung und sind auch für Vögel attraktiv, die die Bäume nach Nahrung absuchen. Auch die kleinen Früchte werden von ihnen und Kleinsäugern genutzt. Wild- und Zieräpfel eignen sich zudem als Bestäuber für obstbaulich genutzte Äpfel.

Die Früchte können vielfältig verwendet werden. Einige Arten und Sorten haben roh verzehrbare Früchte. Bei uns noch gar nicht weit bekannt ist, dass verarbeitete Äpfelchen köstliche Gelees ergeben, in England kennt man schon lange das „Crabapple Jelly". Die eingemachten ganzen Früchte sind ebenfalls verwertbar. Eine medizinale Verwendung von rohen oder getrockneten Äpfeln ist dagegen schon seit alter Zeit bekannt.

Viele der Wild- und Zieräpfel sind zudem nur wenig krankheitsanfällig. Dies ist auch der Grund, weshalb einige von ihnen zur Züchtung krankheitstoleranter oder gar resistenter obstbaulich genutzter Sorten verwendet werden.

Es ist sehr erfreulich, dass sich Andreas Bärtels den Wild- und Zieräpfeln angenommen hat. Deutschsprachige Literatur zu diesem Thema ist kaum vorhanden, Zieräpfel werden immer wieder in enzyklopädischen Werken mitbehandelt, eine regelrechte Monographie fehlte bei uns. In den USA dagegen erschienen schon vereinzelt Bücher nur zu den „Crabapples", wie sie dort genannt werden.

Andreas Bärtels, ausgewiesener Pflanzenkenner und Fotograf, ist durch seine vielen Bücher über Pflanzen einem breiten Publikum bekannt. Ihm ist es geglückt, im vorliegenden „Zierapfelbuch" die Welt dieser wundervollen Blütengehölze ausführlich zu behandeln und uns näherzubringen.

Dabei werden nicht nur die gängigen Sorten beschrieben, die bei uns zum Teil schon seit Jahrzehnten im Handel erhältlich sind und die immer noch Wertschätzung erfahren. Viele neue Sorten sind in dieses Werk mit aufgenommen worden und einige werden sogar erstmals beschrieben und abgebildet.

Der Autor hat lebenslange praktische Erfahrung mit Pflanzen sammeln können. Auf seinen vielen Reisen konnte er interessante Gehölze in der Natur, in Gärten und Parks besuchen und fotografieren. So stehen dem informativen Text seine ausgezeichneten Farbfotos gegenüber.

Ergänzt werden diese Aufnahmen durch detailgetreue Zeichnungen von *Malus*-Wildarten der ehemaligen Wildartensammlung in Naumburg/Saale. Der Pomologe Dr. Fischer stellte dankenswerter Weise diese Illustrationen, die bereits Ende der 1940er-, Anfang der 1950er-Jahre entstanden, aus seinem Privatarchiv zur Verfügung.

Es gebührt Andreas Bärtels und dem Quelle & Meyer-Verlag Dank dafür, dieses interessante und bei uns bislang wenig beachtete Thema „Zieräpfel" in solch einer ansprechenden Form verwirklicht zu haben. Mögen die Leserinnen und Leser dieses Buches von der Schönheit der Wild- und Zieräpfel und ihrer weiteren positiven Eigenschaften fasziniert sein und so zur Auswahl und Pflanzung eines solchen Gehölzes angeregt werden.

Eike J. Jablonski
Präsident der Deutschen Dendrologischen Gesellschaft e. V. (DDG)

Einleitung

Was wären Gärten, Parkanlagen und urbanes Grün ohne blühende Bäume und Sträucher?

Zu den besonders üppig blühenden Bäumen gehören zweifellos die Wild- und Zieräpfel mit ihrer überschäumenden Fülle an weißen, rosa, roten, purpurnen oder violetten Blüten. Ihre Blütezeit schließt sich nahtlos an die der zahlreichen Zierkirschen an. Im Gegensatz zu diesen sind Wild- und Zieräpfel in der Regel robuster, anpassungsfähiger an Boden- und Klimabedingungen und langlebiger als viele Zierkirschen. Davon zeugen z. B. ein Altbaum von *Malus sylvestris* im Großen Garten in Dresden (siehe S. 117) und alte Exemplare von *Malus mandshurica* (siehe S. 203) und *M. toringo* var. *sargentii* (siehe S. 254) im belgischen Arboretum Kalmthout. Die Bäume sind von Charles van Geert gepflanzt worden. Van Geert hat auf dem heutigen Gelände des Arboretums von 1856 bis 1896 eine Baumschule betrieben.

Malus sylvestris in Beberbeck

Ein nahezu biblisches Alter hat ein Wild-Apfel, *Malus sylvestris*, in der Domäne Beberbeck, Stadt Hofgeismar, im Landkreis Kassel erreicht. Nach einer Jahrringanalyse Ende der 1990er-Jahre wurde ein Alter von 250 Jahren festgestellt. Nach dem Rückbau seiner Krone ist der sehr dicht verzweigte Baum nun nur noch 9 m hoch, bei einem Stammumfang in 1,3 m Höhe von 3,05 m (Arndt & Weisgerber 2020).

Die überwiegend einfachen Blüten sind zierlicher als die oft gefüllten, üppigen und deshalb etwas protzigen Blüten mancher Zierkirschen. Im Gegensatz zu Zierkirschen erfreuen uns Wild- und Zieräpfel im Herbst mit einer Fülle an Früchten, die nicht selten auffallend gefärbt sind und oft bis in den Winter hinein an den Bäumen haften. Arten und Sorten mit relativ großen, leuchtenden Früchten haben eine beachtliche Fernwirkung, besonders nach dem Laubfall im Herbst.

Keine andere, für die Pflanzung an sonnigen Standorten geeignete Gehölzgattung ist so vielseitig in Bezug auf ihre Wuchsform, auf die Farben ihrer Blüten sowie die Größe, Form und Färbung ihrer Früchte.

Die meisten Wild- und Zieräpfel wachsen kaum über die Größe von Kleinbäumen hinaus. Sie bieten sich deshalb auch für eine Verwendung im Hausgarten an. Verwendung finden sie auch in Parkanlagen, urbanem Grün und an Straßen, wie z. B. *Malus toringo* var. *toringo* oder *M. tschonoskii*. Zwergwüchsige Sorten wie *Malus toringo* var. *sargentii* 'Tina' oder *Malus* Pom'zai gedeihen auch in Pflanzgefäßen ausgezeichnet.

Wild- und Zieräpfel wachsen ± schlank aufrecht oder bilden kugelige oder ausgebreitete Kronen, einige Sorten auch Kronen mit überhängender Verzweigung.

Die meisten Zieräpfel haben grüne Blätter, die im Austrieb oft rötlich oder bronzefarben getönt sind. Neben grünlaubigen Arten und Sorten gibt es eine Fülle von Sorten mit roter oder purpurfarbener Belaubung. Bei vielen Arten und Sorten färben sich die Blätter im Herbst auffallend goldgelb bis orange- oder hochrot.

Die oft duftenden Blüten können weiß (bei den meisten Arten und Sorten), rosa, rot oder purpurfarben sein. Sie sind in knospigem Zustand stets intensiver gefärbt als zur Zeit der Vollblüte. Weiße Blüten sind vor ihrer Entfaltung oft rosa oder rot gefärbt. Bei Sorten mit rosa, roten oder purpurnen Blüten sind die Blütenknospen nicht selten kastanienbraun.

Die meisten Zieräpfel haben einfache Blüten mit fünf Kronblättern, nur relativ wenige Arten und Sorten gefüllte Blüten. Mit 35 bis 41 (50 bis 61) Kronblättern sind die Blüten von *M. ioensis* 'Prince Georges' besonders reich gefüllt.

Abgesehen von der Quitte blühen Äpfel als letzte unter den heimischen Obstgehölzen. Als erste Arten blühen Ende April *Malus sieversii* var. *sieversii*, *M. mandshurica* und die Hybride *M.* ×*robusta*, als letzte Arten *M. coronaria* und *M. florentina*, deren Blüten sich oft erst Anfang Juni öffnen.

Die Früchte der Wild- und Zieräpfel können limonengrün, amberfarben, gelb, orange, rot, dunkelrot oder purpurn gefärbt sein. Sie sind überwiegend ± kugelig und haben Durchmesser von 0,6 bis 5 cm. Sie bleiben nicht selten bis weit in den Winter haften. Ihr wochenlanger Schmuckwert ist nahezu unübertroffen.

Wild- und Zieräpfel sind nicht nur besonders attraktiv, sondern auch ökologisch wertvoll. Im Kapitel «Ökologischer Wert der Wild- und Zieräpfel» wird darüber ausführlich berichtet.

Die in diesem Buch beschriebenen Wild- und Zieräpfel werden in verschiedenen Kapiteln zusammengefasst. Zunächst werden die in Europa heimischen Wildäpfel beschrieben, in dem folgenden Kapitel die Wildäpfel, die im Kaukasus und Zentralasien ihre natürliche Verbreitung haben. In Ostasien, China, Japan, Korea und der Mandschurei kommen die meisten Wildäpfel vor, in Nordamerika vergleichsweise wenige Arten. Nach einem Kapitel, in dem die *Malus*-Hybriden und deren Sorten beschrieben werden, folgt das letzte Kapitel mit der Beschreibung der zahlreichen Zierapfel-Sorten, den Hybriden mit Sortennamen.

In allen Kapiteln werden Arten und Hybriden in alphabetischer Reihenfolge ihrer wissenschaftlichen Namen beschrieben, die Arten ausführlich und mit Fließtext, Hybriden und Sorten stichwortartig. Nach dem wissenschaftlichen und deutschen Namen der Art folgen in Klammern die Zugehörigkeit zu Sektionen und Serien sowie in einer weiteren Klammer die oft sehr zahlreichen synonymen Namen der Art. Den Sortennamen folgt in Klammern deren Abstammung.

Die Beschreibung der morphologischen Merkmale erfolgt stets in der gleichen Reihenfolge: Habitus, Zweige, Blätter, Blüten und Früchte. Die mehr oder weniger ausführlichen Angaben zur natürlichen Verbreitung orientieren sich an den mir vorliegenden Informationen.

Im englischsprachigen Raum werden kleinfruchtige Wild- und Zieräpfel „crab apple" genannt, eine Bezeichnung, die sich auch bei uns langsam verbreitet.

Die Zuordnung der Sorten und die Schreibweise der Sortennamen erfolgt nach „The International crab apple Register and Checklist 2017" (LING et al. 2017).

Dieses Buch wird mit über 600 Abbildungen reich illustriert. Eine besondere Note erhält die Illustration durch das „Archiv Fischer". Es enthält handkolorierte Zeichnungen von Wildäpfeln und deren Hybriden, die zwischen 1940 und 1950 am Institut für Obstzüchtung in Naumburg an der Saale von den Pflanzenzeichnern MÜLLER-BINDEWALD, RENNER, HEIN, SASS, MÜHLMANN und anderen angefertigt worden sind und die Herr Prof. Dr. MANFRED FISCHER aus dem Nachlass des Institutes gerettet hat.

Inhaltsverzeichnis

Morphologische Merkmale der Gattung Malus

Zur Gattung *Malus* gehören ausschließlich verholzende Pflanzen. Es sind überwiegend sommergrüne, selten wintergrüne, reich verzweigte Kleinbäume oder Großsträucher mit unterschiedlichen Wuchshöhen und Kronenformen und einer meist dunkelbraunen, rötlich braunen oder grauen, anfangs glatten Rinde, die sich im Alter in kleinen, unregelmäßigen Feldern löst. Nicht selten werden Wurzelschosse ausgebildet.

Habitus

Die Kronenarchitektur der *Malus*-Arten gehört, zusammen mit den Arten der Gattungen *Castanea, Gleditsia, Juglans, Platanus, Populus tremula, Quercus* (außer *Q. palustris* und *Q. rubra*), *Robinia, Salix* und *Sorbus*, nach Pfisterer und Roloff (2010) zum Quercus-Typus. Arten dieses Typus bauen in der Sämlingsphase eine monokormisch (Verzweigung von Holzpflanzen mit nur einer durchgehenden Hauptachse) organisierte Krone auf. Die Metamorphose der Krone setzt in der Regel bereits vor Beginn der Reifephase ein. Die Kronenarchitektur ist sehr variabel, Seitenachsen neigen nach Störungen der normalen Entwicklung (Kronenbruch, Frostschäden, Windeinwirkung) zur Reiteration, d.h. zur Wiederholung eines Baum-Modells innerhalb der Krone, die sich aus schlafenden Knospen oder Adventivknospen oft auf der Oberseite mehr oder weniger waagerecht abstehender Äste entwickeln.

Bei Wild- und Zieräpfeln lassen sich folgende Kronenformen unterscheiden:

Rundkronige Bäume weisen Wuchshöhen zwischen 4,5 und 12,5 m auf. Mit aufsteigenden bis waagerecht abstehenden Ästen werden unregelmäßig verzweigte Kronen aufgebaut, die nicht selten so breit sind wie die Wuchshöhe des Baumes.

Zu dieser Gruppe gehören zahlreiche Zierapfelsorten, z.B. die Sorte Perpetu ('Evereste').

Malus Perpetu ('Evereste')

Kegelförmige Kronen werden gebildet, wenn die Äste in einem spitzen Winkel aufsteigen. Ein typisches Beispiel für diese Wuchsform sind *Malus trilobata* und *M. tschonoskii* mit der schmal kegelförmigen Krone und *Malus* 'Red Sentinel'.

Malus 'Red Sentinel'

Malus tschonoskii

Einige wenige Zierapfelsorten bilden in der Jugend ausgesprochen säulenförmige Kronen, wie z. B. die Sorte 'Van Eseltine'. Mit zunehmendem Alter löst sich die strenge Säulenform oft auf, die Bäume entwickeln eine schmal trichterförmige Krone.

Malus 'Van Eseltine'

Sehr schmal säulenförmig bis spindelförmig sind die Kronen der seit einigen Jahren häufiger kultivierten Säulenäpfel der Ballerina-Serie und anderer Sortengruppen, die aber eher den Kultur-Äpfel zuzuordnen sind, wie z. B. die Sorten *M. domestica* 'Heco' und *M. domestica* 'Polka'. Beschreibung und Abbildungen weiterer Säulenapfelsorten siehe Seite 104 ff.

Malus domestica 'Polka'

Unter den Wild- und Zieräpfeln finden sich auch Arten und Sorten, die von Natur aus trichterförmige Kronen ausbilden. Dazu gehört z. B. der Alaska-Apfel, *Malus fusca*, mit seinem anfangs breit trichterförmigen Aufbau. Im Alter werden die Kronen deutlich breiter.

Malus fusca

Sorten mit überhängender Verzweigung entwickeln meist domförmige Kronen, in denen sich Äste und Zweige in mehr oder weniger engen Bögen abwärts neigen.

Hierzu gehören die mehr als einhundert Jahre alten, von der Baumschule Späth, Berlin, eingeführten Hängeformen 'Excellenz Thiel' und *M. ×gloriosa* 'Echtermeyer' (früher 'Oekomomierat Echtermeyer') sowie Sorten wie 'Elise Rathke', 'Red Jade' oder WHITE CASCADE.

Malus 'Elise Rathke'

Zu den besonders schwachwüchsigen Zieräpfeln gehört die Sorte *Malus toringo* var. *sargentii* 'Tina', die mit ihrer waagerecht abstehenden Verzweigung kaum mehr als 1,5 m hoch wird. Mit einer Wuchshöhe von kaum mehr als 1,5 m und einer sehr dichten Verzweigung ist auch die Sorte POM'ZAI ('Courtabri') ausgesprochen zwergwüchsig und damit auch für eine Kultur in Pflanzgefäßen geeignet. Aber auch etwas stärker wachsende Wild- und Zieräpfel lassen sich in Pflanzgefäßen kultivieren.

Malus toringo var. *sargentii* 'Tina'

Malus 'Red Sentinel' als Topfpflanze

Malus POM'ZAI ('Courtabri')

Zweige, Knospen, Rinde

Das Zweigsystem der *Malus*-Arten ist in Lang- und Kurztriebe gegliedert. Mehrere Jahre alte, kurze Triebe können sich zu dicken, steifen Kurztriebketten entwickeln. Die olivgrünen bis rotbraunen Zweige sind meist unbewehrt. Die Triebe sind kahl, verkahlend (kahl werdend), rauhaarig, schwach flaumhaarig oder wollig behaart. Einige Arten und Sorten sind mit dornenähnlichen Zweigen ausgestattet. Dabei handelt es sich um eingetrocknete Langtriebe oder abgebrochene Kurztriebketten, die sich zu einem dichten Gewirr verhaken können.

Die Laubblätter sind in den meist eiförmigen Winterknospen, die von einigen dachziegelförmig angeordneten Schuppen umgeben sind, gefaltet oder zusammengerollt.

Apfelbäume bilden im Alter eine meist graubraune Borke aus, deren äußere Schicht sich meist in kleinen, unregelmäßigen Schuppen löst. Bei *M. tschonoskii* bleibt die Rinde dagegen sehr lang glatt und löst sich dann in vergleichsweise großen Schuppen ab.

Malus baccata

Malus sylvestris, Stamm eines 250 Jahre alten Baumes

Malus sylvestris

Stammbilder von *Malus baccata* und *Malus sylvestris*

Blätter

Die kurz gestielten, (2–)4–12 cm langen, einfachen Laubblätter sind wechselständig angeordnet. Sie sind häutig oder ledrig und können elliptisch, eiförmig, verkehrt eiförmig, oval, lanzettlich, eiförmig-lanzettlich oder länglich sein. Sie sind am Rand gezähnt, gesägt, doppelt gesägt, drüsig gesägt, gekerbt oder eingeschnitten bis gelappt, wie z. B. bei *Malus toringoides*, seltener ganzrandig. Blätter kräftiger Langtriebe sind häufig sehr verschieden von den Kurztriebblättern. Langtriebblätter sind meist länger und stets tiefer gesägt und gelappt als Kurztriebblätter. Die Nebenblätter sind frei und fallen bald ab.

Malus-Arten haben überwiegend grüne, oberseits mehr oder weniger stark glänzende, beiderseits kahle oder behaarte Blätter. Bei einigen Sorten sind die Blätter im Austrieb und/ oder während der ganzen Vegetationszeit mehr oder weniger intensiv rot gefärbt, wie z. B. bei dem Kirgisischen Blut-Apfel, *Malus sieversii* var. *niedzwetzkyana* und Sorten mit einem Erbanteil des Kirgisischen Blut-Apfels. Bei nur wenigen Arten und Sorten färben sich die Blätter im Herbst in auffallenden Tönungen, wie z. B. bei *Malus fusca* mit der braunroten Herbstfärbung oder bei *M. transitoria* oder *M. tschonoskii*.

Malus Cocinella

Malus tschonoskii

Malus transitoria

Blüten

Bei allen *Malus*-Arten und -Sorten stehen die Blüten in endständigen, mehrblütigen Büscheln oder Trugdolden an Kurztrieben, bei einigen Sorten auch an den Langtrieben des Vorjahres. Die Blütenstände tragen am Grunde einige Laubblätter, in deren Achseln die untersten Blüten entspringen. Innerhalb des Blütenstandes ist die Endblüte, die „Königsblüte", deutlich bevorzugt. Die Blüten werden bereits im Sommer des Vorjahres angelegt. Die doppelt fünfzähligen, zwittrigen, radiärsymmetrischen, insektenbestäubten Blüten sind meist flach becher- oder schalenförmig und, je nach Art oder Sorte, zwischen 1,5 bis 5 cm breit. Kelch-, Kron- und Staubblätter entspringen am Rande eines meist becherförmigen Blütenbechers, der sich ganz über dem Gynoeceum schließt. Fruchtknoten und Blütenbecher sind miteinander verwachsen. In dem meist vier- oder fünffächrigen Fruchtknoten befinden sich in der Regel zwei Samenanlagen je Fruchtfach. Die Kelchblätter sind hinfällig oder bleiben bis zur Fruchtreife erhalten. Die 5 überwiegend kreisrunden bis elliptischen, genagelten Kronblätter sind weiß bis rosa oder karmin- bis weinrot gefärbt. Die 15 bis 50 Staubblätter haben meist weiße Staubfäden und gelbe, gelegentlich auch weißliche, orange, rosa oder violett gefärbte Staubbeutel. Der unterständige Fruchtknoten besteht aus meist 5 (selten bis zu 2) Fruchtblättern mit meist zwei Samenanlagen, von denen beide oder nur eine ausreifen. Die 2 bis 5 Griffel sind am Grunde zu einer kurzen, behaarten oder kahlen Säule verwachsen. Bei einigen Sorten sind die Staubblätter zu kronblattartigen Blütenblättern umgewandelt, die Blüten sind dann halbgefüllt oder gefüllt, wie z. B. bei der Sorte 'Van Eseltine'. Die oft duftenden, streng protogynen (vorweiblichen) Blüten entfalten sich ganz überwiegend im April–Mai, vor oder gleichzeitig mit der Laubentfaltung.

Malus 'Butterball', Blüten an Kurztrieben

Malus ROYAL RAINDROPS, Blüten an Langtrieben des Vorjahres

Malus baccata 'Andreas Bärtels', Blüten an Kurztrieben

Apfelbäume sind selbstinkompatibel und deshalb bei der Fortpflanzung auf Fremdbefruchtung angewiesen. Um eine möglichst optimale Fremdbefruchtung zu erreichen, werden in modernen Obstplantagen gezielt bestimmte Sorten nebeneinander gepflanzt und auch Zieräpfel als Befruchtersorten eingesetzt.

Im phänologischen Kalender markiert der Blühbeginn des Apfels den Beginn des Vollfrühlings. Die Blüten werden von Wild- und Honigbienen, Hummeln und anderen Insekten bestäubt. Apfelblüten werden auch von pollenfressenden Käfern besucht.

Blütendiagramm des Apfels mit (von innen nach außen) fünffächerigem Fruchtknoten, Staubblättern, Kelchblättern und Kronblättern

Früchte

Die zur Reife pergamentartigen bis knorpeligen Fruchtblätter, die je ein bis zwei Samen einschließen, bilden das Kerngehäuse. Zusammen mit diesem und dem sich vergrößernden, saftig-fleischig werdenden Blütenbecher entwickelt sich die typische, mehr oder weniger kugelige oder ellipsoidische Apfelfrucht, die auch als Kernapfel bezeichnet wird. In der Biologie wird die Apfelfrucht als Scheinfrucht bezeichnet, als Sonderform der Sammelbalgfrucht.

Das zuckerreiche (bis etwa 13 %) Fruchtfleisch der 0,5 bis 10 cm dicken Früchte weist, im Gegensatz zu den Birnenfrüchten, meist keine Steinzellen auf. Fruchtstiel und ausdauernder Kelch liegen nach dem Dickenwachstum des Apfels in trichterförmigen Gruben. Auch Äpfel mit hinfälligem Kelch weisen an der Spitze eine nabelartige Vertiefung auf. Die Epidermis ist häufig von Wachs bedeckt oder durch eine lokale Korkbildung rau berostet. Die Epidermis besteht aus derbwandigen, polygonalen, 15 bis 50 µm großen Zellen. Die zur Reife glänzend braunen bis rötlich braunen, länglichen Samen sind am unteren Ende in eine Spitze ausgezogen, an der sich der Nabelfleck und die Mikropyle befinden. Die Samen enthalten als einzige Teile der Pflanze geringe Mengen an giftigen Cyaniden. Die Samen sind nur mit einem geringen Nährgewebe ausgestattet, der Embryo besitzt dagegen Speicherkeimblätter. Die meisten Apfelfrüchte sind essbar, nicht alle aber wohlschmeckend und roh genießbar. Die Verbreitung der Früchte erfolgt durch Vögel und Säugetiere.

Die sehr unterschiedlich gefärbten und geformten, oft bis in den Winter haftenden Früchte der Zieräpfel haben einen sehr hohen dekorativen Wert.

Malus 'Butterball'

Malus 'Abraham'

Malus 'Red Sentinel'

Malus 'Stripped Beauty'

Malus 'Red Sentinel'

Systematik der Gattung Malus

Der Gattungsname *Malus* geht auf das Lateinische *malus*, Apfelbaum, zurück. Gemeint war damit vor allem der Kultur-Apfel, von dem die Römer schon etwa 30 Sorten kannten. Der Europäische Wildapfel wurde als *Malus sylvestris* bezeichnet. Andere Obstbäume wurden z. B. als *malus persica*, Pfirsichbaum, oder *malus granata*, Granatapfel, bezeichnet. Auf lateinisch pomum = Baumfrucht, geht die Bezeichnung Pomologie zurück, die Lehre vom Obstbau und den Obstarten. (GENAUST 1996).

Der Gattungsname *Malus* wurde 1754 durch den englischen Gärtner und Botaniker PHILIP MILLER (1691–1771) in Gard. Dict. Arch. ed. 4, S. 835 erstveröffentlicht. Sein Autorenkürzel lautet: MILL. Synonyme Namen für *Malus* sind *Docyniopsis* (C.K. SCHNEID.) KOIDZ. und *Eriolobus* (DC.) M. ROEM.

Die Gattung *Malus* gehört zur Familie der Rosaceae, Rosengewächse, die etwa 95 Gattungen und 2800 Arten umfasst. Sie hat ihren Verbreitungsschwerpunkt in den nördlich gemäßigten Zonen. In der klassischen Systematik (auch als Taxonomie bezeichnet) wurde die Familie in vier Unterfamilien gegliedert: den Maloideae (Apfelartige, Kernobstgewächse), Prunoideae (Kirschenartige, Steinobstgewächse), Rosoideae (Rosenartige) und Spiraeoideae (Spierenartige).

Basierend auf molekulargenetischen Untersuchungen wird die Familie gegenwärtig nur noch in drei Unterfamilien gegliedert, den Rosoideae, Dyoideae und Spiraeoideae.

Danach gehört die Gattung *Malus* MILL. zur Unterfamilie Spiroideae, zur Tribus Pyreae und der Subtribus Pyrinae, den Kernobstgewächsen. Zu diesen gehören neben Äpfeln und Birnen auch Obstarten wie Quitten, *Cydonia*, Mispeln, *Mespilus* und Wollmispel, *Eriobotrya* sowie zahlreiche bekannte Gehölzgattungen wie die Felsenbirnen, *Amelanchier*, Zierquitten, *Chaenomeles*, Zwergmispeln, *Cotoneaster*, Weißdorne, *Crataegus* und Glanzmispeln, *Photinia*.

Die Chromosomengrundzahl der Kernobstgewächse ist n = 17. Die meisten *Malus*-Arten besitzen im Zellkern einen doppelten Chromosomensatz, sie sind diploid (2n = 34).

Diploide Arten und Hybriden (2n = 34)
Malus ×adstringens, M. baccata, M. floribunda, M. fusca, M. honanensis, M. kansuensis, M. komarovii, M. mandshurica, M. ombrophila, M. prattii, M. sieversii, M. sylvestris, M. yunnanensis und *M.* ×zumi.

Triploide Arten und Hybriden (2n = 34, 51)
Malus halliana, M. ×micromalus, M. prunifolia, M. rockii, M. spectabilis, M. toringo und *M. transitoria.*

Tetraploide Arten und Hybriden (2n = 34, 51, 68)
M. angustifolia, Malus asiatica, M. coronaria, M. domestica, M. halliana, M. hupehensis, M. ioensis, M. ×platycarpa, M. sikkimensis und *M. toringoides.*

Zur Gattung *Malus* gehören, je nach Artabgrenzung, 25 bis 47 Arten. Der Artrang wird sehr unterschiedlich aufgefasst. Nach LIKHANOS (1974) umfasst die Gattung nur acht Arten, nach POMERENKO (1986) dagegen 78 Arten. In der Datenbank „Kew Science, Plants of the World" werden 37 Arten und einige Hybriden aufgelistet.

Nach der Auswertung zahlreicher phylogenetischer Studien und taxonomischer Literatur schlagen CHRISTENHUSZ, FAY und BYNG (2018) vor, alle Kernobstgattungen in der Gattung *Pyrus*, Birne, zu vereinen, ungeachtet ihrer erheblichen morphologischen Unterschiede. Die Differenzierung zahlreicher Kernobstgattungen sei kulturell bedingt und botanisch nicht zu begründen. Auch die Steinobst-Gattungen mit den Aprikosen, Mandeln, Kirschen und Pfirsichen würden in einer einzigen Gattung, der Gattung *Prunus*, geführt. Ein Zusammenführen in die Gattung *Pyrus* würde neben der Gattung *Malus* auch so artenreiche Gattungen wie Cotoneaster, *Crataegus* und *Sorbus* betreffen, aber auch andere unter ihrem „alten" Namen gut bekannte Gattungen wie *Aronia, Chaenomales, Cydonia, Docynia, Eriobotrya, Heteromeles, Mespilus, Micromeles, Osteomeles, Photinia, Pseudocydonia, Rhaphiolepis* und *Stranvaesia*. Das Zusammenführen all dieser Gattungen in eine einzige, dann überaus artenreiche Gattung ist nicht gerade praxistauglich. Es ist weiterhin legitim, die bisherigen Gattungsnamen zu verwenden. Deshalb behalten Wild- und Zieräpfel in diesem Buch ihren Gattungsnamen *Malus*.

Gliederung der *Malus*-Arten in Sektionen und Serien (Phipps et al. 1990, abgeändert)

Sektion Malus Mill.
(Synonym Eu-malus Zabel)
Blätter in der Knospe gerollt, stets ungeteilt. Fruchtblätter vollständig mit dem Blütenbecher verwachsen.

Serie Malus Mill.
(Synonym Subsect. Pumiliae Rehder, Serie Pumiliae (Rehder) Rehder)
Kelch bleibend.

Malus asiatica Nakai
Malus chitralensis Vassilcz.
Malus crescimannoi Raimondo
Malus domestica (Suckow) Borkh.
Malus leiocalyca S.Z. Huang
Malus ×micromalus Makino
Malus montana Uglizk.
Malus orientalis Uglizk.
Malus praecox (Pall.) Borkh.
Malus prunifolia (Willd.) Borkh.
Malus sieversii (Ledeb.) Roem. var. *sieversii*
Malus sieversii var. kirghisorum (Al. Fed. et Fed.) Pomar.
Malus sieversii var. niedzwetzkyana (Dieck) Likhonos
Malus spectabilis (Ait.) Borkh.
Malus sylvestris (L.) Mill.
Malus turkmenorum Juz. et M. Pop.

Serie Baccatae (Rehder) Rehder
Kelch hinfällig.

Malus baccata (L.) Borkh.
Malus daochengensis C.L. Li
Malus halliana Koehne
Malus hupehensis (Pamp.) Rehder
Malus jinxianensis (J.Q. Deng et J.X. Hong) C.Y. Li
Malus mandshurica (Maxim.) Kom.
Malus muliensis T.C. Ku
Malus pallasiana Juz.
Malus rockii Rehder
Malus sachalinensis Juz.
Malus sikkimensis (Wenz.) Koehne
Malus spontanea (Makino) Makino

Sektion Sorbomalus Zabel ex C.K. Schneid.

Blätter in der Knospe gefaltet, scharf gesägt und mindestens an den Langtrieben ± stark gelappt. Kelch hinfällig, außer bei den Arten der Serie Yunnanenses.
(Bei Robertson et al. (1991) Subgenus Sorbomalus (Zabel ex C.K. Schneid.) K.R. Robertson et J.B. Phipps)

Serie Sieboldianae (Rehder) Rehder

Griffelsäule zottig behaart. Kelch und Blütenstiele kahl oder schwach behaart.

Malus brevipes Rehder
Malus floribunda Sieb. ex van Houtte
Malus toringo (Sieb.) Sieb. ex de Vries var. *sargentii* Rehder
Malus toringo (Sieb.) Sieb. ex de Viries var. *toringo*

Serie Florentinae (Rehder) Rehder

Malus florentina (Zucc.) C.K. Schneid.

Serie Kansuenses (Rehder) Rehder

Griffelsäule kahl.

Malus fusca (Raf.) C.K. Schneid.
Malus kansuensis (Batal.) C.K. Schneid.
Malus komarovii (Sarg.) Rehder
Malus toringoides W.E. Hughes
Malus transitoria (Batal) C.K. Schneid.

Serie Yunnanenses (Rehder) Rehder

Kelch bleibend, Früchte mit becherförmiger Vertiefung an der Spitze und mit Steinzellen.

Malus honanensis Rehder
Malus ombrophila Hand.-Mazz.
Malus prattii (Hemsl.) C.K. Schneid.
Malus yunnanensis (Franch.) C.K. Schneid.

Sektion Chloromeles (Decne.) Rehder

Blätter in der Knospe gefaltet, ± gelappt. Früchte ohne Steinzellen, meist zusammengedrückt, an der Spitze des Kerngehäuses offen. Kelch hinfällig. Blüten weiß oder rosa, Blütenstiele dünn. Verbreitung in Nordamerika.
(Bei Robertson et al. (1991) Subgenus Chloromeles (Decne.)

Malus angustifolia (Ait.) Michx.
Malus coronaria (L.) Mill.
Malus ionensis (Aphl. Wood) Britt.

Sektion Docyniopsis C.K. Schneid.

Blätter in der Knospe gefaltet, nicht oder nur leicht gelappt. Blüten weiß, zu 2–3, Früchte 3 cm dick, mit Steinzellen. Kelch hinfällig. (Bei ROBERTSON et al. (1991) Docyniopsis (C.K. SCHNEID.) KOIDZ.)

Malus doumeri (BOISS.) CHEV.

Malus tschonoskii (MAXIM.) C.K. SCHNEID.

Sektion Eriolobus (DC.) C.K. SCHNEID.

Blätter in der Knospe gefaltet, tief gelappt. Blüten weiß, zu 6–8, dünn gestielt, Früchte mit Steinzellen, etwa 2 cm dick. Kelch bleibend. Fruchtblätter nur unvollständig mit dem Blütenbecher verwachsen. (Bei ROBERTSON et al. (1991) Eriolobus (DC.) ROEM.)

Malus trilobata (LABILL.) C.K. SCHNEID.

Etymologie des Wortes Apfel

Der Apfel ist die einzige Baumfrucht, deren Name germanisch ist (Demandt 2014).

Seit dem 8. Jahrhundert gehört das Wort Apfel zum Standardwortschatz der deutschen Sprache. Aus dem Germanischen *aplu*, dem Krimgotischen *apel*, dem Altostnordischen *epli*, dem Altenglischen *æppel*, dem Altfriesischen *appel* und dem Althochdeutschen *abful* wurde im Mittelhochdeutschen der *apfel*.

Im Baltischen und Slavischen kommen ähnliche Worte gleicher Bedeutung vor: *ubull* im Altirischen und *jablŭko* im Serbokroatischen.

Ein altes, mittelhochdeutsches Wort für den Apfelbaum ist *affolter*, altdeutsch *affoltra*, altsächsisch *apuldra*.

Der Name des Apfels in einigen europäischen Sprachen:

Dänemark	æble
Großbritannien	apple
Frankreich	pomme
Italien	mela, pomo
Niederlande	appel
Slowenien	jábolko
Tschechien	jablko
Serbien	jablućina, jabluko
Polen	jabłko

Das Wort Apfel findet sich häufig in Bezeichnungen für kugelförmige Gegenstände. Ein frühes Beispiel dafür ist der Augapfel, der im Althochdeutschen als *ougaphul*, im Mittelniederländischen als *ogheappel* und im Altenglischen als *eagæppel* bezeichnet wurde (Kluge 2002).

Der Apfel findet sich schon früh in Ortsnamen wieder. Das heutige Affeltrangen im schweizerischen Thurgau wurde schon 779 als *Apholtra wangas* erwähnt. Er findet sich in 18 Namen schweizerischer Dörfer, Weiler, Fluren und Seen. Das Gemeindewappen von Affeltrangen zeigt drei goldene Äpfel auf schwarzem Grund. Das Gemeindewappen von Amriswil im Thurgau einen Apfelbaum mit grünen Blättern und roten Früchten

Der Ortsname Mels im Kanton Gallen leitet sich ab vom romanischen mels = Apfel. Vom lateinischen malum, bzw. melum, leiten sich westschweizerische Ortsnamen wie Maley, Malley, Meley, Mély, Mélye, Emeloz und Merlet ab. Auf pomum oder pommier lassen sich Ortsnamen wie Pomy, Pommey, le Pomay, Pommy und Pommier zurückführen. Auf einer Gruppe von Apfelbäumen (französisch pommier) weisen Namen wie Pomeiry, Pommeriaz, Pommeret, le Pomay, Pommy und Pommier hin.

In „Das Postleitzahlenbuch“ werden von Apfelbach und Apfelbaum bis Appelshof 20 deutsche Ortsnamen mit dem Wortstamm Apfel oder Appel aufgelistet.

Tertiäre und rezente Verbreitung der *Malus*-Arten

Die Gattung *Malus* hat ihren Ursprung in Südostasien. Gegen Ende der Kreidezeit waren *Malus*-Arten in den Gebirgen tropischer und subtropischer Regionen vorhanden. Von dort aus bildeten sich voneinander isolierte Populationen primitiver Apfelbäume, die sich in verschiedene Richtungen weiterentwickelten. Aus den ersten kleinen Populationen entwickelten sich die Apfelbäume zu tertiären Baumpflanzen der Holarktis, deren Ausbreitung auf dem asiatischen Kontinent ihre stärkste Entfaltung erfuhren, die südlich bis zu 20 bis 25° und bis zu 55 bis 60° nördlicher Breite reichte.

Durch die Bildung großer Gebirgsstöcke entstanden selbstständige geographische Gebiete mit unterschiedlichen klimatischen Verhältnissen, die zur Abgrenzung primitiver Apfelbäume führten. Aus tertiären Apfelbäumen entstanden über lange Zeiträume, u. a. bedingt durch Evolution und Eiszeiten, zahlreiche Formen mit neuen, morphologischen Merkmalen.

Im Tertiär waren Arten der Sektion Docyniopsis weit verbreitet. Einige Relikte dieser primitiven Vertreter der Gattung *Malus* haben sich bis heute erhalten. Dazu gehören *M. laosiensis* aus Nordlaos, *M. formosiana* aus der chinesischen Provinz Fusan und auf Taiwan, *M. tschonoskii* aus Südjapan und *M. sikkimensis* im Nordhimalaya.

Zu den tertiären Relikten gehören weitere *Malus*-Arten: *M. trilobata* aus der Sektion Eriolobus, verbreitet im Libanon, in Griechenland und Bulgarien, und *M. florentina* aus der Serie Florentinae in der Sektion Sorbomalus, verbreitet in Italien und auf der Balkanhalbinsel (LANGENFELD 1971).

Am Ende der Kreidezeit, vor der Transgression des Atlantischen Ozeans, breiten sich *Malus*-Arten auch auf dem amerikanischen Kontinent aus. Es formt sich die Sektion Chloromeles, zu der Arten wie *M. angustifolia*, *M. coronaria* und *M. ionensis* gehören.

Gegenwärtig liegen die natürlichen Verbreitungsgebiete der etwa 42 bis 55 *Malus*-Arten ganz überwiegend in der temperierten und borealen Zone der nördlichen Hemisphäre. Mit *Malus doumeri* erreicht das Verbreitungsgebiet der Gattung in Vietnam und Laos tropische Regionen.

Das Zentrum der Diversität liegt in China. Dort kommen 25 Arten natürlich vor, 15 davon sind in endemisch.

In Japan sind nur *M. spontanea*, *M. toringo* var. *sargentii*, *M. toringo* var. *toringo* und *M. tschonoskii* endemisch. In der „Flora of Japan“ (OHWI 1984) werden außerdem *M. halliana*, *M. hupehensis* und *M. mandshurica* beschrieben. Sie sind vor langer Zeit aus China nach Japan gekommen.

Im russischen Fernen Osten, in der Mandschurei und Mongolei, in Korea und Sachalin sind *M. baccata* und *M. mandshurica* heimisch. Das ausgedehnte Verbreitungsgebiet von *M. baccata* reicht bis in die Himalayaregion von Bhutan, Indien und Kaschmir.

In Hochlagen Zentral- und Mittelasiens kommen Arten wie *Malus sieversii* var. *sieversii* (Kasachstan) mit der var. *kirghisorum* sowie *M. chitralensis* (Pakistan) vor. Im Himalaya (Bhutan, Nordostindien, Nepal und Sikkim) gedeiht *M. sikkimensis* in Höhen von 2500 bis 3000 m.

Die Kaukasusregion ist mit *M. orientalis* und *M. praecox* am Gesamtareal der Gattung beteiligt.

In Europa kommen fünf Arten natürlich vor, den Kultur-Apfel, *Malus domestica*, mitgerechnet. Das Areal von *M. florentina* liegt im südlichen und südöstlichen Mitteleuropa. Das Verbreitungsgebiet von *M. sylvestris*, Holz-Apfel, reicht von Mitteleuropa über die Türkei und Kaukasien bis nach Nordiran. In Deutschland sind nur noch wenige Exemplare echter Holzäpfel zu finden. *M. trilobata* ist von Nordgriechenland bis zum Libanon, Syrien und Israel verbreitet. *M. cremosissimoi* ist eine endemische Art Siziliens.

Im östlichen Nordamerika sind Arten wie *M. angustifolia*, *M. coronaria* und *M. prunifolia* endemisch, im westlichen Nordamerika nur *M. ioensis*. *M. domestica* ist in den USA verwildert und eingebürgert und kommt nun im gesamten Osten Nordamerikas vor, ausgenommen die Golfküste.

Pflanzen und Pflegen

Wie alle Pflanzen gedeihen auch Garten- und Parkgehölze nur dann optimal, wenn der Standort den Ansprüchen der jeweiligen Art oder Sorte entspricht. Der Standort wird durch die dort herrschenden klimatischen Bedingungen ebenso geprägt wie durch die Bodenverhältnisse und den Pflanzplatz in Garten oder Park.

Klimatische Voraussetzungen

Unter dem Begriff Klima sind alle Wettervorgänge an einem gegebenen Ort zu verstehen. Dazu gehören Luft- und Bodentemperatur, Niederschläge, Tageslänge, Wind und Frost, Sturm und Hagel. Die Gesamtheit der meteorologischen Einzelvorgänge beeinflusst ganz wesentlich das Wachstum von Wild- und Kulturpflanzen, die natürliche Verbreitung einer bestimmten Art und die Zusammensetzung der natürlichen Pflanzendecke.

Von ausschlaggebender Bedeutung für das Gedeihen einer Pflanze ist das Makroklima, das Klima eines Landes oder einer Landschaft, auch deshalb, weil es sich nicht entscheidend beeinflussen lässt. Mit Ausnahme hoher Gebirgslagen liegt Deutschland im Bereich des warmgemäßigten Klimas im Übergang vom maritimen zum kontinentalen Klima.

Im Gegensatz zum Makroklima steht das Mikroklima, die Wettervorgänge in der bodennahen Luftschicht eines kleinen Raumes, das von den Klimawerten der Messstationen wesentlich abweichen kann. Beeinflusst wird das Mikroklima u.a. durch den Pflanzenbewuchs, die Hangneigung, die Nähe von Gewässern und die Art der Bebauung. Diese Faktoren können sich auf das Wachstum von Pflanzen positiv oder negativ auswirken. Positiv z.B. in der Art, dass die Sonne an einem Hang in einem günstigeren Winkel einfällt und dort eine höhere Temperatur herrscht. Stärker als die weitere Umgebung erwärmen sich auch geschützte Plätze vor Bäumen, Hecken, Mauern und Fassaden. Eine Hecke kann z.B. die Windgeschwindigkeit um 50 bis 80% mindern. Ihre Wirkung macht sich bis zu einem Abstand bemerkbar, der etwa der fünffachen Höhe der Hecke entspricht. Größere Wasserflächen können Temperaturen ausgleichen und nicht selten Früh- oder Spätfröste abmildern. Innerhalb einer Stadt sind die Temperaturen in der Regel höher als in der freien Landschaft.

Einen negativen Einfluss auf das Pflanzenwachstum kann u.a. die Form der Bebauung haben, wenn dadurch Windschleusen und zugige Ecken entstehen. Die Windeinwirkung an solchen Standorten kann zu Kronenbruch und Deformation von Bäumen und Sträuchern führen, mindert aber auch die Luftfeuchtigkeit und steigert die Verdunstungsrate der Blätter. Negativ kann auch ein Platz von einer südexponierten Mauer oder Fassade sein, wenn im Frühjahr die einstrahlende Sonne zu vorzeitiger Saftzirkulation anregt und die Pflanzen in den folgenden Nächten durch tiefe Temperaturen geschädigt werden. Von Nachteil kann auch ein Platz unter großkronigen Bäumen sein. Sie verhindern den unter dem Kronendach wachsenden Pflanzen Zugang zu Wasser, Nährstoffen und Licht.

Winterhärtezonen

Ein begrenzender Faktor für die Kultur von Nutz- und Zierpflanzen sind u.a. die winterlichen Tiefsttemperaturen und die damit verbundene Frosthärte der einzelnen Arten oder Sorten. Die Frosthärte einer Pflanze ist genetisch bedingt und lässt sich durch Umwelteinflüsse und Kulturmaßnahmen nur in Grenzen beeinflussen. Einen Einfluss auf die Winterhärte hat, neben zusagenden Bodenverhältnissen (physikalische und chemische Eigenschaften, Struktur und Zustand) und einer optimalen Nährstoffversorgung als Grundlage für ein gesundes Wachstum, vor allem der Witterungsverlauf im Sommer und Herbst. Nach einem mäßig warmen und trockenen Herbst, verbunden mit einer optimalen Wasserversorgung im Frühherbst, beenden Gehölze rechtzeitig ihr vegetatives Wachstum, reifen gut aus und erreichen so ihre spezifische Frosthärte.

Beeinflusst wird die Frosthärte auch durch den Beginn der Winterfröste. Im Laufe des Winters findet in Blättern, Knospen und Trieben eine ansteigende Frosthärtung statt, die sich zum Frühjahr hin allmählich wieder auflöst.

Bei der Frage, ob eine bestimmte *Malus*-Art, -Hybride oder -Sorte an einem gegebenen Standort optimal gedeihen kann, sind u.a. Erfahrungen über deren Frosthärte hilfreich. Sie lassen sich an der Angabe der Winterhärtezone (WHZ) ablesen. Die meisten Wild- und Zieräpfel sind in der Winterhärtezone 5a oder 5b frosthart. Da die Unterschiede in Bezug auf die Frosthärte vergleichsweise gering und alle Arten, Hybriden und Sorten überall in Deutschland ausreichend frosthart sind, wird bei der Beschreibung der Arten und Sorten auf die Angabe der Winterhärtezone verzichtet.

Grundlage der hier angegebenen Winterhärtezonen sind die mittleren jährlichen Minima der Lufttemperatur. Das für die Einteilung der Winterhärtezonen zugrunde gelegte „mittlere jährliche Minimum der Lufttemperatur" wird errechnet, indem die in den Wetterhütten der einzelnen Stationen 2 m über, soweit vom Klima her möglich, rasenbedecktem Boden im Laufe langfristiger Messperioden gemessenen jährlichen Tiefsttemperaturen (absolute Minima der einzelnen Jahre) summiert und durch die Anzahl der Beobachtungsjahre dividiert werden. Die Mittelwerte werden mit tminJ bezeichnet.

Die Zuordnung eines Wild- oder Zierapfels zu der niedrigsten Winterhärtezone, in der er noch die entsprechenden Temperaturen erträgt, bedeutet keine absolute Frosthärte in dieser Zone. In extrem kalten Wintern werden die den jeweiligen Zonen zugrunde liegenden Minima der Lufttemperatur stark unterschritten, wobei es dann zu mehr oder weniger großen Schäden am Holzgerüst der Pflanzen kommen kann. Nach allgemeinen Erfahrungen kann man aber davon ausgehen, dass Wild- und Zieräpfel etwa eine 80-prozentige Überlebenschance in der jeweils angegeben Zone haben.

Karten der Winterhärtezonen für Europa sind in Temperaturbereiche von jeweils 5,5 °C gegliedert, für das kleinräumige Mitteleuropa werden diese Zonen in die Halbzonen a und b untergliedert.

Winterhärtezonen (WHZ) für Gehölze in Mitteleuropa und deren Temperaturbereiche in °C, resultierend aus den mittleren jährlichen Minima der Lufttemperatur t_{min*J}

5b −26,0 bis −23,5
6a −23,4 bis −20,6
6b −20,5 bis −17,8
7a −17,7 bis −15,0
7b −14,9 bis −12,3
8a −12,2 bis −9,5
8b −9,4 bis −6,7

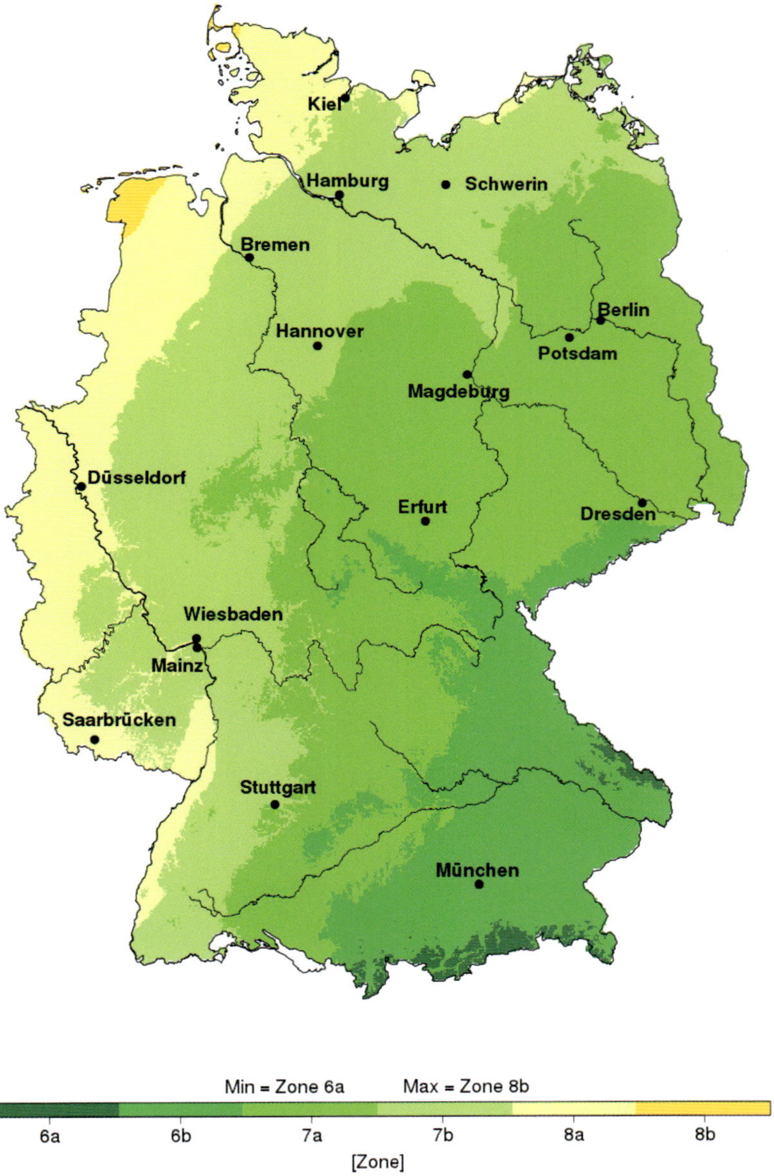

Karte der Winterhärtezonen Deutschlands des Deutschen Wetterdienstes

Boden

Als Boden bezeichnet man die oberste, mit Leben erfüllte Schicht der Erdrinde. Sie besteht aus mineralischen Stoffen verschiedener Korngrößen und aus organischen Substanzen. Diese organischen Substanzen sind die Lebensgrundlage der Mikroorganismen. Bodenwasser und Bodenluft füllen in unterschiedlichen Mengenverhältnissen die Hohlräume des Bodens aus. Die Lagerungsweise der einzelnen Bodenbestandteile macht die Struktur des Bodens aus. Für den gärtnerischen und landwirtschaftlichen Pflanzenbau ist die Bodenkrume, ihre Struktur sowie ihr Wasser- und Nährstoffhaushalt von ausschlaggebender Bedeutung. In ihr breitet sich die Hauptmasse der Wurzeln aus und sie unterliegt im Wesentlichen der Bodenbearbeitung. Der Boden ist somit einer der wichtigsten Standortfaktoren.

Während man den Standortfaktor Klima nicht nachhaltig beeinflussen kann, lässt sich ein Boden durchaus verbessern. Vom Boden wird zweierlei verlangt, er muss als Wurzelgrund in physikalisch-mechanischer Hinsicht den Ansprüchen der Pflanzen genügen. Er muss außerdem die notwendigen Nährstoffe und Wasser enthalten und diese bei Bedarf an die Pflanzen abgeben.

Entspricht der Boden nicht diesen optimalen Bedingungen, sind großflächige Bodenverbesserungen durch eine tiefgreifende Bodenbearbeitung und das Einbringen verschiedener Materialien möglich, sofern es sich nicht um extreme Bodenformen handelt, wie z. B. sehr nährstoffarme, trockene Sandböden, schwere Tonböden, nasse Moorböden oder ausgesprochene Kalkböden.

Bei der Neuanlage von Gärten nach einem Hausbau, der oft starke Bodenverdichtungen zur Folge hat, ist eine tiefgreifende Bodenbearbeitung besser als das Ausheben großer Baumgruben. Ein wirksames Mittel zur Bodenvorbereitung auf verdichteten Böden ist auch der Einsatz von Gründüngungspflanzen vor der Neuanlage eines Gartens. Gründüngungspflanzen, wie beispielsweise Lupinen oder Rainfarn-Büschelschön, *Phacelia tanacetifolia*, bringen nicht nur hohe Massen an organischem Material in den Boden (200 bis 400 dt/ha), sondern schließen den Boden mit ihren oft tief reichenden Wurzeln auf, verbessern so den Wasser- und Lufthaushalt und die für einen gesunden Boden notwendige Tätigkeit der Bodenorganismen.

Bei der Zuführung organischer Materialien zur großflächigen Bodenverbesserung sollte aus ökologischen Gründen auf Torf verzichtet werden. Gut geeignet ist dagegen Kompost, der in den Entsorgungsanlagen der Landkreise aus Strauchschnitt hergestellt worden ist. Kompost aus Grünabfällen ist dagegen weniger gut geeignet, er kann durch unbekannte Stoffe hoch belastet sein.

Langfristige Bodenverbesserungen sind auch durch die Zuführung weiterer natürlicher Materialen zu erreichen.

Das Einbringen von grobem Estrichsand auf feinkörnige Lehm- und Tonböden verbessert deren Wasser- und Lufthaushalt.

Agrosil *LR ist ein neutrales Silikat-Koloid mit 20 % P_2O_5 (Phosphor) und 36 % Silikat zur Verbesserung leichter und mittlerer Böden. Es erhöht die Ausnutzung von Wasser und Nährstoffen und regt das Wurzelwachstum an. Aufwandmenge 0,07 bis 0,2 kg/m^2.

Alginure Bodengranulat ist ein organisch-mineralischer Dünger und Bodenhilfsstoff zur Verbesserung der Bodenvitalität und -qualität. Es verbessert die Wasserspeicherung, die Nährstoffsorption und den Lufthaushalt des Bodens. Aufwandmenge 0,05 bis 0,15 kg/m^2. Das Mittel ist in der Betriebsmittelliste für den ökologischen Landbau (FiBL) gelistet.
Bentonit-Sandbodenverbesserer ist ein gekörntes, natürliches Tonmineral mit 50 % Montmorillonit zur nachhaltigen Verbesserung leichter, sandiger Böden. Es speichert Wasser und Pflanzennährstoffe. Aufwandmenge 10 kg/m^2.

pH-Wert des Bodens
Der pH-Wert gibt den Säuregehalt, genauer den Gehalt an Hydronium-Ionen (H30+) einer Lösung an. Die Reaktion eines Bodens kann sauer, neutral oder alkalisch sein. Sie hat Einfluss auf die Bodenstruktur und das Pflanzenwachstum. Der pH-Wert wird in Zahlen ausgedrückt, die von 1 bis 14 reichen. Bei Werten unter pH 7 wird der Boden als sauer, bei Werten über pH 7 als alkalisch bezeichnet. Ein Wert von pH 7 gilt als neutral. Die Anhebung eines zu niedrigen pH-Wertes durch das Einbringen von kohlensaurem Kalk nach einer Bodenuntersuchung ist möglich, eine dauerhafte Senkung zu hoher pH-Werte ist großflächig nicht zu erreichen.

Das Pflanzen

Wie zahlreiche andere Gehölze werden auch Wild- und Zieräpfel gegenwärtig nicht selten als Containerpflanze angeboten, können aber ebenso gut wurzelnackt verpflanzt werden. Dann ist dafür zu sorgen, dass die Wurzeln nicht austrocknen. Beschädigte Wurzeln werden vor dem Pflanzen bis ins gesunde Holz zurückgeschnitten. Bei Containerpflanzen sollen die äußeren Wurzeln mehrfach mit einem Messer durchtrennt werden, um eventuelle Wurzelverfilzungen aufzulösen.
Auf intakten, gut gepflegten Gartenböden genügt es, ein Pflanzloch in der Größe des Wurzelballens auszuheben. Auf verdichteten Böden sollte unbedingt eine mindestens 50 cm tiefe und 80 x 80 cm breite Pflanzgrube ausgehoben werden. Der Untergrund der Pflanzgrube sollte gelockert werden. Die ausgehobene, möglichst feinkrümelige Erde kann mit Kompost aus dem eigenen Garten oder aus Kompostanlagen verbessert werden. Vor dem teilweisen Füllen der Baumgrube und dem Pflanzen des Baumes wird ein Baumpfahl in die Erde gerammt. Der Baum wird später auf der dem Wind abgewandten Seite gesetzt, damit der Baum vom Pfosten weggedrückt wird und sich nicht am Pfahl reiben kann. Ein Baumpfahl kann auch schräg zum Stamm eingeschlagen werden.
Nach dem Pflanzen darf der Baum nicht tiefer stehen als in der Baumschule. Weil sich die ausgehobene Erde setzen wird, den Baum höher pflanzen als die umgebene Bodenoberfläche. In gefährdeten Lagen kann man die Pflanzgrube mit einem Wühlmausschutz auskleiden. Brauchbar sind Sechseckgeflechte aus Draht mit einer Maschenweite von 13 mm. Steht der Baum richtig, die Erde rings um den Stamm oder den Wurzelballen vorsichtig antreten. Der Stamm wird mit einem Kokosfaserstrick oder synthetischem Material im Form einer Achterschlinge so am Baumpfahl befestigt, dass sich der Stamm nicht am Pfahl reibt. Hat man eine größere Baumgrube ausgehoben, bindet man den Baum zunächst so locker an, dass er der sich setzenden Erde folgen kann und sich nicht aufhängt.

Danach wird rings um den Stamm eine flache Mulde hergestellt, die das Gießwasser aufnimmt. Das Gießwasser sollte ohne großen Druck mit vollem Strahl ausgebracht werden. Bei Frühjahrspflanzungen sind weitere Wassergaben vom Witterungsverlauf abhängig. Feuchtigkeitsverluste im Bereich der Baumscheibe werden vermieden, wenn diese mit organischem Material (Rindenmulch, Laub) abgedeckt wird.

Oben links: Beschädigte Wurzeln zurückschneiden. Oben rechts: Pflanzplatz großflächig lockern, Grube ausheben, Aushub mit Kompost oder Rindenhumus verbessern und teilweise wieder einfüllen. Auf die richtige Pflanztiefe achten. Beim Einfüllen Hohlräume zwischen den Wurzeln vermeiden. Unten links: Erde rings um die Wurzelkrone fest antreten. Unten rechts: Baum anpfählen und bei geringem Druck mit vollem Strahl angießen. Baumscheibe mit organischem Material abdecken und flache Gießmulde formen.

Der Stamm kann vor Witterungseinflüssen durch das Umwickeln mit Schilfrohrmatten oder Tonkinstäben oder dem Aufbringen spezieller Schutzfarben geschützt werden. Derartige Schutzmaßnahmen wirken auch als Windschutz und mindern die Verdunstungsrate.
Soll ein Wild- oder Zier-Apfel an einem Hang gepflanzt werden, ist die Hangneigung durch eine Geländemodellierung so zu unterbrechen, dass ein ebener Pflanzplatz entsteht. Nur dann werden die Wurzeln zuverlässig mit dem notwendigen Wasser versorgt.

Von links: Pflanzen am Hang erfordert besondere Vorkehrungen, damit das Wasser nicht ablaufen kann. Durch einfache Geländemodellierungen sowie Aufsetzen von Rasensonden oder Steinen wird ein ebener Pflanzplatz angelegt. Die Wurzeln werden zuverlässig mit Wasser versorgt und die Gehölze wachsen in der Regel sicher an.

Schnittmaßnahmen an Wild- und Zieräpfeln

Schnittmaßnahmen an Bäumen und Sträuchern sollen deren Aufbau fördern und die natürliche Kronenform erhalten. Sie sollen die Pflanzen gesund erhalten, sie im Kampf gegen Witterungseinflüsse unterstützen und notfalls durch einen Verjüngungsschnitt ihre Lebensgeister neu wecken.

Aufgabe und Ziel von Schnittmaßnahem liegen dagegen nicht in der Wachstumsbegrenzung von Baum und Strauch. Je stärker ein Zweig zurückgeschnitten wird, desto stärker wird sein neuer Austrieb sein. Mit einem ständig wiederholten starken Rückschnitt lässt sich die Wuchshöhe eines Gehölzes zwar begrenzen, stets aber auf Kosten eines natürlichen, ästhetischen Aufbaus.

Schnittmaßnahmen an Wild- oder Zieräpfeln entsprechen in etwa dem Vorgehen bei Obstbäumen in Streuobstwiesen. Bleiben die Bäume ungeschnitten, entwickeln sich oft dicht verzweigte, unästhetische Kronen.

Im Idealfall sollte sich die Krone eines Apfelbaumes aus einer durchgehenden Hauptachse und drei bis vier Seitenästen aufbauen, die in einem Winkel von 45 bis 900 am Stamm angesetzt sind. Die Grundlagen des Kronenaufbaus werden stets in der Baumschule gelegt. Werden junge, wurzelnackte Bäume mit einjährigen Seitenzweigen gepflanzt, werden alle Zweige um etwa die Hälfte zurückgeschnitten, weil die jungen Bäume nach dem Teilverlust ihrer Wurzeln nicht alle oberirdischen Pflanzenteile ausreichend ernähren können. Bei Bäumen mit mehrjährigen Kronen, die in Containern herangezogen worden sind, werden beim Pflanzen nur Konkurrenztriebe und solche Zweige entfernt, die in die Krone hereinragen. Nach Beendigung der Aufbauphase werden die Bäume nur noch vorsichtig ausgelichtet. Dabei werden vor allem zu dicht stehende Astpartien, Reintegrationen und in die Krone hineinwachsende Zweige entnommen. Bei einem maßvollen, kontinuierlichen Auslichtungsschnitt, bei der die Vitalität der Bäume durch die Bildung junger Triebe gefördert und die Kronenarchitektur stabilisiert wird, werden Wild- und Zieräpfel über viele Jahre hin überreich blühen und fruchten.

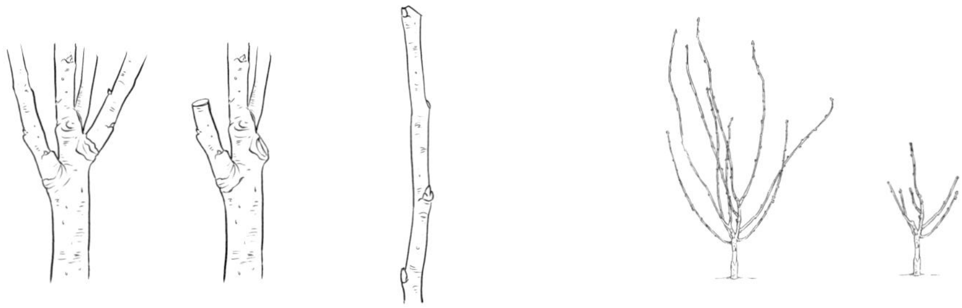

Der Pflanzschnitt bei Wild- und Zieräpfeln ist dem im Obstbau ähnlich: Seitentriebe werden auf eine Ebene zurückgeschnitten, der Mitteltrieb bleibt 20 bis 30 cm länger.

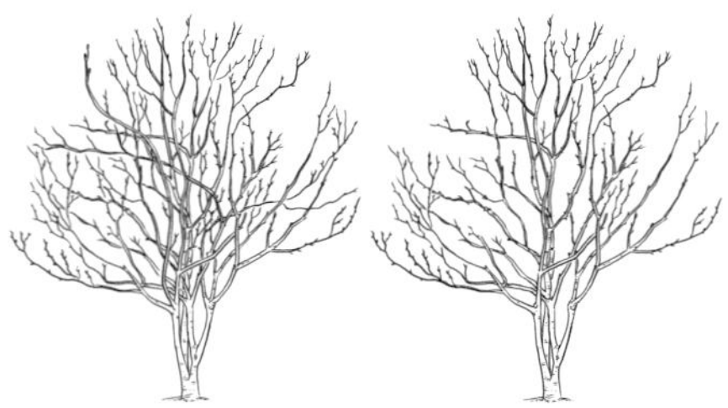

Werden Wild- oder Zieräpfel nach dem Aufbauschnitt zu dicht, können sie vorsichtig ausgelichtet werden.

Wild- und Zieräpfel im Garten, im Park und in der freien Landschaft

Malus floribunda als Parkbaum

Malus toringo var. *sargentii* 'Tina', findet als schwachwüchsige Sorte auch in kleinen Gärten ausreichend Platz

Wild- und Zieräpfel gehören mit ihrer überreichen Fülle an purpurfarbenen, rosa oder reinweißen Blüten zu den attraktivsten Blütenbäumen des Frühlings. Anders als die gleichzeitig oder etwas früher blühenden Zierkirschen, erfreuen sie uns im Herbst mit zahlreichen, vielfarbigen Früchten, die nicht selten bis in den Winter hinein haften.

Die vergleichsweise geringe Wuchshöhe von selten mehr als 10 m macht Wild- und Zieräpfel zu idealen Gartenbäumen, die aber ebenso gut in Parkanlagen oder in einem urbanen Umfeld gepflanzt werden können. Baumförmig wachsende Arten und Sorten können als Hausbaum solitär, in Gruppen oder als Alleebäume auf dem Weg zum Haus oder zur Garage gepflanzt werden. Strauchförmig wachsende Arten oder Sorten passen gut in Staudenbeete, wo sie mit zahlreichen Stauden und Geophyten kombiniert werden können. Dazu eignen sich u. a. folgende Arten: Kriechender Günsel, *Ajua reptans*, Gewöhnliche Akelei, *Aquilegia vulgaris*, Ungarische Gänsekresse, *Arabis procurrens*, Schneeglanz, *Chionodoxa*-Arten, Tränendes Herz, *Dicentra spectabilis*, Kaukasus-Gemswurz, *Doroncium orientale*, Vielfarbige Wolfsmilch, *Euphorbia epithymoides*, Pracht-Storchschnabel, *Geranium ×magnificum*, Himalaya-Storchschnabel, *Geranium himalayense*, Atlantisches Hasenglöckchen, *Hyazinthoides nonspricpta*, Ausdauerndes Silberblatt, *Lunaria rediviva*, Traubenhyazinthen, *Muscari*-Arten, Alpen-Vergissmeinnicht, *Myosotis alpestris*, Osterglocke, *Narzissus*-Arten, Gedenkemein, *Omphalodes verna*, Jakobsleiter, *Polemonium caeruleum*, Großes Immergrün, *Vinca major*, Kleines Immergrün, *Vinca minor* und März-Veilchen, *Viola odorata*. (Warda 1998, abgeändert).

Im Siedlungsbereich können Wild- und Zieräpfel auch mit Arten des **„Steppenheide/Storchschnabel-Randes“** kombiniert werden. (Auflistung nach Till Hofmann, TASPO Magazin 30. 8. 2012)

Botanischer Name	Deutscher Name	Blühzeit	Blütenfarbe	Wuchshöhe in cm
Aspektbildner und Gruppenstauden				
Antherium liliago	Astlose Graslilie	V–VII	weiß	50
Clematis recta	Aufrechte Waldrebe	VI–VII	weiß	100
Euphorbia cyparissas	Zypressen-Wolfsmilch	IV–V	gelb	30
Filipendula vulgaris	Kleines Mädesüß	VI–VII	weiß	45
Geranium sanguineum	Blutroter Storchschnabel	VI–VII	rosaviolett	35
Inula hirta	Rauhaariger Alant	VI–IX	goldgelb	40
Origanum vulgare	Gewöhnlicher Dost	VII–IX	hell purpurrosa	35
Primula veris	Echte Schlüsselblume	III–IV	hellgelb	20
Prunella grandiflora	Großblütige Brunelle	VI–VIII	violettblau	20

Botanischer Name	Deutscher Name	Blühzeit	Blütenfarbe	Wuchs-höhe in cm
Aspektbildner und Gruppenstauden				
Pulsatilla vulgaris	Gew. Küchenschelle	IV	violett	15
Salvia verticillata	Quirlblütiger Salbei	VI–IX	lilablau	50
Trifolium rubens	Purpur-Klee	VI–VII	purpurrot	60
Gräser				
Carex digitata	Finger-Segge	V	weiß/braun	20–30
Carex montana	Berg-Segge	III–IV	gelb/braun	25–50
Sesleria autumnalis	Herbst-Blaugras	IX–X	rahmweiß	30–45
Zwiebelblumen				
Allium nigrum	Schwarzer Lauch	III–V	weiß	60–8´
Crocus chrysanthus				
In Sorten	Kleiner Krokus	II–IV	weiß, blau, gelb 10	
Crocus sieberi				
In Sorten	Siebers Krokus	III	weiß, violett	8
Muscari azureum	Himmelblaue			
	Traubenhyazinthe	III–IV	klarblau	15
Muscari botryoides	Kleine Trauben-			
	Hyazinthe	IV–V	violettblau	15

Passende Nachbarn von Wild- und Zieräpfeln unter etwa gleichzeitig blühenden Bäumen und Großsträuchern sind Zierkirschen, wie *Prunus serrualata-* und *P. ×subhirtella*-Sorten oder *P. 'Accolade'*, *P. sargentii* und *P. ×yedoensis*. Gleichzeitig mit den Zieräpfeln blühen auch Kleinbäume oder Großsträucher wie die Blumen-Hartriegel, *Cornus florida*-Sorten mit ihren weißen oder rosafarbenen Blüten, *Cornus* 'Venus' mit den riesigen weißen Blüten, der Rotdorn, *Crataegus ×media*'Paul's Scarlet', die *Halesia*-Arten, Schneeglöckchenbäume mit ihren schneeglöckchenartigen Blüten, Magnolien-Arten wie z. B. *M. kobus*, *M. liliiflora* und *M. sargentiana*, die Warzige Glanzmispel, *Photinia villosa* und *Pyrus*-Arten wie *P. communis*, *P. calleryana*, *P. nivalis* und *P. salicifolia.*

Wild- und Zieräpfel besitzen eine ausgezeichnete Frosthärte, sie sind vergleichsweise anspruchslos an Standort und Boden. Sie entwickeln sich am besten in freien, vollsonnigen Lagen auf nährstoffreichen, sandig-lehmigen oder lehmigen, frischen bis feuchten, gut durchlüfteten, schwach sauren bis alkalischen Böden. Das Herzwurzelsystem reicht auf Lehmböden bis zu 1 m, auf Sandböden bis zu 1,5 m tief. Es ist sehr tolerant gegenüber Unterpflanzungen.

Wild- und Zieräpfel gelten als stadtklimafest. In der GALK-Straßenbaumliste der deutschen Gartenamtsleiterkonferenz von 2019 wird *M. tschonoskii* als „geeignet" eingestuft, *M. trilobata* (in der Liste unter *Eriolobus trilobata* geführt) befindet sich noch in der Testphase. Die Art eignet sich durch ihren straff aufrechten Wuchs mit der dauerhaft schmal kegelförmigen Krone besonders gut als Stadtstraßenbaum.

Zier-Apfel-Sorten gelten generell als „geeignet mit Einschränkungen". Sie seien auch für die Bepflanzung von Kübeln und Containern geeignet. Namentlich genannt werden die Sorten PERPETU ('Evereste'), 'Red Sentinel', 'Rudolph' und 'Street Parade'. Die „Einschränkungen" beziehen sich auf das geringe Lichtraumprofil und den oft reichen Fruchtbehang, durch den Gehwege und Möbel verschmutzt werden können.

Bedingt durch das geringe Luftraumprofil können Wild- und Zieräpfel nicht an viel befahrene Straßen gepflanzt werden. Sehr gut dagegen in innerstädtischen Grünflächen, entlang von Gehwegen in verkehrsberuhigten und autofreien Stadtbezirken und an einem Campus, wie z. B. *Malus toringo* var. *toringo* als Baumreihe im Nordbereich der Georg-August-Universität in Göttingen.

Malus toringo **var.** ***toringo*** **als Straßenbaum, Nordcampus der Georg-August-Universität Göttingen**

Der heimische Wild-Apfel lässt sich auch sehr gut als Feldgehölz in Hecken und an Waldrändern einsetzen. Er ist Mitglied der Pflanzengesellschaft der „wärmeliebenden Eichenmischwälder" und der Untergruppe der „subkontinentalen Fingerkraut-Mischwälder". Dort ist der Wild-Apfel mit lichtliebenden und trockenresistenten Baum- und Straucharten wie der Kultur-Birne, *Pyrus communis*, der Hainbuche, *Carpinus betulus*, und der Hunds-Rose, *Rosa canina*, vergesellschaftet. Partiell treten auch die Gewöhnliche Eberesche, *Sorbus aucuparia*, die Sandbirke, *Betula pendula* und der Faulbaum, *Frangula alnus*, auf. Alles Arten, die als passende Nachbarn des heimischen Wild-Apfels beim Aufbau von Feldhecken und Waldrändern geeignet sind. Als passende Nachbarn gelten auch die Gewöhnliche Berberitze, *Berberis vulgaris*, der Echte Kreuzdorn, *Rhamnus cathartica*, der Gewöhnliche Liguster, *Ligustrum vulgare*, die Schlehe, *Prunus spinosa*, der Heide-Wacholder, *Juniperus communis*, der Rote Hartriegel, *Cornus sanguinea* und der Wollige Schneeball, *Viburnum lantana* (SCHÖNFELD 2013).

Für den Aufbau eines Krautrandes an Hecken und Waldrändern empfiehlt SCHÖNFELD (2013) folgende Stauden mit attraktiven Blüten: *Primula veris*, *Campanula persicifolia*, *Polygonatum odoratum*, *Peucedanum cervaria*, *Geranium sanguineum*, *Convallaria majalis*,

Malus domestica als Spalier, Landesgartenschau Ellerhoop

Viola reichenbachiana, Lathyrs vernus, Teucrium chamaedrys, Helleborus foetidus, Hepatica nobilis, Campanula trachelium, Buglossoides purpureocaeruleum, Anthericum ramosum, Pulmonaria angustifolia, Luzula pilosa, Achillea milliefolium.

Neben Wild- und Zieräpfeln werden nicht selten auch Kulturäpfel als dekorative Elemente in Gärten und Parkanlagen eingesetzt, etwa als Formgehölze oder an Bögen und Spalieren.

Malus domestica an Bögen und Spalieren, Bennigbrough Hall, North Yorkshire

Malus domestica als Formgehölze, Powis Castle and Garden, Wales

Malus domestica als „Hecke“, Landesgartenschau Ellerhoop

Malus domestica als beet-begleitendes Spalierobst, Garten von CLAUDE MONET, Giverny

Gartenwert der Zieräpfel

Nur wenige der hier beschriebenen *Malus*-Arten und -Sorten sind in den Niederlanden und in Großbritannien einer Sichtung unterzogen worden. In Deutschland hat es bisher keine Zierapfelsichtung gegeben. Das bedeutet nicht, dass nicht überprüfte Sorten weniger wertvoll sind als gekörte.

In den Niederlanden wird der Gartenwert einer Sorte nach mehrjährigen Prüfungen mit *** ausgedrückt. Dabei bedeuten:
*** Gartenwert der Sorte ist exzellent
** Gartenwert der Sorte ist sehr gut
* Gartenwert der Sorte ist gut
s für Sonderzwecke zu verwenden
o durch bessere Sorten ersetzbar

Im Jahr 1996 in den Niederlanden positiv bewertete *Malus*-Arten und -Sorten:
* *Malus* 'Adams'
** *Malus* 'Adirondack'
s* *Malus baccata* var. 'Gracilis'
* *Malus baccata* 'Street Parade'
* *Malus* 'Crittenden'
* *Malus* 'David'
** *Malus* 'Donald Wyman'
*** *Malus* PERPETU ('Evereste')
* *Malus floribunda*
** *Malus* 'Golden Hornet'
* *Malus* 'Gorgeous'
* *Malus* 'Indian Magic'
s *Malus* 'John Downie'
* *Malus* 'Katherine'
* *Malus* 'Liset'
* *Malus* 'Makamik'
s *Malus* 'Mary Potter'
s *Malus* 'Miyama'
* *Malus* 'Mokum'
* *Malus* 'Ormiston Roy'
s *Malus* 'Red Jade'
** *Malus* 'Red Sentinel'
* *Malus* 'Red Silver'
* *Malus* 'Red Splendor'
** *Malus* 'Rudolph'
* *Malus* 'Teobel'
* *Malus toringo* var. *sargentii* 'Rosea'
** *Malus toringo* var. *toringo* 'Browers Beauty'

* *Malus toringo* var. *toringo* 'Sargent's Elegant'
s *Malus toringoides* 'Mandarin'
* *Malus tschonoskii* 'Belmonte'
* *Malus tschonoskii* 'Thalys'
s* *Malus* 'Van Esentine'
s *Malus* WEEPING CANDIED APPLE ('Weepcamzam')
s *Malus yunnanensis* var. *veitchii*
** *Malus* ×*zumi* 'Professor Sprenger'

Auch in Großbritannien werden Stauden- und Gehölzsortimente mehrere Jahre lang im Freiland beobachtet und bonitiert. Besonders wertvolle Sorten werden mit einem Award of Garden Merit (AGM) ausgezeichnet Ein AGM gilt in Großbritannien als wertvollste Auszeichnung für eine Pflanze. So ausgezeichnete Arten oder Sorten müssen mehrere Bedingungen erfüllen:
- ausgezeichnete dekorative Eigenschaften besitzen
- eine gute Kondition und Gesundheit aufweisen
- keinen hohen Pflegeaufwand erfordern
- in ihren morphologischen Eigenschaften beständig sein

Mit einem AGM ausgezeichnete *Malus*-Arten und -Sorten, hinter dem Namen das Jahr der Auszeichnung:
Malus 'Adirondack' 2012
Malus brevipes 'Wedding Bouquet' 2012
Malus 'Butterball' 2012
Malus 'Comtesse de Paris' 2012
Malus PERPETU ('Evereste') 1993
Malus floribunda 1993
Malus hupehensis 1993
Malus JELLY KING ('Mattfru') 2012
Malus 'Laura' 2012
Malus 'Red Sentinel' 1993
Malus transitoria 1993

Ökologischer Wert der Wild- und Zieräpfel

Apfelblüten sind typische Bienenblüten, die auch als Nektarblüten bezeichnet werden. Sie sind durch den hohen Zuckergehalt des Nektars von 9 bis 87 %, der vor allem Saccharose, Glukose und Fructose enthält, eine wertvolle Nahrungsquelle für Wildbienen und andere Insekten sowie eine wertvolle Trachtpflanze für Honigbienen. Der Nektar wird von besonderen Drüsengeweben auf der Innenseite des Blütenbechers abgeschieden und ist am Grunde des Griffels frei zugänglich. Auf einer Skala von 1 bis 4 werden Nektar- und Pollentracht des Apfels von MAURICIO/GRAFL (1969) mit 4 (sehr gut) gewertet.

Honigbiene auf Blüten von *Malus florentina*

Die von Apfelblüten angelockten Insekten sind eine wertvolle Nahrungsgrundlage für zahlreiche Vogelarten wie Neuntöter, Raubwürger, Laubsänger, Goldammer und Gartenrotschwanz sowie Grasmückenarten wie Dorngrasmücke, Klappergrasmücke, Gartengrasmücke und Sperbergrasmücke. Auch die in der rissigen Borke lebenden Spinnen, Käfer und andere Insekten sind Nahrung für stammkletternde Vögel wie Spechte und Kleiber sowie Wald- und Gartenbaumläufer. Kleiber und Meisen benutzen Rindenspalten als Depot für ihre Nahrungsvorräte (Enzenbach & Lauterbach 2013).

Die vitamin- und nährstoffreichen Früchte von Wild- und Zieräpfeln werden von zahlreichen Vogel- und Säugetierarten verzehrt. Sie sind für zahlreiche heimische Vogelarten und Durchzügler eine wichtige Winternahrung. Bevorzugt werden rot gefärbte Früchte mit weichem Fruchtfleisch, gelbe oder grüne sowie harte Früchte werden eher verschmäht.

Nach Turćec (1961) sind an *Malus domestica* (bei Turćec als *M. pumila* bezeichnet), *M. baccata, M. toringo* var. *toringo, M.* ×*purpurea* und *M. floribunda* folgende Vogelarten beobachtet worden: Fasan, Sturmmöwe, Grün- und Buntspecht, Nebel- und Saatkrähe, Elster, Eichen- und Tannenhäher, Kohl- und Blaumeise, Kleiber, Sing- und Wacholderdrossel, Amsel, Kernbeißer, Fichtenkreuzschnabel, Seidenschwanz, Star, Grün- und Buchfink.

Vögel ernähren sich gelegentlich auch von der Zuckerlösung der Assimilat-Transporte in der Baumrinde. Von Turćec (1961) sind Spechtvögel an *Malus domestica* beobachtet worden.

Malus-Arten und -Sorten bieten Vögeln Schutz und Nistmöglichkeiten. Von 56 beobachteten Vogelarten nisteten neun in Apfelbäumen (Turćec 1961).

In ihren Habitaten sind Wildäpfel auch Nahrung für die dort lebenden Säugetiere. So berichten Juniper und Mabberley (2006), dass Wildpferde und Braunbären gerne die Wildäpfel des Tian Shan, *Malus sieversii* var. *sieversii*, verzehren. Auch die Braunbären Nordamerikas verzehren gerne die Äpfel der in den USA verwilderten *Malus domestica*. Die Äpfel des heimischen Holz-Apfels, *Malus sylvestris*, sind eine willkommene Nahrung für Wildschweine, Reh- und Rotwild.

Darüber hinaus sind Wild- und Kulturäpfel Nahrungsquelle und Lebensraum für eine große Zahl pflanzenfressender (phytophager) Tiere, vor allem Kleinschmetterlinge und Blattläuse sowie deren Antagonisten, wie z. B. parasitoide Schlupfwespen. Nach Brändle und Brandl (2001) sind an *Malus*-Arten und -Sorten 242 phytophage Tierarten beobachtet worden, darunter 29 Spezialisten.

Tierarten, die an Apfelbäumen gravierende Schäden verursachen können, werden im Kapitel Krankheiten und Schädlinge vorgestellt.

Neben Tieren leben an und von Apfelbäumen auch zahlreiche Pilzarten. Pilze als potenzielle Schädlinge werden im Kapitel Krankheiten und Schädlinge vorgestellt.

Auch auf Totholz von Wild- und Kulturäpfeln leben zahlreiche Pilze. Darunter einige Arten, in deren Namen die enge Bindung des Pilzes zu ihrem Wirtsbaum zum Ausdruck kommt, wie z. B. beim Apfelbaum-Saftporling (*Tyromyces fissillis*, Syn. *Aurantioporus fissillis*) und bei der Apfelbaum-Braunfäuletramete (*Antrodia malicola*) (Blaschke & Nanning 2013).

Wild- und Kulturäpfel als Nahrungsmittel

Lange bevor die Menschen in den Genuss großfrüchtiger, wohlschmeckender Äpfel kamen, wurden Wildäpfel als Nahrungsmittel genutzt.

Archäologische Nachweise

Die ältesten archäologischen Nachweise von Apfelfrüchten in Deutschland stammen aus Hütten und Pfahlbauten der Bandkeramischen Kulturepoche. Die Bandkeramische Kultur ist die älteste bäuerliche Kultur der Jungsteinzeit (Neolithikum) mit ständigen Siedlungen in ganz Mitteleuropa. Bertsch und Bertsch (1947) halten einen völlig verkohlten, nur etwa 14 mm breiten Apfel aus einer Hütte in Böcklingen bei Heilbronn für einen Paradies-Apfel, *Malus pumila* var. *paradisiaca*, heute ein Synonym von *Malus domestica*.

Bandkeramische Pflanzenreste sind u. a. auch in Hilzingen, Bietigheim-Bissingen und in Ulm-Eggingen gefunden worden. Neben Kulturpflanzen wie Mehrzeilige Gerste (*Hordeum vulgare*), Saat- oder Hartweizen (*Triticum aestivalis*), Emmer (*Triticum dicoccum*), Einkorn (*Triticum monococcum*), Erbse (*Pisum sativum*) und Lein (*Linum usitatissium*) wurden als Sammelpflanzen vereinzelt auch Reste von Hasel (*Corylus avellana*), Schlehe (*Prunus* cf. *spinosa*), Holz-Apfel (*Malus* cf. *sylvestris*), Mistel (*Viscum album*) und anderen krautigen Wildpflanzen gefunden. Die wichtigsten Getreidearten im bandkeramischen Hilzingen waren die Spelzweizenarten Emmer und Einkorn (Stika 1991).

Aus dem Neolithikum stammen zahlreiche weitere Funde von Wildäpfeln. In Deutschland aus dem Pfahlbau Wangen am Untersee, dem Dümmer in Niedersachsen, Bodmann am Bodensee, dem heutigen Fulerum, einem Stadtteil von Essen, Böckingen am Neckar und in Rössen, einem Stadtteil von Leuna im Saalekreis.

In der Schweiz sind jungsteinzeitliche Funde in den Pfahlbauten in Robenhausen am Pfäffikoner See, im Kanton Zürich, in Mossedorf bei Bern und Conice in Neuenburg nachgewiesen worden. Es handelt sich um vergleichsweise große, 5 bis 24 mm dicke, nahezu kugelrunde Früchte, die als *M. sylvestris* bezeichnet werden.

In Österreich sind jungsteinzeitliche Äpfel am Mondsee, in Italien in der Seeufersiedlung Lagozza, nördlich von Mailand, in Frankreich am Lac de Chalain, im westlichen Teil des französischen Jura, in Skandinavien unter anderem in Alvastra, Östergötland, in Stockholm und in Mågetorp-Vrå, Södermanland gefunden worden. (Hoops 1973).

Nicht selten handelt es sich um halbierte Äpfel, deren Schale das Fruchtfleisch lappig überragt. Man geht deshalb davon aus, dass es sich um getrocknete Früchte handelt, die als Wintervorrat oder zum Säuern von Speisen verwendet worden sind. Wildäpfel sind zu dieser Zeit auch schon zu Most und Wein verarbeitet worden.

Verwendung von Kultur- und Zieräpfeln

Kulturäpfel werden frisch verzehrt oder in vielfältiger Weise verarbeitet, z. B. zu Kompott, Konfitüre, Mus, Gelee, Kuchen, Sirup, Saft, Most, Wein, Calvados, Cidre, Poiré, Brände, Kwas und Essig. Ebenso werden sie als Apfelringe getrocknet oder zur Gewinnung von Pektin, einem wichtigen Ballaststoff und Geliermittel, das industriell aus Apfeltrester gewonnen wird, genutzt. Werden Äpfel bei niedrigen Temperaturen (30°) getrocknet, bleiben die Vitamine erhalten. Apfelkraut wird durch Eindampfen von Apfelsaft mit oder ohne Zuckerzusatz hergestellt. Gesüßtes Apfelkraut enthält 25 % Saccharose. Apfelsaft enthält je Liter 72 bis 102 g Gesamtzucker und 0 bis 0,03 g Vitamin C. Rezepte zur Verarbeitung von Äpfeln zu Heilmitteln, natürlicher Kosmetik und Nahrungsmitteln finden sich u. a. bei PILASKE (2002).

Malus domestica, Sortenvielfalt bei Kulturäpfeln

Großfrüchtige Wild- und Zieräpfel, z. B. *M. sieversii* var. *sieversii*, *M. orientalis* oder *M. coronaria* 'Charlottae', werden selten roh verzehrt, können aber ebenfalls in der oben genannten Weise zubereitet werden. Zieräpfel mit mittelgroßen, etwa 2–3 cm dicken Früchten können als ganze Früchte, mitsamt den Fruchtstielen, mit Zucker eingekocht werden und dann als herzhaftes Kompott gegessen oder zu Calvados gereicht werden. Dazu eignen sich z. B. Sorten wie 'Joan' oder 'John Downie'. Die in den Fruchtkernen enthaltene, leicht giftige Blausäure entweicht beim Kochen ohne Deckel.

Malus ×robusta 'Joan', eingemacht

Frische Äpfel enthalten stickstoffartige Verbindungen wie Amine (Methylamin, Ethylamin, Propylamin, Butylamin, Hexylamin, Octylamin, Dimetylamin, Soermin, Spermidin), Phloretamid, Aminosäuren, Kohlenhydrate (Zucker, Polysaccharide und Pectine), organische Säuren (Apfel-, Zitronen-, Bernstein- und Milchsäure), Vitamine, Phenolcarbonsäuren, ätherische Öle und Aromastoffe. Im Zucker beträgt der Anteil an Glukose 1,8 %, Fructose 5,0 % und Saccharose 2,4 %, gemessen am essbaren Teil des Apfels. Der Fruchtgeschmack beruht im Wesentlichen auf phenolischen Verbindungen wie Zimt- und Benzoesäure. Sie verursachen die Braunfärbung eines geschälten Apfels. „Für das Aroma von Äpfeln sind 2-trans-Hexenal, 3-cis-Hexenal, die entsprechenden Alkaloide, ß-Damescenon sowie Buttersäureethylenester von ausschlaggebender Bedeutung." (BELITZ & GROSCH 1992).

Die Droge *Mali fructus* ist eine natürliche Vitaminquelle. Wasserlösliche Vitamine wie Provitamin A, Thiamin, Biotin, Ascorbinsäure (Vitamin C), Niacin und Folsäure befinden sich vor allem in der Fruchtschale. Das in der Fruchtschale enthaltene Quercetin neutralisiert als Antioxydans zellschädigende Sauerstoffmoleküle.

Die Droge *Malus-domestica-Fruchtschalen*, an der Luft getrocknete Apfelschalen, sind Bestandteil von Teemischungen, die in der Naturheilkunde als beruhigendes, schlafförderndes, harntreibendes und, vor allem bei Kindern, als fiebersenkendes Mittel eingesetzt werden. Das aus Apfelpulver hergestellte pflanzliche Arzneimittel Aplona wird bei unkomplizierten Durchfallerkrankungen verabreicht. (HILLER & MELZIG 2010, LAGONI 2013).

In der Volksheilkunde werden geriebene oder fein zerteilte Äpfel Kleinkindern bei Diarrhoe, Dyspepsie oder Ernährungsstörungen verabreicht. Getrocknete Apfelschalen von *M. domestica* enthalten Ester von Violaxanthin, Neoxanthin (Pigmente) und Sitosterol. Sie sind Bestandteile von Haustees und anderen Teezubereitungen (Hiller & Melzig 2010).

Als Heilmittel wurde der Apfel auch von Hildegard von Bingen (1089–1179) empfohlen. Die heilige Hildegard von Bingen, Äbtissin und Universalgelehrte der römisch-katholischen Kirche, verfasste im Kloster Rupertsberg das Arzneibuch „Liber subtilitatum diversarum naturarum creaturarum" (Buch der subtilen Heilwirkungen der verschiedenen Naturstoffe). Darin werden u.a. Frühlingsapfelbaumblätter als Augenheilmittel, Apfelbaumwurzelerde gegen Schulter-, Lenden- und Bauchschmerzen, Apfelknospenöl gegen Migräne, Leber-, Milz- und Kopfschmerzen empfohlen.

Zur Anwendung der Frühlingsapfelbaumblätter schreibt Hildegard von Bingen nach Hertzka und Strehlow (2015): „Wenn ein Mensch, sei es ein alter oder junger, an irgendeiner Verdunkelung der Augen leidet, so nehme er zur Frühlingszeit die Blätter vom Apfelbaum, bevor noch die Frucht dieses Jahres ansetzt, also wenn sie zur Frühlingszeit beim ersten Sprießen sind, weil sie dann zarter und heimsamer sind, wie die jungen Mädchen, ehe sie noch Kinder bekommen. Die Blätter zerstampfe und presse ihnen den Saft aus. Gib dazu eine gleiche Menge von Rebtropfensaft und gib es zusammen in ein Gefäß. Nachts, wenn er schlafen geht, bestreiche er mit einer darin eingetauchten Feder die Augenlieder und die Augen (so sanft) wie wenn Tau aufs Gras fällt, und so, dass nichts in die Augen kommt. Dann

Zieräpfel in einem herbstlichen Kranz

nehme er die vorher zerstoßenen Apfelblätter und besprenge sie ein wenig mit den Rebtropfen und lege das über seine Augen und binde es fest und geh so schlafen. Er soll es so oft machen und es scheucht (alle) Verdunkelung der Augen und er wird (wieder) klar sehen."

Hertzka (2015) hält dieses Rezept „für das universellste und wirksamste Heilmittel bei allen Störungen des Sehapparates, mögen sie die Hornhaut, die Regenbogenhaut, oder die Netzhaut betreffen."

In der Bach-Blütentherapie ist das „Prinzip Crab Apple" mit der Welt der Ordnung, Reinheit und Vollkommenheit verbunden. „In den Crab Apple-Zustand geraten häufig Menschen, die ganz genaue Vorstellungen darüber haben, wie ihre Umgebung, ihr Körper und ihr Inneres beschaffen sein soll: makellos." (Scheffler 2000).

Die Blüten aller Arten und Sorten können unmittelbar nach dem Erblühen geerntet und kandiert werden und dann Teemischungen oder Fruchtsalaten beigegeben werden. Apfelblüten eignen sich außerdem als Garnitur auf Blattsalaten.

Die gerbstoffhaltige Rinde kann zum Färben von Stoffen verwendet werden.

Nicht zuletzt lassen sich Blüten und Früchte von Wild- und Zieräpfeln in der Floristik einsetzen, wie z. B. in herbstlichen Kränzen (s. S. 55).

Vermehrung

Zur Vermehrung von *Malus*-Arten und -Sorten bedient man sich sowohl generativer (Aussaat) wie vegetativer (Veredlung, Abrisse) Vermehrungsmethoden. Beim Veredeln wird ein Teil (Blattknospe oder Zweigstück) der gewünschten Sorte auf eine Unterlage (Wildling oder vegetativ vermehrter Klon) transplantiert. Nach dem Verwachsen sind in der neu entstandenen Pflanze die Eigenschaften beider Partner vereint.

Aussaat

Sofern Saatgut zur Verfügung steht, werden Wildäpfel durch Aussaat vermehrt.
Durch Aussaat werden ebenfalls Veredlungsunterlagen vermehrt, deren Saatgut in Samenspenderanlagen gewonnen wird. Als starkwachsende Sämlingsunterlagen werden gegenwärtig die *Malus domestica*-Sorten 'Antonovka', 'Bittenfelder Sämling' und 'Grahams Jubiläumsapfel' verwendet. Der 'Bittenfelder Sämling' wird nicht nur als Veredlungsunterlage und Stammbildner verwendet, sondern auch in Streuobstwiesen gepflanzt. Die Äpfel werden zu Most verarbeitet.

Malus domestica 'Bittenfelder Sämling'

Nach der manuellen oder maschinellen Ernte ausgereifter Früchte im September-Oktober werden die Äpfel vorsichtig mazeriert oder von Hand entkernt, denn frische Samen vertragen keinen Druck oder höhere Temperaturen. Das Saatgut wird in luftigen Räumen getrocknet und bis zur Stratifikation im November-Dezember gelagert. Zur Kaltstratifikation im Freiland unter natürlichen Witterungsbedingungen werden die Samen mit einer geringen Menge an Estrichsand vermischt. Bei der Freilandstratifikation besteht die Gefahr, dass die Samen vorzeitig keimen. Sicherer ist eine Stratifikation unter kontrollierten Bedingungen. Dazu werden die Samen ohne Sandbeimischung in Kunststoffbehältern bei Temperaturen von 2 bis 4 °C im Kühlraum gelagert. Hartschalig gewordenes Saatgut wird vor der Kaltstratifikation zwei Wochen lang bei 16 °C warm stratifiziert. Ist die Hartschaligkeit durchbrochen, können die Samen bei -5 °C eingefroren werden, um eine vorzeitige Keimung zu verhindern.

Ausgesät wird in der Regel im März-April auf Freilandbeete, in Reihen- oder Breitsaat, bei einer Saattiefe von etwa 2 cm. Eine frühe Aussaat ist ratsam, denn bei Bodentemperaturen über 15 °C können die Samen in eine sekundäre Keimruhe fallen.

Malus sylvestris

links: *Malus toringo* var. *sargentii* in Reihen- und Breitsaat.

Malus-Samen keimen epigäisch. Bei der Keimung streckt sich das Hypokotyl (junger Sprossabschnitt zwischen Wurzeln und Keimblättern). Es bildet sich ein Hypokotylhaken, der die Erdoberfläche durchbricht und die Keimblätter (Kotyledonen) emporhebt. Diese bleiben bis zur Bildung der Primärblätter fotosynthetisch aktiv und sterben später ab.

Entwicklung Keimlingspflanzen am Beispiel *Malus coronia*, Entwicklungsphase nach 1, 3, 9 und 16 Tagen nach der Keimung

Abrisse

Im Gegensatz zu Wildäpfeln und Unterlagen müssen Zier- und Fruchtäpfel vegetativ vermehrt werden.

Die Vermehrung durch Abrisse ist die wichtigste Methode zur Gewinnung von vegetativ vermehrten, meist schwachwüchsigen Unterlagen für die Anzucht von Zier- und Fruchtäpfeln.

Eine Abrissvermehrung wird in der Regel nur bei solchen Gehölzarten und -sorten vorgenommen, die sich durch andere autovegetative Methoden (Stecklinge, Steckholz) nicht oder nur schwer vermehren lassen.

Zur Gewinnung von Abrissen sind Mutterpflanzenquartiere notwendig. Für die Anlage von Mutterpflanzenquartieren von Kern- und Steinobst dürfen nach der Verordnung über das Inverkehrbringen für Gemüse-, Obst- und Zierpflanzen (Anbaumaterialverordnung, AGOVZ) vom 16. Juni 1998 nur zertifizierte, virusfreie Pflanzen verwendet werden (Bundesgesetzblatt I, S. 1332).

Zur Gewinnung von Abrissen werden die Mutterpflanzen im Frühjahr bis zum Boden zurückgeschnitten. Sobald die Neutriebe etwa 20 cm hoch sind, werden diese so hoch angehäufelt, dass die Triebspitzen etwa handbreit aus dem Boden herausragen. Durch das Anhäufeln werden die Triebe an ihrer Basis etioliert und so zur Bildung sprossbürtiger Wurzeln angeregt. Mit dem weiteren Wachstum der Triebe wird das Anhäufeln bis gegen Ende Juni wiederholt. Stellenweise wird nicht mit dem anstehenden Mutterboden angehäufelt, sondern mit Sägemehl von Nadelgehölzen. In solchen Fällen ist eine zusätzliche Stickstoffdüngung notwendig.

Mutterpflanzenquartier mit *Malus* 'M 26', mit Sägemehl angehäufelt

Veredelungen

Unter „Veredlung" ist eine Vermehrungsmethode zu verstehen, bei dem ein vegetatives Teilstück einer Pflanze auf eine geeignete Unterlage transplantiert und zum Verwachsen gebracht wird. Bei dem verwendeten Teilstück kann es sich um eine einzelne Blattknospe (allgemein als Auge bezeichnet) oder um ein meist unbeblättertes Sprosstück mit mehreren Blattknospen handeln. Im Gegensatz zur autovegetativen Vermehrung durch Abrisse, Ableger oder Absenker wird das Veredeln als xenovegetative Vermehrung bezeichnet.

Die am häufigsten praktizierte Veredlungsmethode bei der Vermehrung von Zier- und Fruchtäpfeln ist das **Okulieren**. Dabei wird im Sommer im Freiland auf eingewurzelte Unterlagen eine Blattknospe mit einem kleinen Rindenschildchen ohne Holzanteil eines diesjährigen Triebes (dem sogenannten Edelreis) unter die durch einen T-Schnitt geöffnete Rinde der Unterlage gebracht, das Operationsgebiet anschließend mit einem Okulations-Schnellverschluss verbunden.

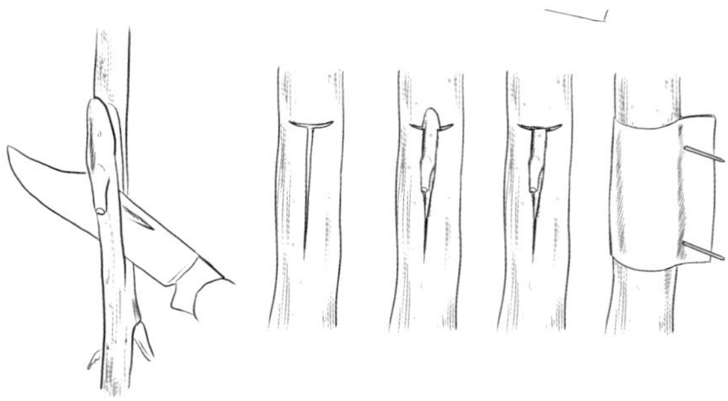

Okulation

Löst sich die Rinde der Unterlage nicht problemlos vom Kambium, kann statt der Okulation die **Chip-budding-Methode** (Augenanplatten) angewendet werden. Dabei wird aus dem Edelreis eine Blattknospe mit einem vergleichsweise starken Holzanteil geschnitten. Der Unterlage wird ein Holzteil gleicher Ausdehnung entnommen. Die Veredlungsstelle wird mit einem Fleicoband oder anderen Veredlungsbändern verbunden.

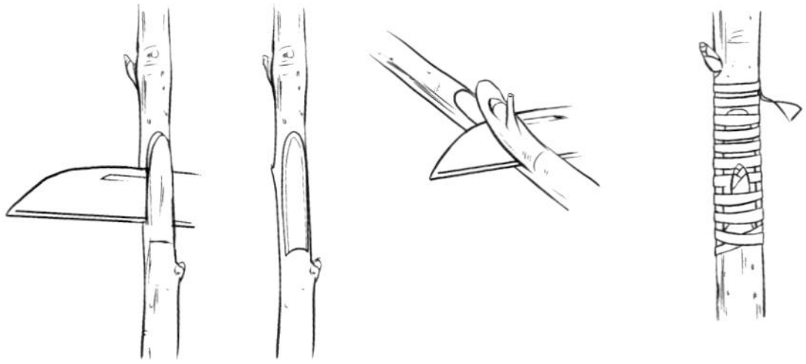

Chip-budding

Okulation und Chip-buddig werden ausschließlich im Sommer im Freiland praktiziert. **Reiserveredelungen** können dagegen sowohl im Freiland auf eingewurzelte Unterlagen als auch auf nicht im Boden stehende, wurzelnackte oder getopfte Unterlagen als sogenannte Winterhandveredelungen durchgeführt werden. Die verwendeten Edelreiser befinden sich, im Gegensatz zu den bei der Okulation und dem Chip-budding verwendeten Pflanzenteilen, stets in völliger Winterruhe.

Im Freiland werden Reiserveredelungen als Nachveredelungen nicht angewachsener Okulationen oder als Kopfveredelungen auf sogenannte Stammbildner durchgeführt. Im Gegensatz zu Okulationen und Chip-budding werden die Veredlungstellen bei Reiserveredelungen mit Veredlungsbändern und speziellen, für Veredelungen geeigneten Baumwachsen (z. B. Maywax, Trigol, Trimona) verschlossen.

Gängige Methoden bei der Reiserveredlung sind die Kopulation und das Geißfußpfropfen.

Bei der **Kopulation** sollen Unterlage und Edelreis möglichst gleich stark sein. Am Kopfende der Unterlage wird ein möglichst langer Schrägschnitt angebracht, am basalen Ende

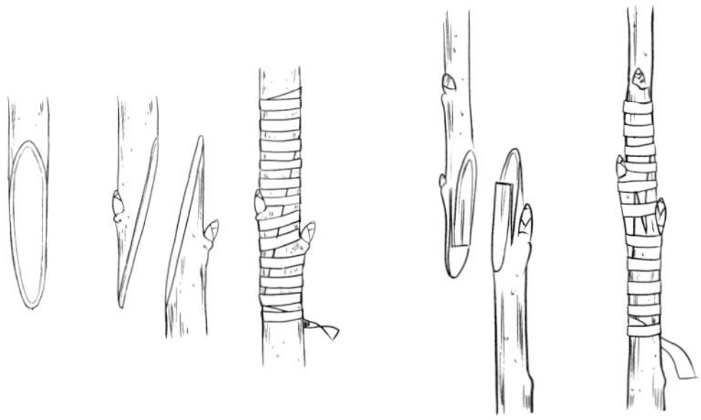

Kopulation

des Edelreises ein gleich langer Schnitt. Die Kambiumschichten von Unterlage und Edelreis sollten sich möglichst passgenau decken. Ein sicheres Anwachsen und eine bessere Haltbarkeit der Veredelungstelle erreicht man in manchen Fällen durch eine Kopulation mit Gegenzungen. Dabei wird etwa in der Mitte jeder Schnittstelle ein parallel zur Sprossachse geführter Schnitt angebracht. Die so entstehenden Zungen werden ineinandergeschoben.

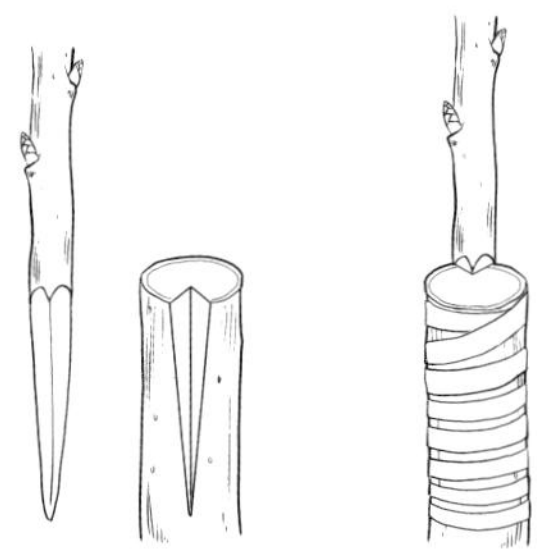

Geißfußpropfen

Sind die Unterlagen deutlich stärker als das Edelreis, bietet sich das **Geißfußpfropfen** an. Dabei wird an der Unterlage ein möglichst langer dreieckig-keilförmiger Einschnitt angebracht. Der Edelreis wird am basalen Ende möglichst passgenau zugeschnitten. Auch hier sollen sich die Kambiumschichten von Edelreis und Unterlage berühren, denn in dem unmittelbar vor dem Kambium liegenden Bindegewebe vollziehen sich die ersten Verwachsungsvorgänge.

Als Veredlungsunterlagen stehen eine Fülle generativ und vegetativ vermehrter Unterlagen unterschiedlicher Wuchsstärke zur Verfügung.

Zierapfel-Sorten werden in der Regel auf starkwüchsige Sämlingsunterlagen veredelt. Obwohl auf generativ vermehrten Unterlagen veredelt, weisen die Zieräpfel homogene Wuchseigenschaften auf, sie sind robust, langlebig und anpassungsfähig an unterschiedliche Bodensubstrate und die Bodenfeuchtigkeit. Das gilt auch dann, wenn als Unterlage die starkwachsende, vegetativ vermehrte *Malus domestica* 'A2' ('Alnarp 2') verwendet wird. Die generativ vermehrte *Malus domestica* 'Antonovka' gilt als besonders frostresistent.

Abgesehen von Fruchtäpfeln, die für die Anzucht von Hochstämmen in Streuobstwiesen vorgesehen sind, werden Sorten für den Plantagenanbau auf schwächer wachsende, vegetativ vermehrte Unterlagen veredelt. Auch bei Zieräpfeln lässt sich durch die Verwendung schwächer wachsender Unterlagen eine Reduzierung der Wuchshöhe und Kronenbreite erreichen. So lassen sich für jede Gartengröße passende Zieräpfel heranziehen. Mittelstark wachsen Sorten, die auf folgende Unterlagen veredelt werden: 'M2', 'M4', 'M7', 'MM104' und 'MM106'. Ein ausgesprochen schwacher Wuchs, verbunden mit einem früh einsetzenden, reichen Blüten- und Fruchtansatz, wird durch die Verwendung von Unterlagen wie 'M9', 'M26' und 'M27' erreicht.

Mikrovermehrung

Seit den 1980er-Jahren wird die In-vitro-Kultur zur autovegetativen Vermehrung von Gehölzen genutzt. Sie wird gegenwärtig bei der Vermehrung zahlreicher Gehölzarten eingesetzt, denn so lassen sich in kurzer Zeit auch neue Sorten in größeren Mengen anbieten. Sie ist außerdem wichtig für die Rejuvelinisierung von Gehölzen und zur Gewinnung von virusfreiem Vermehrungsmaterial. Im Gegensatz zu branchenüblichen Baumschuleinrichtungen sind dazu sterile Arbeitsplätze und spezielle Wachstumsräume mit steuerbaren Klimabedingungen notwendig.

Bei der In-vitro-Vermehrung, auch als Sprossspitzenkultur bezeichnet, werden von ausgewählten, gesunden, möglichst juvenilen Mutterpflanzen Apikal- oder Axilarknospen, aber auch andere Mikro-Pflanzenteile gewonnen und unter kontrollierten, sterilen Bedingungen auf einem Nährmedium zur Bewurzelung gebracht. Nach der Etablierung werden die Sprossbüschel geteilt, die neu gewonnenen Pflanzen zunächst unter sterilen Bedingungen weiter kultiviert, bis sie in unsterile Bedingungen überführt, schrittweise abgehärtet und schließlich im Freiland weiter kultiviert werden.

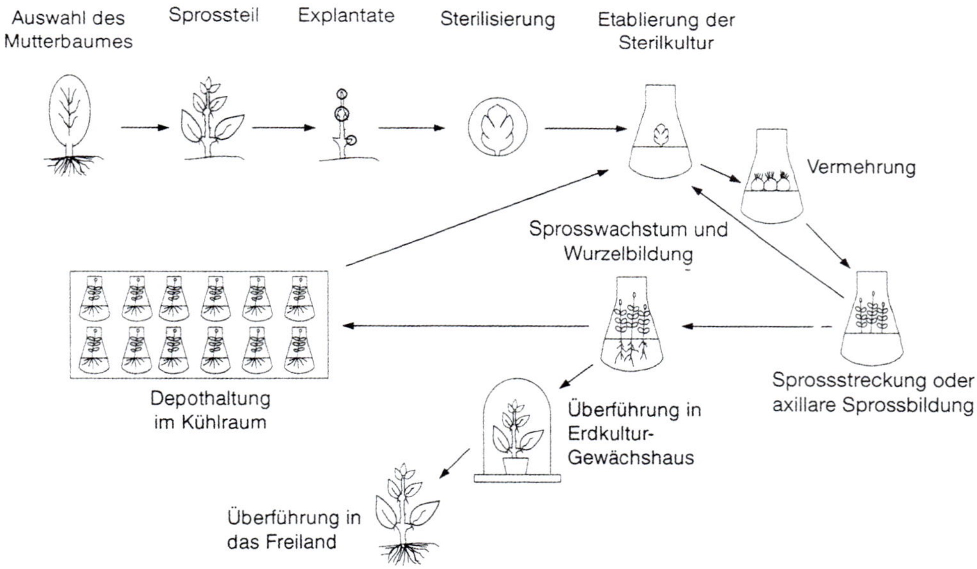

Sprossspitzenkultur zur Sterilvermehrung unter Einbeziehung einer Depothaltung. (H. H. Jesch, in Bärtels 2008)

Krankheiten und Schädlinge

Wie viele andere Wild- und Kulturpflanzen können auch *Malus*-Arten von verschiedenen Schadorganismen befallen werden. Im Rahmen dieses Buches können nur die wichtigsten Schaderreger vorgestellt werden, dazu gehören vor allem Apfelmehltau und Apfelschorf.

Tierische Schädlinge

Mehlige Apfelblattlaus, *Dysaphis plantaginea*

Schadbild: Befallene Blätter rollen sich durch die Saugtätigkeit der Läuse nach unten ein und sind z. T. stark verkrüppelt, es kommt zu vorzeitigem Blattfall. Triebe sind verstaucht und gedreht. Früh befallene Äpfel bleiben klein, sind hart und oft deformiert.

Biologie: Die 2 bis 3 mm großen, blaugrauen, häufig von weißem Wachspuder bedeckten Läuse sind am Hinterleib mit schwarzen Siphonen (röhrenförmiges Organ, mit dem eine Verteidigungsflüssigkeit ausgeschieden werden kann) ausgestattet. Jungläuse sind anfangs beige, später rosa. Geflügelte Formen sind nahezu schwarz, ihre Flügel sind fast doppelt so lang wie der Körper. Die schwarzglänzenden Eier werden im Herbst in kleinen Gruppen (weniger als drei) in Rindenrissen der Zweige abgelegt. Ihres enormen Vermehrungspotenzials wegen gehört die Mehlige Apfelblattlaus zu den gefürchtetsten Blattlausarten im Apfelbaum. Die Vermehrung erfolgt ungeschlechtlich, eine Stammmutter kann bis zu einhundert Nachkommen gebären. Im Mai und Juni können, bevorzugt an Kurztrieben, große Blattlauskolonien beobachtet werden. Aus ihnen wandern spätesten ab Mitte Juli geflügelte Tiere auf ihren Sommerwirt, verschiedene Wegerich-Arten, ab. Nachdem dort weitere Generationen durchlaufen sind, wandern die Läuse wieder auf Apfelbäume zurück.

Bekämpfung: Die Tätigkeit der natürlichen Blattlausfeinde – Gallmücken, Schwebfliegen, Florfliegen und Marienkäfer – hält den Befall oft nicht in Schach. Bei starkem Befall sind frühe Spritzungen mit nützlingsschonenden Insektiziden notwendig.

Grüne Apfelblattlaus, *Aphis pomi*

Schadbild: Befallen werden junge Blätter und Triebe. Starker Befall führt zu vorzeitigem Blattfall. Durch die Bildung von Honigtau kommt es zur Entwicklung von Schwärzepilzen auf Blättern und Früchten.

Biologie: 1 bis 3 mm große, mattgrüne Läuse mit dunklen Beinen und langen schwarzen, den Hinterleib überragenden Siphonen. Die 0,5 mm langen, glänzend schwarzen Eier werden in Massen, vornehmlich an Triebspitzen, abgelegt. Die Grüne Apfelblattlaus ist nicht obligat wirtswechselnd, sie kann also ihre gesamte Entwicklung auf ein und derselben Pflanze vollziehen. Die Überwinterung erfolgt im Eistadium. Ende Mai schlüpfen die Larven der ungeflügelten Stammmütter, die ohne vorhergehende Befruchtung 40 bis 70 ungeflügelte Jungtiere gebären. Ab Mai erscheinen geflügelte Weibchen. Bis zum Spätsommer entwickeln sich an den Triebspitzen größere Kolonien, die oft von Ameisen „gepflegt“ werden.

Bekämpfung: Bei älteren Bäumen spielt der Befall eine untergeordnete Rolle. Bei schwachem Befall können Gegenspieler für ein natürliches Gleichgewicht sorgen. Zu den

Gegenspielern gehören vor allen die Larven und Käfer des Siebenpunkt-Marienkäfers und räuberische Gallmücken.

Apfelblutlaus, *Eriosoma lanigerum*
Schadbild: Besonders an Wund- und Schnittstellen sind oft große, auffällige Wachsausscheidungen sichtbar. Unter großen Lauskolonien entstehen an Stamm und Ästen tumorartige Wucherungen.
Biologie: Die adulten, einheitlich dunkelviolett gefärbten, plump wirkenden Apfelblutläuse sind etwa 2 mm groß. Aus speziellen Drüsen am Hinterleib werden Stoffe ausgeschieden, aus denen sich eine wollig-weiße Schicht aus Wachshaaren bildet. Die Verbreitung erfolgt im Sommer durch geflügelte Tiere. Pro Jahr sind 10 bis 12 Generationen möglich. Die weiblichen Tiere überwintern im Larvenstadium nackt (ohne Wachsausscheidungen aus dem Hinterleib) und geschützt an Schnittstellen der Äste, in Rindenritzen und z. T. am Wurzelhals der Bäume. Gegen Ende März werden die Läuse wieder aktiv. Die Bezeichnung Apfelblutlaus resultiert aus der rotorangebraunen Flüssigkeit, die beim Zerreiben der Tiere austritt. Die Apfelblutlaus ist nicht in Europa heimisch, sie wurde vielmehr im 18. Jahrhundert aus Nordamerika eingeschleppt.
Bekämpfung: Vorbeugende Maßnahmen sind die Verwendung widerstandsfähiger Sorten und Unterlagen und die Wahl lichter Standorte, an denen die Bäume rasch abtrocknen. Eine frühe Bekämpfung mit Insektiziden unter Zusatz eines Netzmittels dezimiert einen Großteil der Apfelblutläuse. Die wirkungsvollste Maßnahme ist das Abbürsten der Kolonien. Zu den Gegenspielern der Apfelblutläuse gehört vor allem die Blattlauszehrwese, außerdem auch Schweb- und Florfliegenlarven, Marienkäfer und Ohrwürmer.

Obstbaumspinnmilbe, *Panonychus ulmi*
Schadbild: An jungen Blätter tritt durch die Saugtätigkeit eine helle bronzefarbene Sprenkelung auf, zunächst entlang der Hauptader, später auf der ganzen Blattspreite. Der Verlust an Assimilationsfläche führt zu reduziertem Triebwachstum, zu kleineren und schlechter ausgefärbten Früchten.
Biologie: Bei den als „Rote Spinne“ bekannten Milben haben die etwa 4 mm großen, weiblichen Tiere einen ovalen, rotbraunen Körper mit hellen Warzen und langen, steifen Borsten. Die männlichen Tiere sind etwas kleiner, birnenförmig, bleich gelbgrün bis hellrot, mit zwei rötlichen Augenflecken. Beide Geschlechter sind achtbeinig und mit stechend-saugenden Mundwerkzeugen ausgestattet. Die glänzend dunkelroten, etwa 0,17 mm großen Wintereier werden an Astrillen, Astverzweigungen und Fruchtnarben abgelegt, vorzugsweise an Nord- oder Schattenseiten. Die Sommereier finden sich vorwiegend an den Blattunterseiten. Die sechsbeinigen Larven und die achtbeinigen Nymphen sind den adulten Tieren recht ähnlich. Die Überwinterung erfolgt im Eistadium. Pro Jahr werden sechs bis acht Generationen gebildet.
Bekämpfung: Nach Überschreiten der Schadensquelle (1000 Eier ohne oder 2000 Eier mit Raubmilbenbesatz pro 2 m untersuchtem Fruchtholz) kann zum Stadium „Grüne Knospe“ (vor dem Schlüpfen der ersten Junglarven) bei warmer Witterung eine Ölbehandlung mit hohem Wasseraufwand durchgeführt werden. Bei starkem Befall kann im Sommer eine Behandlung mit Akariziden notwendig werden. Wichtigste Gegenspieler der Spinnmilben sind Raubmilben.

San José-Schildlaus, *Quadraspidiotus pernicosus*
Schadbild: Auf Ästen und Blätter sitzen kleine, rundliche oder ovale, weißgraue bis schwärzliche, bis 1,5 mm breite Schilde mit rötlichen Hof. Ein starker Befall führt zur Schwächung der Bäume, ganze Astpartien können absterben.
Biologie: Die Überwinterung erfolgt im ersten Larvenstadium (Schwarzschildstadium). Im März-April, im zweiten Larvenstadium, bilden die Tiere ihre Schildchen. Nach einer erneuten Häutung im Mai sind die Weibchen geschlechtsreif, sie gebären lebend 100 bis 400 Wanderlarven. Die Junglarven laufen einige Zeit umher, saugen Pflanzensaft, bilden anfangs weiße Schildchen, die sich später dunkel verfärben. Pro Jahr werden ein bis zwei Generationen gebildet.
Bekämpfung: Spritzungen mit Mineralölen zur Zeit der Laubentfaltung bis zum Mausohrstadium (grüne Blattspitzen überragen die Knospen um etwa 10 mm). Die Läuse sollen unter dem Ölfilm ersticken.

Apfelbaumgespinstmotte, *Yponomeuta malinella*
Schadbild: Junge Blätter trocknen teilweise ein, im Inneren der beschädigten Teile minieren wenige Millimeter große Räupchen. Ab Mai-Juni sind die Blätter plötzlich von einem weißen Gespinst umsponnen, darin fressen zahlreiche gelbgraue Raupen mit seitlichen schwarzen Flecken und schwarzem Kopf.
Biologie: Die Gespinstmotte bildet pro Jahr nur eine Generation. Sie überwintert als kleine Raupe. Diese minieren im April in jungen Blättern, die daraufhin partiell verbräunen. Nach dem Verlassen der Blätter bilden die größeren Raupen zum Schutz gegen Feinde ein lockeres Gespinst. Im Juni erfolgt die Verpuppung innerhalb der Gespinste. Aus den Kokons schlüpfen als adulte Tiere etwa 2 cm große, schmale Schmetterlinge mit weißen, schwarz gepunkteten Vorderflügeln. Die Eier werden im Juli-August dachziegelartig unter einer gelben Sekretschicht an dünnen Zweige des Apfelbaumes abgelegt. Die Raupen schlüpfen noch im Herbst und überwintern unter der Sekretschicht.
Bekämpfung: Die Gespinste mitsamt den Raupen absammeln, die befallenen Zweige abschneiden oder die Gespinste mit einem scharfen Wasserstrahl herunterspritzen. Der Einsatz von *Bacillus thuringiensis* subsp. *kurstaki* und subsp. *aizawai* erfasst nur die Jungraupen im Larvenstadium. Vor der Gespinstbildung können Mittel wie Bayer Garten Schädlingsfrei Calypso Perfekt AF eingesetzt werden.

Pilzliche und bakterielle Schaderreger

Apfelmehltau, *Podosphaera leucotricha*
Schadbild: Auf jungen Blättern und Trieben breitet sich ein weißlicher, mehliger Belag aus. Bei starkem Befall verbiegen sich die Blätter nach oben, vertrocknen und fallen ab. Infektionen vor allem von Mitte Mai bis Mitte Juni.
Biologie: Der Ektoparasit lebt auf der Oberfläche von Pflanzen. Mit speziellen Organen dringt er zur Nährstoff- und Wasseraufnahme in das Gewebe der Wirtspflanzen ein. Im Herbst bilden sich auf den Zweigen schwarze Fruchtkörper. Die Primärinfektion geht von den Knospen aus. An befallenen Knospen stehen die Schuppen ab.

Bekämpfung: Im Winter befallene Zweigspitzen entfernen. In der Vegetationszeit befallene Triebspitzen ausbrechen. Spritzungen mit zugelassenen Spritzmitteln (Collis, Discus) gegen Echten Mehltau an Ziergehölzen.

Apfelschorf, *Venturia inaequalis*
Schadbild: Auf der Oberseite junger Blätter befinden sich rundliche, leicht aufgewölbte, anfangs matt olivgrüne, später samtartig schwarze, zuletzt austrocknend fahl graubraune, 0,5 bis 1 cm^2 große Flecken. Auf den Früchten rundliche, anfangs matte, später tiefschwarze, 1 mm bis 1 cm große Flecken, die später häufig ineinanderfließen.
Biologie: Der Erreger des Apfelschorfes überwintert entweder saprophytisch im Falllaub oder parasitisch am Baum. In der Überwinterungsphase bildet der Pilz im Falllaub Pseudothecien, runde, schwarze, etwa 0,2 mm große Fruchtkörper, aus. Darin entwickeln sich auf geschlechtlichem Wege Sporenschläuche mit jeweils acht Ascosporen. Nach starker Durchfeuchtung der Blätter werden zur Zeit der Laubentfaltung mehrere Wochen lang Ascosporen ausgeschleudert. Der Pilz breitet sich zwischen Kutikula und Epidermis strahlenförmig aus. Ein Schorffleck kann bis zu 10 000 Konidien produzieren, die sich bei Nässe im Baum verteilen und die Sekundärinfektion auslösen.
Bekämpfung: Vorbeugend durch die Wahl schorfresistenter Sorten, eine gute Durchlüftung der Bäume, die dadurch schneller abtrocknen und durch die Entfernung und Kompostierung des Falllaubes. Bei starkem Befall Einsatz geeigneter Fungizide (Cuprozin progress, Delan WG, Discus), erstmals zu Beginn oder vor dem ersten Ascosporenflug etwa Ende März.

Obstbaumkrebs, *Neonectria ditissima*
Schadbild: An Stamm und Ästen zeigen sich eingesunkene, trockene Regionen abgestorbener Rinde, die sich seitlich ausbreiten und den Ast oder Stamm abschnüren. Am Rande der Befallsstelle bildet sich ein starkes Wundgewebe. Durchdringt der Pilz die Rinde, wird der darunter liegende Holzkörper befallen. Innerhalb des letzten Jahresringes zeigen sich dann dunkelbraune, längsstreifige Verfärbungen.
Biologie: Der Pilz kann nur durch Wunden in die Rinde eindringen. Auf der Rinde der Befallsstelle zeigen sich gelblich weiße Sporenkissen, die die Sommersporen (Konidien) bilden. Die Konidien werden bei Niederschlägen freigesetzt, sie verbreiten den Krebsbefall innerhalb eines Baumes. Wintersporen (Ascosporen) werden im Spätsommer oder Herbst als leuchtend rote, kugelförmige Fruchtkörper gebildet. Die Ascosporen können durch Wind mehrere hundert Meter weit verbreitet werden. Über offene Wunden, dazu gehören auch Blattnarben nach dem Laubfall, kann eine neue Infektion erfolgen. Durch Obstbaumkrebs kann es an Früchten im Laufe des Sommers auch zu einer Kelchgrubenfäule kommen.
Bekämpfung: Auswahl krebsresistenter Sorten. Befallsstellen mehrfach von Mai bis Juli und einmalig im Winter im gesunden Holz entfernen und die Wunde mit Wundverschlussmitteln verschließen. Im Obstbau in gefährdeten Gebieten vorbeugend durch das Ausbringen kupferhaltiger Fungizide (Funguran) zwischen Ernteende und Ende des Blattfalles. Es bildet sich ein Langzeit-Depot, aus dem bei Regen erneut aktive Kupferionen freigesetzt werden.

Feuerbrand, *Erwinia amylovora*

Schadbild: Infizierte Triebe und Blüten vertrocknen, das Gewebe färbt sich braun bis schwarz. Bei feuchtwarmer Witterung treten an den Befallsstellen Tröpfchen eines klebrigen Bakterienschleimes aus. Im Herbst bleiben die wie verbrannt aussehenden Blätter an den Zweigen haften. Befallene Rindenpartien sinken ein. Ganze Astpartien sterben ab. Unter der verfärbten Rinde ist das Holz rötlich braun verfärbt. Wirtspflanzen sind neben Stein- und Kernobst zahlreiche andere Gehölzarten.

Biologie: Die Bakterien überwintern in erkrankten Rindenteilen. Von dort aus erfolgt die Verbreitung im Frühjahr und Sommer vor allem durch Regentropfen und Wind sowie durch saugende und blütenbesuchende Insekten. Eingangspforten sind vor allem offene Blütenorgane und Wunden.

Bekämpfung: Die Krankheit ist nach der Verordnung zur Bekämpfung der Feuerbrandkrankheiten (Feuerbrandverordnung) vom 20. Dezember 1985, in der jeweils aktuellen Fassung, grundsätzlich meldepflichtig. Ansprechpartner sind die Landratsämter.

Pflanzliche Parasiten

Weißbeerige Mistel, *Viscum album*

Schadbild: Auf Ästen und Zweigen immergrüne, dichotom verzweigten Büsche mit sattgrünen Blättern und bei den weiblichen Pflanzen weiße, etwas durchscheinende, 1 cm dicke Beeren, die zur Adventszeit reifen. Neben Äpfeln werden auch zahlreiche andere Baumarten befallen.

Mistel in der Krone eines Zierapfels

Biologie: Der Halbschmarotzer entzieht seinem Wirtsbaum Wasser mit den darin gelösten Nährstoffen und schwächt so seinen Wirtsbaum. Die Blätter und die lange grün bleibenden Zweige betreiben Fotosynthese. Misteln können sehr alt werden und Büsche bis zu 1 m Durchmesser erreichen. Sie können so zahlreich und schwer werden, dass die Bäume vergreisen und schließlich zusammenbrechen. Misteln werden durch Vögel verbreitet. Die von einem klebrigen Schleim umhüllten Samen bleiben nach einer kurzen Darmpassage auf den Zweigen haften. Mönchsgrasmücken heften die Samen schon vor dem Verzehr der äußeren Fruchthülle auf die Zweige. Die grünen Embryonen der Samen können keimen und die Mistel auf den Zweigen etablieren.

Bekämpfung: Misteln rechtzeitig aus den Kronen herausschneiden.

Der Apfel in Mythen, Gedichten, Märchen und Erzählungen

In allen eurasischen Kulturen spielt der Apfel mit seiner Fülle an Blüten und Früchten eine große Rolle. In der Kunst- und Kulturgeschichte wird er wohl nur von der Rose übertroffen. Der Apfel ist ein Symbol der Weiblichkeit, der Liebe und Sexualität, der Fruchtbarkeit und des Lebens, der Erkenntnis und der Entscheidung und auch des Reichtums. Er taucht deshalb in zahlreichen Gedichten, Liedern, Märchen, Mythen und der Kunst auf.

In der Malerei ist der Apfel ein willkommenes künstlerisches Motiv und von berühmten Malern verschiedener Stilepochen dargestellt worden. Beispielweise von folgenden Malern:

Michelangelo (1475–1564), dem italienischen Maler, Bildhauer, Baumeister und Dichter, dem Maler der Sixtinischen Kapelle und dem einflussreichsten Vertreter der italienischen Hochrenaissance.

Peter Paul Rubens (1577–1640), einem der bekanntesten Barockmaler und Diplomat der spanisch-habsburgischen Krone.

Paul Cézanne (1839–1906), ein Maler verschiedener Stilrichtungen, zuletzt der des französischen Impressionismus.

Franz Heinrich Louis Corinth (1858–1925), in Ostpreußen geboren, im holländischen Zandvort gestorben, neben Ernst Oppler, Max Liebermann und Max Slevogt einer der einflussreichsten Maler des deutschen Impressionismus.

Edmond Louyot (1861–1920), französischer Maler aus dem Kreis der „Düsseldorfer Schule“, von dem auch ein Holzstich mit dem Titel „Der Apfel des Paris“ stammt.

DER APFEL DES PARIS

Nach dem Gemälde von E. Louyot

Der Apfelbaum in der Bibel

Ein Apfel stand schon zu Beginn des Menschheitsgeschlechtes als „Baum der Erkenntnis des Guten und Bösen" mitten im Garten Eden. „Und Gott der HERR pflanzte einen Garten in Eden gegen Morgen und setzte den Menschen hinein, den er gemacht hatte. 9 Und Gott der HERR ließ aufwachsen aus der Erde allerlei Bäume, lustig anzusehen und gut zu essen, und den Baum des Lebens mitten im Garten und den Baum der Erkenntnis des Guten und Bösen." (1. Mose 2,8 f.)

In unendlich vielen Darstellungen, wie z. B. in „Der Sündenfall" von HUGO VAN DER GOES (1440–1482), reicht Eva dem Adam den Apfel, trotz des Gebotes Gottes: „Und Gott der HERR gebot dem Menschen und sprach: Du sollst essen von allerlei Bäumen im Garten; 17 aber von dem Baum der Erkenntnis des Guten und des Bösen sollst du nicht essen; denn welches Tages du davon ißt, wirst du des Todes sterben." (1. Mose 2,16 f). Ihnen wurden die Augen geöffnet und sie wurden gleichzeitig des Paradieses verwiesen. Der Apfel steht hier sinnbildlich für etwas Begehrenswertes, aber auch für Prüfung, Versuchung und Vertreibung, gleichgültig, dass es sich tatsächlich nicht um einen Apfel gehandelt haben kann, vielmehr wohl eher um einen Feigenbaum. In der Bibel wird nur von einer „Frucht" gesprochen. Aus der „Frucht" wurde im kühlen Gallien schon im 5. Jahrhundert durch zwei geistliche Dichter – CYPRIANUS GALLUS und Bischof AVITUS VON VIENNE – der Apfel (DEMANT 2014). Unterstützt wurde die Bedeutung des Apfels als verbotene Paradiesfrucht durch Wortgleichheit zwischen dem lateinischen Wort malum = Apfel und malum = das Böse.

Der Sündenfall von Adam und Eva im Paradies. Figürliche Darstellung in einem der 16 Felder der bronzenen, um 1015 gefertigten, zweiflügeligen Bernwardtür im Westportal des Mariendoms in Hildesheim. Der Apfel wird hier fünfmal dargestellt.

Der Sündenfall von Adam und Eva im Paradies, dargestellt im ersten Hauptfeld der um 1230 aus 1300 Eichenbohlen erstellten, bemalten, monumentalen Holzdecke im Mittelschiff des Langhauses von St. Michael, Hildesheim. In der Krone eines Baumes ist Christus dargestellt.

In der Bibel wird der Apfelbaum mehrfach erwähnt. Nach ZAHORY (1983) kommt das hebräische „tappuah" fünfmal als Apfelbaum oder dessen Frucht, sechsmal als Ortsname (Josua 15,33) und einmal als Eigenname vor. Das mit dem hebräischen „tappuah" tatsächlich der Apfelbaum gemeint ist, obwohl in prähistorischen Funden des Mittleren Ostens keine Spuren des Apfels gefunden worden sind, wird damit begründet, dass mit dem arabischen „tuffah" ausschließlich der Apfelbaum bezeichnet wird.

Im Hohelied Salomons, den biblischen Liebesliedern, wird der Apfel mehrfach erwähnt:

Er erquickt mich mit Blumen und labt mich mit Äpfeln; denn ich bin krank vor Liebe. (Hohelied 2,5)

Wie ein Apfelbaum unter den wilden Bäumen, so ist mein Freund unter den Söhnen. Ich sitze unter dem Schatten, des ich begehre, und seine Frucht ist meiner Kehle süß. (Hohelied 2,3)

Laß deine Brüste sein wie Trauben am Weinstock und deiner Nase Duft wie Äpfel. (Hohelied 7,9)

So steht der Weinstock auch jämmerlich und der Feigenbaum kläglich; dazu die Granatbäume, Palmbäume, Apfelbäume und alle Bäume auf dem Felde sind verdorrt (JOËL 1,12).

Der Apfel in der griechischen Mythologie

In der Antike galt der Apfel als Symbol des Lebens, der weiblichen Kraft und Fruchtbarkeit, aber auch des Streites und der Zwietracht.

Der Begriff Zankapfel (Apfel der Zwietracht, Erisapfel) geht auf die griechische Mythologie zurück. Auf der Hochzeitsfeier von Peleus und Thesis (die späteren Eltern des Achilles) soll die Göttin Eris (römisch Discordia), die Göttin des Streites und Haders, einen goldenen Apfel mit der Aufschrift „Die Schönste" unter die drei Göttinnen Hera, Athene und Aphrodite geworfen haben. Zeus weigerte sich, den Streit zwischen den drei Göttinnen zu schlichten, wer denn die Schönste sei. Er überlies das Urteil dem als Schäfer verkleideten Paris, der den Schönheitsapfel Aphrodite zuwarf.

In der griechischen Götterwelt ist Dyonysos, ein Sohn des Zeus und der Semele, unter anderem der Gott des Weines, der Trauben, der Freude und Fruchtbarkeit, er soll den Apfelbaum erschaffen und Aphrodite einen Apfel als Sinnbild des Lebens übergeben haben.

Mannigfach sind die Attribute von Nemesis, in der griechischen Mythologie die Göttin des gerechten Zornes. Sie hält unter anderem einen Zweig des Apfelbaumes in der Hand und wird dabei von einem Greif begleitet.

Meilanion, der Sohn Amphidamas aus Tega, verliebt sich in die Jägerin Atalante, die aber nur den Mann zum Gatten nehmen will, der sie im Wettlauf besiege. Verlierer sind dem Tod geweiht. Als Meilanion im Wettlauf zu verlieren droht, wirft er die zuvor von Aphrodite empfangenen goldenen Äpfel auf die Rennstrecke. Atalante kann den Äpfeln nicht widerstehen, bückt sich, taumelt und stürzt. Meilanion gewinnt den Wettlauf und heiratet Atalante.

Heimkehr des Odysseus

Apfelbäume spielen im alten Griechenland auch bei der Heimkehr des Odysseus nach seinen langen Irrfahrten eine Rolle. Er versucht seinen Vater von seiner Identität zu überzeugen, indem er mit ihm durch den Obstgarten seiner Kindheit wandert:

Jetzo will ich dir auch die Bäume des lieblichen Fruchthains
Nennen, die du mir einst auf meine Bitte geschenkt hast;
Denn ich begleitete dich als Knab' im Garten; wir gingen
Unter den Bäumen umher, und du nanntest und zeigtest mir jeden.

Dreizehn Bäume mit Birnen, und zehn voll rötlicher Äpfel
Schenktest du mir, und vierzig der Feigenbäume; und nanntest
Fünfzig Rebengeländer mit lauter fruchtbaren Stöcken,
Die du mir schenken wolltest: sie hangen voll mancherlei Trauben,
Wenn sie der Segen Gottes mit mildem Gewitter erfreuet.
Homer: Odyssee (zitiert nach Voss, J.H. über Zeno.org)

Der sommerliche Garten des Alkinoos

Außer dem Hofe liegt ein Garten, nahe der Pforte,
Eine Huf' ins Gevierte, mit ringsumzogener Mauer.
Allda streben die Bäume mit laubichtem Wipfel gen Himmel,
Voll balsamischer Birnen, Granaten und grüner Oliven,
Oder voll süßer Feigen, und rötlichgesprenkelter Äpfel.
Diese tragen beständig, und mangeln des lieblichen Obstes
Weder im Sommer noch Winter; vom linden Weste gefächelt,
Blühen die Knospen dort, hier zeitigten schwellende Früchte:
Birnen reifen auf Birnen, auf Äpfel röten sich Äpfel,
Trauben auf Trauben erdunkeln, und Feigen schrumpfen auf Feigen.

Allda prangt auch ein Feld, von edlen Reben beschattet.
Einige Trauben dorren auf weiter Ebne des Gartens,
An der Sonne verbreitet, und andere schneidet der Winzer,
Andere keltert man schon. Hier stehen die Herling' in Reihen,
Dort entblühen sie erst, dort bräunen sich leise die Beeren,
An dem Ende des Gartens sind immerduftende Beete,
Voll balsamischer Kräuter und tausendfarbiger Blumen.
Auch zwo Quellen sind dort: die eine durchschlängelt den Garten;
Und die andere gießt sich unter die Schwelle des Hofes
An den hohen Palast, allwo die Bürger sie schöpfen.
Siehe so reichlich schmückten Alkinoos' Wohnung die Götter.
HOMER: Odyssee (zitiert nach Voss, J.H. über Zeno.org)

Die goldenen Äpfel der Hesperiden

Mit den „goldenen Äpfeln der Hesperiden" ist nicht der Apfelbaum gemeint. Es sind vielmehr die Zitrusfrüchte, die auf einem wunderschönen Baum wachsen, der in einem Paradiesgarten gedeiht, in dem er von den Hesperiden, den Töchtern des Atlas und der Nacht, den Nymphen verwandte, hellsingende Wesen, bewacht wird. Die Hesperiden bewachen einen Garten im äußersten Westen. Darin ein Baum mit goldenen, Unsterblichkeit verleihenden Äpfeln, die die Göttin Hera, Gattin des allmächtigen Zeus, von der Erdmutter Gäa als Hochzeitsgeschenk erhalten hatte.

Der Apfel darf auch nicht mit dem Granatapfel, *Punica granatum*, verwechselt werden. Er war in Palästina weit verbreitet und hatte bei den Juden eine hohe Bedeutung. Im Hohen Lied Salomons wird die Form des Granatapfels „mit der Schönheit einer Frau verglichen; sein Samenreichtum symbolisiert Fruchtbarkeit; sein köstlicher roter Saft ist der Nektar der Liebenden, und der Duft seiner vielen Blüten ist der Inbegriff des erwachenden Frühlings in seiner Lieblichkeit." (ZAHORY 1983).

Avalon, die Insel der Apfelbäume

In der keltischen Kultur wird Merlin, der mythische Zauberer und Ratgeber Artus', mit dem Apfelbaum in Verbindung gebracht. Kriegsmüde zieht er sich auf die heilige Insel Avalon, die Insel der Apfelbäume, zurück. Merlin offenbart Artus das Geheimnis der Insel der Apfelbäume, auf der er Linderung seiner starken Wundschmerzen erfährt.

Avalon, das keltische Paradies, lag im äußersten Westen, jenseits des Sonnenuntergangs. Nur die Herrin Morgaine, die Licht- und Todesgöttin, konnte Einlass gewähren. Morgaine übergab irischen Königen in ihrer Todesstunde einen magischen Apfel oder einen silbernen Apfelzweig, an dem Blüte und Zweig eins waren. Der sollte sie in das Land der Jugend entführen.

In der gälischen Sprache wird die glückselige Insel der Äpfel „Emain" genannt. Emain wurde in der Skalendichtung des wikingerzeitlichen Nordens so beschrieben:

Ein immergrüner Ort ist das fruchtbare Emain;
Schön ist das Land, wo es zu finden,
Lieblich ist das Schloß vor anderen Schlössern.
Üppige Apfelbäume wachsen auf diesem Boden.
(zitiert bei LAUDERT 2003)

An Samhain, einem Hochfest der Kelten in der Nacht des 31. Oktobers zum 1. November, war der Apfel Symbol für Sterben und Vergehen. An Samhain, dem dritten Erntefest, öffnet sich das Tor zur dritten Welt. Um nicht erkannt zu werden und Schaden zu erleiden, hütete man das Haus oder verließ es nur kostümiert und maskiert. Heute erinnert die Maskerade der Kinder zu Halloween an das alte Fest der Kelten.

Idun, die nordische Göttin der Erneuerung

In der nordischen Mythologie ist Idun (lateinisch Iduna) die Göttin der Erneuerung und Verjüngung, der Jugend und der Unsterblichkeit. Sie ist die Gemahlin des göttlichen Sängers Bragi und besaß die Herrschaft über die goldenen Äpfel des Lebens, ihr Baum ist der Apfelbaum. Der Genuss von Äpfeln versprach den Göttern ewige Jugend und damit Unsterblichkeit. Deshalb aßen die Asen, das größte Göttergeschlecht in der germanischen Mythologie, täglich Iduns goldene Äpfel und besaßen deshalb ewige Jugend. Als sich das Ende der Welt durch bedrohliche Vorzeichen ankündigt, sinkt Idun von der Weltesche Yggdrasil in die Unterwelt, Bragi folgt ihr.

Dargestellt ist die Übergabe eines Apfels durch Idun an einen behelmten Krieger in dem Gemälde „Idun und die Äpfel" von J. DOYLE PENROSE (1890).

Andreasnacht

Nach altem deutschem Volksglauben gilt die Andreasnacht, die Nacht zum 30. November, als Los- und Orakelnacht. Der heilige Andreas gilt nicht nur als Schutzheiliger der Fischer, sondern auch der Liebenden und des Ehestandes. zu den zahlreichen Gebräuchen, die die Zukunft Liebender voraussagen sollten, zählt auch dieser Brauch: Schälte eine junge Frau einen Apfel, ohne die Schale abreißen zu lassen, konnte sie die Schale über die Schulter werfen. Aus der Form der am Boden liegenden Schale konnten die Anfangsbuchstaben aus dem Namen des Zukünftigen gedeutet werden.

Das Pentagramm des Apfels

Als irdisches, gleichzeitig prägnantestes Abbild eines Pentagramms gilt der fünfzackige Stern im Kerngehäuse (englisch core = Kern) eines halbierten Apfels. Er symbolisiert die jungfräuliche Göttin Persephone, oft auch als Kore bezeichnet, die im Herzen der Erdmutter (Demeter) wohnt. Das Pentagramm gilt auch als Zeichen der Göttin Hygeia, der Göttin der Gesundheit.

Als Pentagramm können auch die fünfzähligen Blüten der Rosengewächse, also auch des Apfels, verstanden werden.

Das Pentagramm ist ebenfalls ein Zeichen des Planeten Venus, denn der zeichnet innerhalb von etwa acht Jahren ein nahezu exaktes Pentagramm in den Himmel.

Der Apfel in Gedichten und Geschichten

Faust in der Walpurgisnacht

(Faust mit der Jugend tanzend:)
Einst hatte ich einen schönen Traum:
Da sah ich einen Apfelbaum,
Zwei schöne Äpfel glänzten dran;
Sie reizten mich, ich stieg hinan.

(Eine unbekannte Schöne erwidert:)
Der Äpfelchen begehrt Ihr sehr,
Und schon vom Paradiese her.
Von Freuden fühlt ich mich bewegt,
Dass auch mein Garten solche trägt.

Johann Wolfgang von Goethe: Faust: Eine Tragödie, Kap. 24

Zu der Apfelverkäuferin

Zu der Apfel-Verkäuferin
Kamen Kinder gelaufen,
Alle wollten kaufen;
Mit munterem Sinn
Griffen sie aus dem Haufen,
Beschauten mit Verlangen
Nah und näher rotbäckige Wangen.
Sie hörten den Preis
Und warfen sie wieder hin
Als wären sie glühend heiß.

Was der für Käufer haben sollte
Der Ware gratis geben sollte.

Johann Wolfgang von Goethe (1749–1832)

Der Apfelgarten

Komm gleich nach dem Sonnenuntergange,
sieh das Abendgrün des Rasengrunds;
ist es nicht, als hätten wir es lange
angesammelt und erspart in uns,

um es jetzt als Fühlen und Erinnerung,
neue Hoffnung, halbvergessenes Freun,
noch vermischt mit Dunkel aus dem Innern,
in Gedanken vor uns hinzustreun,

unter Bäume wie von Dürer, die
das Gewicht von hundert Arbeitstagen
in den überfüllten Früchten tragen,
dienend, voll Geduld, versuchend, wie

das, was alle Maße übersteigt,
noch zu heben ist und hinzugeben,
wenn man willig, durch ein langes Leben
nur das Eine will und wächst und schweigt.

Rainer Maria Rilke (1875–1926)

Vom schlafenden Apfel

Im Baum, im grünen Bettchen,
Hoch oben sich ein Apfel wiegt,
Der hat so rote Bäckchen,
Man sieht, dass er im Schlafe liegt.

Ein Kind steht unterm Baume,
das schaut und schaut und ruft hinauf:
„Ach Apfel, komm herunter!
Hör endlich doch mit Schlafen auf!“

Es hat ihn so gebeten,-
Glaubt ihr, er wäre aufgewacht?
Er rührt sich nicht im Bette,
Sieht aus, als ob im Schlaf er lacht.

Da kommt die liebe Sonne,
Am Himmel hoch daherspaziert.
„Ach Sonne, liebe Sonne,
Mach du, dass sich der Apfel rührt!“

Die Sonne spricht: „Warum nicht?“
Und wirft ihm Strahlen ins Gesicht.
Küsst ihn dazu so freundlich,
Der Apfel aber rührt sich nicht.

Nun schau! Da kommt ein Vogel
Und setzt sich auf den Baum hinauf
„Ei, Vogel, du mußt singen,
Gewiß, gewiß, das weckt ihn auf!“

Der Vogel wetzt den Schnabel
Und singt ein Lied so wundernett.
Und singt aus voller Kehle;
Der Apfel rührt sich nicht im Bett.

Und wer kam nun gegangen?
Es war der Wind, den kenn ich schon,
Der küßt nicht und der singt nicht,
Der pfeift aus einem anderen Ton.

Er stemmt in beide Seiten
Die Arme, bläst die Backen auf
Und bläst und bläst; und richtig,
der Apfel wacht erschrocken auf.

Und springt vom Baum herunter
Grad in die Schürze von dem Kind;
Das hebt ihn auf und freut sich
Und ruft: „Ich danke schön, Herr Wind!“

Robert Reinick (1805–1852)

Äpfellese

Das ist ein reicher Segen
In Gärten und an Wegen!
Die Bäume brechen fast.
Wie voll doch alles hanget!
Wie lieblich schwebt und pranget
Der Äpfel goldne Last!

Jetzt auf den Baum gestiegen!
Lasst uns die Zweige biegen,
Dass jedes pflücken kann!
Wie hoch die Äpfel hangen,
Wir holen sie mit Stangen
Und Haken all› heran.

Und ist das Werk vollendet,
So wird auch uns gespendet
Ein Lohn für unsren Fleiß.
Dann ziehn wir fort und bringen
Die Äpfel heim und singen
Dem Herbste Lob und Preis.

Hoffmann von Fallersleben (1798–1874)

In einem kleinen Apfel

In einem kleinen Apfel,
da sieht es niedlich aus;
es sind darin fünf Stübchen,
grad wie in einem Haus.

In jedem Stübchen wohnen
zwei Kernchen, braun und klein;
die liegen drin und träumen
vom lieben Sonnenschein.

Die träumen auch noch weiter
Gar einen schönen Traum,
wie sie einst werden hängen
am lieben Weihnachtsbaum.

Volksgut

Einkehr

Bei einem Wirte wundermild
Da war ich jüngst zu Gaste.
Ein goldner Apfel war sein Schild
An einem langen Aste.

Es war der gute Apfelbaum
Bei dem ich eingekehret
Mit süßer Kost und frischem Schaum
Hat er mich wohl genähret.

Es kamen in sein grünes Haus
Viel leichtbeschwingte Gäste
Sie sprangen frei und hielten Schmaus
Und sangen auf das Beste.

Ich fand ein Bett in süßer Ruh
Auf weichen, grünen Matten
Der Wirt, er deckte selbst mich zu
Mit seinem kühlen Schatten.

Nun fragt ich nach der Schuldigkeit,
Da schüttelt er den Wipfel
Gesegnet sei er allezeit
Von der Wurzel bis zum Gipfel.

Ludwig Uhland (1787–1847)

Fülle

Genug ist genug! Gepriesen werde
Der Herbst! Kein Ast, der seiner Früchte entbehrte!
Tief gebeugt sich mancher allzu reich beschwerte,
Der Apfel fällt mit dumpfem Laut zur Erde.

Genug ist nicht genug! Es lacht im Laube!
Die saftge Pfirsche winkt dem durstgen Munde!
Die trunknen Wespen summen in die Runde:
„Genug ist nicht genug!" um eine Traube.

Genug ist nicht genug! Mit vollen Zügen
Schlürft Dichtergeist am Borne des Genusses,
Das Herz, auch es bedarf des Überflusses,
Genug kann nie und nimmer genügen.

Conrad Ferdinand Meyer (1825–1898)

Der Bratapfel

Kinder kommt und ratet,
was im Ofen bratet!
Hört, wie's knallt und zischt.
Bald wird er aufgetischt,
der Zipfel, der Zapfel,
der Kipfel, der Kapfel,
der gelbrote Apfel.

Kinder, lauft schneller,
holt einen Teller,
holt eine Gabel!
Sperrt auf den Schnabel
für den Zipfel, den Zapfel,
den Kipfel, den Kapfel,
den goldbraunen Apfel.

Sie pusten und prusten,
sie gucken und schlucken,
sie schnalzen und schmecken,
sie lecken und schlecken
den Zipfel, den Zapfel,
den Kipfel, den Kapfel,
den knusprigen Apfel.

Volksgut

Knecht Ruprecht

Draussen weht es bitterkalt,
wer kommt da durch den Winterwald?`
Stip – stapp,stipp – stapp und huckepack -
Knecht Ruprecht ist's mit seinem Sack.
Was ist denn in dem Sacke drin?
Äpfel, Mandel und Rosin'
und schöne Zuckerrosen,
auch Pfeffernüss' fürs gute Kind;
die anderen, die nicht artig sind,
die klopft er auf die Hosen.

MARTIN BOELITZ (1874–1918)

Weihnachtslegende

Christkind kam in den Winterwald,
der Schnee war weiß, der Schnee war kalt.
Doch als das heil'ge Kind erschien,
fing's an, im Winterwald zu blühn.

Christkindlein trat zum Apfelbaum,
erweckt ihn aus des Winterstraum.
„Schenk Äpfel süß, schenk Äpfel zart,
schenk Äpfel mir von aller Art".

Der Apfelbaum, er rüttelt sich,
der Apfelbaum, er schüttelt sich.
Da regnet's Äpfel ringsumher;
Christkindlein's Taschen wurden schwer.

Die süßen Früchte alle nahm's,
und so zu den Menschen kam's.
Nun, holde Mäulchen, kommt, verzehrt,
was euch Christkindlein hat beschert!

ERNST VON WILDENBRUCH (1845–1909)

Mailied

Der Apfelbaum prangt grün und weiss,
Auf zartgegraster Weide;
Der Wonneruf des schönen Mais
Weckt uns zu sanfter Freude.
Doch wird des Frühlings Wiederkehr
Uns alle hier vereinen?

JOHANN GAUDENZ VON SALIS-SEEWIS (1762–1834)

Till Eulenspiegel. Die 85. Historie um einen gebratenen Apfel

Recht und redlich rächte sich Eulenspiegel an einem Holländer. In einer Herberge in Antwerpen, in der holländische Kaufleute waren, begab es sich einmal, dass Eulenspiegel ein wenig krank wurde. Er konnte kein Fleisch essen und ließ sich weiche Eier kochen. Als die Gäste zu Tisch saßen, kam auch Eulenspiegel an den Tisch und brachte die weichen Eier mit.

Der eine Holländer hielt Eulenspiegel für einen Bauer und sprach: „Wie ein Bauer, magst du des Wirtes Kost nicht, dass man dir Eier kochen muß?“ Dann nahm er die beiden Eier, schlug sie auf und schlurfte sie eins nach dem anderen aus. Die Schalen legte er vor Eulenspiegel hin und sagte: „Sieh hin, leck das aus, der Dotter ist heraus!“. Die anderen Gäste lachten darüber, und Eulenspiegel lachte mit ihnen.

Am Abend kaufte Eulenspiegel einen hübschen Apfel, den hölte er inwendig aus und füllte ihn mit Fliegen und Mücken. Dann briet er langsam den Apfel, schälte ihn und bestreute ihn außen mit Ingwer. Als sie nun zu Abend wieder zu Tisch saßen, brachte Eulenspiegel auf einem Teller den gebratenen Apfel und wendete sich vom Tisch ab, als ob er noch mehr holen wolle.

Als er den Rücken wandte, griff der Holländer zu, nahm ihm den gebratenen Apfel vom Teller und schlang ihn schnell hinunter. Sogleich musste der Holländer brechen und brach alles aus, was er im Leibe hatte. Ihm wurde so übel, dass der Wirt und die anderen Gäste meinten, Eulenspiegel habe ihn mit dem Apfel vergiftet.

Doch Eulenspiegel sagte: „Das ist keine Vergiftung, es ist nur eine Reinigung seines Magens. Denn einem gierigen Magen bekommt keine gute Kost. Hätte er mir gesagt, dass er den Apfel so gierig hinunterschlucken wollte, so hätte ich ihn davor gewarnt. Denn in den weichen Eiern waren keine Mücken, aber in dem gebratenen Apfel lagen sie. Die mußte er wieder ausbrechen.“

Unterdessen kam der Holländer wieder zu sich und merkte, dass es ihm nicht weiter schadete. Er sprach zu Eulenspiegel: „Iss und brate, ich esse nicht mehr von Dir, und wenn du auch Krammetvögel hättest.

HERMANN BOTE (1467–1520)

Der Apfel in anderen Zusammenhängen

Der Reichsapfel, eine Weltkugel mit einem aufgesetzten Kreuz, ist ein Herrschaftszeichen. Er besteht aus einem kugeligen Apfel mit einem aufgesetzten Kreuz. Er geht historisch auf den Globus der Römer zurück.

Bei den Römern symbolisierte der Reichsapfel die Weltherrschaft und damit die universale Reichsidee. Generell symbolisiert er die Herrschaft über ein Land. Mit dem Kreuz soll bezeugt werden, dass sich der Herrscher zum christlichen Glauben bekennt und auf Gott vertrauen muss. Auch deutsche Kaiser und Könige sind oft mit dem Reichsapfel in der linken Hand dargestellt worden.

Der Adamsapfel (*Prominetia laryngea*) ist ein hervorspringender und tastbarer Abschnitt des Schildknorpels im Bereich des Kehlkopfes. Er tritt vorwiegend bei Männern auf. Die bis in das 19. Jahrhundert geltende Bezeichnung Pomum adami leitet sich von der biblischen Erzählung vom Sündenfall im Paradies ab. Der von Eva gereichte Apfel vom Baum der Erkenntnis soll Adam im Halse stecken geblieben sein.

Die Landgüterverordnung „Capitulare de villis vel curtis imperii“ Karls des Grossen ist zwischen 792 und 800 verfasst worden. Sie ist eine detaillierte Vorschrift für die Verwaltung der Krongüter und den Anbau von Nutz- und Heilpflanzen. Die für den Anbau empfohlenen Gartengewächse, darunter 73 Gemüse und Kräuter, werden im 70. Kapitel der Landgüterverordnung aufgelistet. Unter den 16 genannten Obstarten steht der Apfel unter der Bezeichnung „pomarios“ an erster Stelle, ihm folgt die Birne, dann die Pflaume. Der Erlass existiert noch in einer einzigen Handschrift, als „Codex Guelferbytanus 254“, in der Herzog-August-Bibliothek in Wolfenbüttel.

Berühmt ist die Legende um den „Apfelschuss“. Danach sollte sich der Schweizer Nationalheld Wilhelm Tell, ein Symbol der Freiheit, im Jahr 1291 vor dem habsburgischen Landvogt Gessler verbeugen. Er weigerte sich und musste zur Strafe mit einer Armbrust einen Apfel vom Kopfe seines eigenen Sohnes schießen. „Nun Tell! Weil du den Apfel triffst vom Baume auf hundert Schritt, so wirst du deine Kunst vor mir bewähren müssen. Nimm die Armbrust – du hast sie gleich zur Hand – und mach die fertig, einen Apfel von des Knaben Kopf zu schiessen. Doch will ich Dir raten, ziele gut, dass du den Apfel treffest auf den ersten Schuss. Denn fehlst du ihn, so ist dein Kopf verloren.“ (aus dem Drama „Wilhelm Tell“ von Friedrich Schiller, 1804 am Hoftheater Weimar uraufgeführt).

Dem Universalgelehrten Sir Isaac Newton (1643–1726) soll beim Anblick eines fallenden Apfels das Prinzip der Schwerkraft klar geworden sein.

Bei der ersten schriftlich überlieferten Olympiade, 776 vor Chr. in Griechenland, wurde als Siegerpreis ein Apfel überreicht.

In China gilt die Blüte der Apfelbäume (p'in-ko) als Symbol aller Frauenschönheit. Der Gleichklang der Worte p'ing für Apfel und Friede bedeutet in China, dass das Geschenk von Äpfeln den Wunsch nach andauernder Harmonie repräsentiert.

Der wilde Apfel (hai-t'ang) steht für die Halle des Hauses (t'ang). Wird er zusammen mit ihr und einer Magnolie (yü-lan) dargestellt, drückt das aus: „Möge (yü) dein Haus reich und geehrt werden".

Im alten China wurde das Freudenviertel als Apfelbett bezeichnet.

2018 wurden in China vier Briefmarken mit Abbildungen von Apfelblüten aufgelegt. *Malus honanensis, M. ×micromalus, M. prunifolia* und *M. sieboldii* (= Synonym für *M. toringo* var. *toringo*).

Da der Apfel als weiblich, die Birne als männlich gilt, wurde bei der Geburt eines Mädchens ein Apfelbaum, bei der Geburt eines Knaben ein Birnbaum gepflanzt.

Frauenapfel ist eine gängige Beschreibung für die weibliche Brust. Nach dem von HERMANN JÄGER 1747 herausgegebenen „Leibdiener der Schönheit" sollen Frauenbrüste am besten apfelförmig und so weiß wie Schnee sein. Faust begehrt beim Tanz in der Walpurgisnacht die „Äpfelchen" einer Schönen.

Der Apfel galt auch als Orakelbaum, der Leben und Tod voraussagen konnte. Aß jemand vor seinem Tod noch einen Apfel, konnte die letzte Ölung (heute als Krankensalbung bezeichnet) nicht erteilt werden, man war auf ewig verdammt.

Die Bezeichnung „der mag keine Äpfel essen" galt früher als Umschreibung für jemanden, der keine Lust zur Liebe hatte.

Im Mittelalter hieß es von jungfräulichen Mädchen: „Sie hat des Apfels Kunde nit."

„Wer den Apfel will, zieht den Zweig herunter, und wer die Tochter will, liebkose die Mutter munter", galt als Empfehlung an erfolglose Brautwerber.

Ein Apfelbaum spielt in dem Gedicht „Der über uns" von GOTTHOLD EPHRAIM LESSING (Gedichte – Kapitel 2) eine Rolle. Unter dem Baum, in dem der junge Hans Steffen saß, um Äpfel zu stehlen, amüsierten sich Hanne und Johann. Nach ihrem Schäferstündchen bewegt Hanne die Frage, wer denn das Kind ernähren solle: „Wenn nun auch mir ein Unglück widerfährt! Ein Kind – ich zittre. – Wer ernährt mir denn das Kind?". Darauf antwortet Johann: „die Zeit mag's lehren. Doch wird's auch nicht von mir ernährt: Der über uns wird schon ernähren; dem über uns vertrau". Das wird dem Hans im Baum dann doch zu viel und er schreit: „lasst euch andere Hoffnung laben! Der über euch ist nicht so toll. Wenn ich ein Bankbein nähren soll, so will ich es auch selbst gedrechselt haben".

Der Apfelbaum wird auch mit Hexen in Verbindung gebracht. Nach dem Sagenbuch von E. MEYER aus dem Jahre 1852 tanzen zur Rottenburger Fasnet die Stadthexen nicht nur unter dem alten Heuberger Hexenturm, sondern auch auf dem Rottenburger Heuboden unter dem „Hexenbäumle", einem Apfelbaum.

In der von MARTIN Y SOLER komponierten, am 1. Oktober 1787 in Wien uraufgeführten Oper „L'arbore di Diana" gelobt die Jagdgöttin Diana Keuschheit, die von einem wundertätigen Apfelbaum überwacht wird. Der belohnt die Keuschheit mit lieblichen Melodien, die Unzucht aber mit schwarzen Äpfel. Die werden dem lebenslustigen Amor zuteil. Der rächt sich an Diana und lässt sie in Liebe zum Schäfer Endymion fallen. Diana verliert ihre Keuschheit und Amor verwandelt den Schauplatz in einen Paradiesgarten.

In den Märchen der GEBRÜDER GRIMM ist mehrfach von Apfelbäumen die Rede. Dazu einige Beispiele:

In „Teufel mit den goldenen Haaren" trägt ein Apfelbaum wieder goldene Früchte, nachdem die Maus getötet wurde, die an seiner Wurzel nagte.

In „Frau Holle", bittet der Apfelbaum die ungeliebte Stieftochter, die spätere Goldmarie, ihn zu schütteln.

In „Einäuglein, Zweiäuglein und Dreiäuglein" darf allein das von ihren Schwestern ungeliebte Zweiäuglein Früchte von dem Baum mit den silbernen Blättern und goldenen

Äpfel essen. Eine Illustration dazu findet sich in: Die Kinder- und Hausmärchen der Brüder Grimm, 5. Aufl. 1976, S. 149.

In „Die weiße Schlange" verlangt eine stolze Königstocher von ihrem Freier einen goldenen Apfel vom Baum des Lebens, den der Jüngling auch nach einer langen Wanderung nicht finden konnte. Aber drei junge Raben, denen er das Leben gerettet hatte, brachten ihm einen goldenen Apfel vom Ende der Welt, jenseits des Meeres. Königstochter und Jüngling teilten den Apfel, aßen davon und erreichten in ungestörtem Glück ein hohes Alter.

Der Apfel in Redensarten und Spruchweisheiten

Wenn ich wüsste, dass morgen der Jüngste Tag wäre, würde ich heute noch ein Apfelbäumchen pflanzen (wird MARTIN LUTHER zugeschrieben).

Kommt, von allerreifsten Früchten
Mit Geschmak und Lust zu speisen!
Über Rosen läßt sich dichten, i
in die Äpfel muß man beissen.
(Der Gärtner in Goethes Faust II)

Beiß nicht gleich in jeden Apfel, er könnte sauer sein.

In den sauren Apfel beißen.

Wer in einen sauren Apfel gebissen hat, dem schmeckt der süße desto besser.

Der Apfel fällt nicht weit vom Stamm.

Der glänzendste Apfel beinhaltet den größten Wurm.

Ein fauler Apfel steckt hundert gesunde an.

Auch die roten Äpfel faulen.

Ein Apfel am Morgen, vertreibt Kummer und Sorgen.

Ein Apfel pro Tag, mit dem Doktor kein Plag.

Schlanksein beginnt mit einem Apfel

Verbotene Äpfel sind süß.

Einen hinter den Apfel jubeln (gemeint ist der Adamsapfel).

Vom Baum der Erkenntnis essen.

Wer den Baum gepflanzt hat, genießt selten seine Frucht.

Die Frucht schmeckt auch dem Baume.

Im Schatten eines mächtigen Baumes gedeihen keine saftigen Früchte.

Beschreibung der Arten, Hybriden und Sorten

Europäische Wildäpfel

Von allen *Malus*-Arten ist nur eine in Mitteleuropa heimisch: *Malus sylvestris*, der Holz-Apfel. Er verdient unsere besondere Aufmerksamkeit, denn er gehört zu den äußerst seltenen Holzarten. In Deutschland ist der Holz-Apfel die zweitseltenste Baumart. Sie ist in ihrem Bestand gefährdet, sollte deshalb geschützt und häufiger gepflanzt werden.

Der wirtschaftlich wichtigste Apfel ist der Kultur-Apfel, *Malus domestica*, der hier nicht in aller Ausführlichkeit behandelt werden kann.

In Europa sind drei weitere Arten vertreten: *M. florentina*, *M. trilobata* und die erst 2006 beschriebene, in Sizilien endemische Art *M. crescimannoi*.

Nahezu alle Arten dieses Raumes gehören zur Sektion Malus. Nur zwei Arten gehören anderen Sektionen an: *Malus florentina* (Sektion Sorbomalus) und *Malus trilobata* (Sektion Eriolobus).

Malus crescimannoi RAIMONDO, Sizilianischer Apfel
(Sektion Malus, Serie Malus)

Malus crescimannoi am natürlichen Standort auf Sizilien

Malus crescimannoi

M. crescimannoi ist eine sehr langlebige Art, die Höhen von 10 m erreichen kann. Die konischen, kahlen Winterknospen sind 5 mm lang. Eiförmig-lanzettlich oder oval sind die 4,5–5,5 cm langen und 1,5–3,5 cm breiten, spitzen, an der Basis keilförmigen und am Rand gesägten Blätter, die, voll entfaltet, ± kahl sind. Der 2–4 cm lange Blattstiel ist behaart. Die kurz gestielten Blüten sind in der Knospe hellrosa oder hellviolett überhaucht, aufgeblüht reinweiß. Sie stehen zu 3–6 in Trugdolden zusammen, haben 11–14 mm lange, sternförmig ausgebreitete, konkave Kronblätter und 5–7 mm lange Staubblätter, die kürzer sind als die Griffel. Die Blüten öffnen sich im April-Mai, zusammen mit der Laubentfaltung. Etwa 4 cm dick sind die kugeligen, ungenießbaren Früchte mit dem bleibenden Kelch.

M. crescimannoi ist eine endemische Art Siziliens, die erst 2006 beschrieben worden ist. Sie kommt im Nordwesten der Insel in Höhen zwischen 1000 und 1600 m in submontanen *Quercus cerris*- und *Fagus sylvatica*-Wäldern vor. Besiedelt werden silikatreiche Böden im Uferbereich des Flascio-Flusses an den Nordhängen des Berges Soro, in den Gemeinden Floresta und Randazzo, im 86.000 ha großen Parco dei Nebrodi. Dort sind zahlreiche, auch sehr alte Bäume gefunden worden. Nachgewiesen ist die Art auch an den Nord- und Südhängen des Madonna dell Alto.

Die Aufnahmen von Giovanni Scafidi sind am natürlichen Standort der Art entstanden, in der Ortschaft Floresta im Parco dei Nebrodi.

Das Artepitheton wurde zu Ehren von FRANCESCO GIULIO CRESCIMANNO (geb. 1927), Dendrologe und Dekan der landwirtschaftlichen Fakultät der Universität Palermo, vergeben.

Italienische Botaniker, wie z. B. der Kurator des Orto Botanico Palermo, MANILO SPECIALE, sind der Ansicht, dass es sich bei *M. crescimannoi* wohl nicht um eine selbstständige Art handelt.

Malus domestica (SUCKOW) BORKH., Kultur-Apfel

(Sektion Malus, Serie Malus)

Malus domestica, Blüten und Früchte einer ursprünglichen Form

(Synonyme: *Pyrus malus* L., *Malus acerba* Merat, *M. communis* Lam. var. *sylvestris* (L.) Beck, *M. sylvestris* (L.) Mill. var. *domestica* (Borkh.) Mansf., *M.* ×*domestica* Borkh., *M. pumila* Mill., *M. pumila* Mill. var. *domestica* (Borkh.) C.K. Schneid., *M. domestica* (Suckow) Borgh. var. *dasyphylla* (Borkh.) Langenf)

Malus domestica

M. domestica ist ein 8–15(–20) m hoher, sehr breitkroniger Baum, der mit ausladenden Ästen oft ± kugelige Kronen ausbildet. Wuchshöhe und Kronenform hängen weitgehend von der Verwendung stark bis schwachwachsender Unterlagen ab. Die rot- oder graubraune Borke blättert schuppig ab. Die kräftigen Zweige sind dornenlos. Die bronzefarbenen oder

Malus domestica

purpurnen Triebe und spitzen Knospen sind filzig behaart. Länglich-eiförmig sind die 4–13 cm langen und 3–7 cm breiten, gerade zugespitzten, an der Basis abgerundeten, am Rand unregelmäßig flach gesägten Blätter. Sie sind oberseits dunkelgrün und oft behaart, unterseits bleibend dicht filzig behaart. Der ziemlich dicke, 1,5–3 cm lange Stiel ist flaumig behaart. Die meist flach becherförmigen, kurz gestielten Blüten sind in der Knospe rosa überhaucht, aufgeblüht weiß. Die breit verkehrt eiförmigen, bis 2,8 cm langen Kronblätter sind in dem kurzen Nagel plötzlich verschmälert. Der Blütenbecher ist weißfilzig behaart. Die Staubblätter sind bis 1,5 cm lang. Die Blüten entfalten sich im April–Mai. Die wohlschmeckenden, meist über 5 cm dicken Früchte mit dem bleibenden Kelch sind in Bezug auf Größe, Form, Färbung, Geschmack, Reifezeit und Lagerfähigkeit sehr verschieden.

M. domestica ist eine komplexe Hybride, an deren Zustandekommen mehrere Arten beteiligt sind. Das gilt vor allem für *M. sieversii* var. *sieversii*, in geringerem Maße wahrscheinlich aber auch für *M. orientalis*, *M. sylvestris*, *M. baccata*, *M. mandshurica* und *M. prunifolia*. (Hokanson 1997). Neue molekularbiologische Untersuchungen (Cornille et al. 2012) belegen, dass die Entstehung von *M. domestica* ursprünglich auf der Domestizierung von *M. sieversii* var. *sieversii* beruhte. Nachdem *M. sieversii* var. *sieversii*, aus Zentralasien kommend, das Verbreitungsgebiet von *M. sylvestris* erreicht hatte, leistete auch diese einen so entscheidenden Beitrag zur Vielfalt an schmackhaften Äpfeln, dass *M. domestica* inzwischen dem heimischen Holz-Apfel genetisch ähnlicher ist als dem Urahn des Kultur-Apfels, dem im Tian Shan heimischen Altai-Apfel, *M. sieversii* var. *sieversii*.

Malus domestica, Kultur-Apfel in Vollblüte

Seit 2010 ist das Erbgut des Apfels, der vor etwa 4000 Jahren im Nahen Osten auftauchte, entziffert. Das Genom der Sorte 'Golden Delicious' sei zu rund vier Fünftel entziffert, es besteht aus 742 Mio. Basenpaaren (VELASCO 2010). Man hofft, dass die Erkenntnis dazu führt, trockenresistente, gesündere und noch schmackhaftere Sorten züchten zu können.

Der Kultur-Apfel verwildert in seinen Anbaugebieten und tritt in Wäldern, an Waldrändern, in Hecken und an Wegrainen auf, besonders gern im Rand des Steppenheide-Waldes. Von einem Bestand verwilderter Kulturäpfel in den Dünen am Nordrand der dänischen Insel Laesø berichtet LOHMEYER (1976). Die Vermehrung erfolgt nicht selten durch Wurzelsprosse. Die Art ist jedoch noch nirgendwo etabliert, denn es haben sich noch keine Populationen gebildet, die mehrere aufeinanderfolgende Generationen umfassen (SEYBOLD in SEBALD, SEYBOLD & PHILIPPI 1992).

Malus domestica, Sortenvielfalt des Kultur-Apfels

Der Kultur-Apfel ist im Obstbau von überragender Bedeutung. Er ist, im Gegensatz zu vielen anderen Obstarten, durch seine mit einer Wachsschicht behaftete Schale lange haltbar und lagerfähig und in sehr vielseitiger Weise zu verwenden.

Großfrüchtige, wohlschmeckende Äpfel werden in Europa seit mehr als 2000 Jahren kultiviert. Ihr Ursprung liegt in Tian Shan in Zentralasien. Zur Evolution der zentralasiatischen Wildäpfel (*M. sieversii* var. *sieversii*) haben auch die Braunbären des Tian Shan beigetragen. Sie haben stets die wohlschmeckenden Äpfel bevorzugt. Aus den im Kot hinterlassenen Samen sind in den folgenden Generationen über sehr lange Zeiträume hinweg stets weitere Bäume mit immer zuckerreicheren, bitterstoffärmeren, wohlschmeckenderen Früchten entstanden.

Die Evolution der modernen Pferde begann in Nordamerika. Vor etwa 2 Mill. Jahren erreichten sie über die Beringstraße Ostasien. Bei der Ausdehnung ihre Habitate nach Süden und Westen haben die Wildpferde die Äpfel des Tian Shan bis in die Kaukasusregion, die Krim, Teile von Afghanistan, Iran, die Türkei und die Kursker Region in Russland verbreitet (Juniper & Mabberley 2006).

Auch die alte Seidenstraße ist für die Verbreitung der Äpfel aus dem Tian Shan über die kasachische Hauptstadt Almatay (früher Alma Ata) nach Westen von Bedeutung. Früchte als Reiseproviant und Samen aus den Hinterlassenschaften der Reit- und Packtiere – Pferde

Blühender Apfelbaum in einer Streuobstwiese

und Kamele – haben die Verbreitung der Äpfel von Zentralasien nach Persien und Griechenland befördert.

Auch die Griechen brachten den Apfel von ihren Eroberungszügen aus dem Osten nach Griechenland. Dort hat bereits der Philosoph und Naturhistoriker THEOPHRASTUS (371–287 v. Chr.) in seiner „Historia Plantarum" den Apfelbaum beschrieben.

Bei den Römern erreichte die Apfelkultur in Europa ihre erste Hochblüte. M. P. CATO, DER ÄLTERE beschreibt 200 v. Chr. in „De agri cultura" ausführlich die Techniken der Kopfveredelungen, der Okulation, der Vermehrung durch Stecklinge und durch das Niederlegen von Zweigen.

PLINIUS DER ÄLTERE (23–79 n. Chr.) berichtet in seiner „Historia Naturalis" von 30 verschiedenen Apfelsorten, die u. a. auch zu Saft und Wein verarbeitet wurden. Er gibt Hinweise zu Erntezeit, Lagerung, Düngung und Pflanzenschutz, wie z. B. das Anlegen von Leimringen zur Kontrolle des Schädlingsbefalls.

Mit den Römern kamen der Kultur-Apfel und die Kunst des Veredelns nach Germanien. Die Möglichkeit, Äpfel vegetativ vermehren zu können, war eine wichtige Voraussetzung zum Erhalt einer Sorte über das Lebensalter des Ursprungsbaumes hinaus und damit zur Entwicklung einer Sortenvielfalt.

Malus domestica 'Edelborsdorfer'

In der Landgüterverordnung „Capitulare des villis“ (798–800) Karls des Grossen liegen erste schriftliche Zeugnisse für Bedeutung, Anbau und Pflege verschiedener Obstarten nördlich der Alpen vor.

Der Anbau von Äpfeln in Klöstern, vor allem der der Benediktiner und Zisterzienser, waren Vorbild für die Apfelkultur des Landadels und der Bauern.

Obstbäume wurden in Gärten und höfischen Gartenanlagen, an Straßen und Wegen gepflanzt. Rings um die Dörfer entstanden Streuobstwiesen, überwiegend mit Äpfeln bestockt, die fortan die Kulturlandschaft prägten. Eine große Sortenvielfalt entstand im 19. Jahrhundert, die Pomologie erlebte ihre Hochblüte. Zwischen 1804 bis 1904 sind mehr als 7000 Sorten beschrieben worden.

Als ältester dokumentierter und bis heute existierender Kultur-Apfel Deutschlands (wohl auch Europas) gilt der 'Edelborsdorfer', der auch unter Namen wie 'Edler Winterborsdorfer', 'Schwarzer Borsdorfer' oder 'Zigeunerapfel' bekannt ist. Die erste Erwähnung der Sorte durch die Zisterzienser wird unterschiedlich angegeben: um 1100 oder 1170. Vom Mutterkloster der Zisterzienser, Citeaux bei Dion in Burgund, lässt sich die Verbreitung des Apfels über die vier Anfang des 12. Jahrhunderts gegründeten Primarabteien verfolgen. Zu den Primarabteien gehörten das Kloster Morimond (gegründet 1115) im heutigen Parnoy-en-Bassigny, Burgund, das Kloster Kamp (gegründet 1123) auf dem Gebiet der Stadt Kamp-Linfort, das erste Zisterzienserkloster im deutschsprachigen Raum, das Kloster Walkenried (gegründet 1129) in Niedersachsen und das Kloster Pforta (gegründet 1132) im Saale-Unstrut-Gebiet.

Es ist nicht bekannt, wann der Borsdorfer Apfel zu seinem Namen kam. Möglicherweise bezieht sich der Name auf den Ort Borsdorf, dem heutigen Pohrsdorf, im Meißener Land, dem Hauptanbaugebiet des Apfels im 13. Jahrhundert. Pohrsdorf führt seit Jahrhunderten den Apfelbaum in seinem Ortswappen.

Nach dem zweiten Weltkrieg verloren Streuobstwiesen ihre Bedeutung, Rodungsprämien beschleunigten ihren Niedergang. Seit einigen Jahren unterhalten Landkreise, Mitglieder des Deutschen Verbandes für Landschaftspflege, Naturschutzverbände, Gartenbauvereine und Institutionen (z. B. die Heinz-Sielmann-Stiftung auf Gut Herbigshausen in der Nähe von Duderstadt und der Experimentelle Botanische Garten der Georg-August-Universität in Göttingen) Streuobstwiesen, in denen oft alte, lokale Sorten als robuste Hochstämme kultiviert werden. Großflächige Streuobstbestände auf der Schwäbischen Alb sind von BirdLife International als „Important Bird Areas" benannt und vom Land Baden-Württemberg laut EU-Vogelschutzrichtlinie als Vogelschutzgebiete bei der EU gemeldet.

Streuobstwiesen sind nicht nur orts- und landschaftsprägend, sie sind auch von großer ökologischer Bedeutung. Sie sind Lebensraum für zahlreiche Wiesenkräuter, Spinnentiere, Amphibien, Reptilien, Vögel und Säugetiere.

Äpfel werden gegenwärtig ganz überwiegend in Plantagen angebaut. Auf schwachwachsenden Unterlagen veredelt, werden bis zu 3000 Apfelbäume je Hektar gepflanzt. In vielen Anlagen werden die Blüten durch Beregnungen vor Frostschäden geschützt. Die beim Gefrieren des Wassers freiwerdende Kristallisationswärme schützt die Blüten vor dem Erfrieren.

Nach Angaben des Statistischen Bundesamtes in der Fachserie 3, Reihe 3.2.1 wurden 2018 in Deutschland Baumäpfel auf einer Fläche von 33.978 ha angebaut. Die Erntemenge betrug 11.956.165 dt.

Von den 33.978 ha Anbaufläche der Bundesrepublik im Jahr 2018 hatten Baden-Württemberg mit 12.106 ha und Niedersachen mit 8.159 den größten Anteil.

Anteil der wichtigsten Sorten an der Anbaufläche in ha		
	Baden-Württemberg	***Niedersachsen***
Malus domestica 'Elstar'	1977	2617
Malus domestica 'Jonagold'	1276	736
Malus domestica 'Jonagored'	445	788
Malus domestica 'Braeburn'	994	941
Malus domestica 'Gala'	1176	114
Malus domestica 'Idared'	236	
Malus domestica 'Jonaprince'		1114
Malus domestica 'Golden Delicious'	275	33
Malus domestica 'Pinova'	329	34
Malus domestica 'Boskoop'	291	289
Malus domestica 'Holsteiner Cox'		352
Malus domestica 'Roter Boskoop'		175
Malus domestica 'Gloster'		47
Malus domestica 'Kanzi'		190
Gesamt	**12106**	**8150**

Die Gesamtapfelproduktion in der EU wurde 2017 auf 12.556.000 t geschätzt. Davon entfallen 934.000 t auf Deutschland. Pro Kopf wurden 2017 20 kg Äpfel verzehrt. (GARMING 2018). Weltweit sollen pro Jahr mehr als 60 Mio. Tonnen Äpfel geerntet werden. Das wären rund 8,5 kg pro Einwohner der Weltbevölkerung.

Gegenwärtig werden weltweit mehr als 20.000 Apfel-Sorten kultiviert. Ein Großteil der Weltproduktion basiert auf zwei Sorten: 'Delicious' mit ihren roten Variationen und 'Golden Delicious'. Sämlingsnachkommen von 'Delicious' sind die Sorten 'Empire' und 'Fuji', von 'Golden Delicious' die Sorten 'Gala', 'Mutsu' und 'Jonagold'. (Hokanson 1997).

In modernen Obstplantagen werden vielfach Zieräpfel als Pollenspender eingesetzt, Sorten wie PERPETU ('Evereste'), 'Golden Hornet' oder *Malus ×adstringens* 'Hopa'. Etwa jeder zehnte Baum einer Reihe ist dann ein Zierapfel.

Malus ×adstringens 'Hopa'

Malus domestica 'Elstar'

Malus domestica 'Jonagold'

Malus domestica 'Jonagored'

Malus domestica 'Braeburn'

Malus domestica 'Gala'

Malus domestica 'Idared'

Malus domestica 'Jonaprince'

Malus domestica 'Golden Delicious'

Malus domestica 'Pinova'

Malus domestica 'Boskoop'

Malus domestica 'Holsteiner Cox'

Malus domestica 'Roter Boskoop'

Malus domestica 'Gloster'

Malus domestica 'Kanzi'

Chemische Zusammensetzung von Kulturäpfeln, einschließlich wesentlicher Mineralstoffe, Spurenelemente und Vitamine. Mittelwerte, in Klammern Grenzwerte (HERRMANN 2001)

Wasser	85 (89–90) %
Werte in g/100 g essbarer Anteil:	
Roheiweiß	0,3
Mineralstoffe	0,32 (0,26–0,36)
Werte in mg/100 g. essbarer Anteil:	
Kalium	120 (90–150)
Calcium	5 (3–12)
Magnesium	5 (4–7,5)
Phosphor	12 (7–17)
Eisen	ca. 0,10–0,25
Werte in µg/100 g essbarer Anteil:	
Zink	100
Kupfer	50
Mangan	50
Thiamin (Vitamin B1)	35 (15–60
Riboflavin (Vitamin B2)	30 (20–50)
Niacin	300 (100–500)
Vitamin B6	100
Pantothensäure	100
Werte in mg/100 g essbarer Anteil:	
Ascorbinsäure (Vitamin C)	12 (3–25)

Äpfel enthalten aber nicht nur wertvolle Mineralstoffe und Vitamine, sondern auch eine Vielzahl an Bakterien. An der Universität Graz sind acht frische Äpfel der Sorte 'Arlet' aus konventionellem und biologischem Anbau auf ihren Gehalt an Kleinstlebewesen untersucht worden. Ein einzelner Apfel enthält demnach etwa 100 Millionen Bakterien. Äpfel aus biologischem Anbau enthalten einen anderen Mikrobenmix als Äpfel aus konventionellem Anbau. In Bio-Äpfeln wurde eine wesentlich größere Vielfalt an Kleinstlebewesen festgestellt als bei Äpfeln aus konventionellem Anbau. Bei Äpfeln aus konventionellem Anbau wurden Bakterien der Gattung *Shigella* gefunden, einer Gattung, zu der auch bekannte Krankheitserreger gehören. Bio-Äpfel waren bei den Untersuchungen frei von *Shigella*-Bakterien, enthielten dafür aber zahlreiche Vertreter an Milchsäurebakterien der Gattung *Lactobacillus*. Die durch frische Äpfel aufgenommenen Bakterien seien eine wichtige Quelle für die Bakteriengemeinschaft in unserem Darm, ein artenreiches Mikrobiom gelte als gesund. Die meisten Bakterien befinden sich im Kerngehäuse, nur etwa 10 Prozent im Fruchtfleisch (WASSERMANN, MÜLLER, BERG 2019).

Säulenäpfel

Echte, ursprünglich durch eine spontane Genveränderung entstandene Säulenäpfel unterscheiden sich ganz wesentlich von anderen Wuchsformen der Kulturäpfel. Echte Säulenäpfel wachsen vergleichsweise schwach. Mit einem durchgehenden, dominanten Stamm und kurzen, steil ansteigenden Seitenzweigen werden säulen- oder spindelförmige Kronen aufgebaut. Die Zweige sind vergleichsweise dick, die Internodien extrem kurz. An kurzen Seitenzweigen werden reichlich Blütenknospen angelegt. Der besonders gut ausgebildeten Terminalknospe wegen sollte der Mitteltrieb nicht eingekürzt werden. Zu lange Seitenzweige sollten auf eine Länge von 5–15 cm zurückgeschnitten werden. Auf mittelstark wachsenden Unterlagen (*Malus* 'M 26') veredelt, erreichen Säulenäpfel Höhen von 2,5–3,5 m.

Bedingt durch die vergleichsweise geringe Geschmacksqualität der Früchte eignen sich Säulenäpfel nicht für den Erwerbsanbau. Sie sind der reichen Blüte und der attraktiven Früchte wegen aber für den Privatgarten sehr interessant. Die meist weißen oder zartrosa überhauchten Blüten stehen in kompakten Trugdolden zusammen. Der geringe Pflanzbedarf erlaubt die Kultur auch im kleinsten Garten oder in Pflanzgefäßen auf der Terrasse oder dem Balkon. Säulenäpfel können im Garten durchaus als dekorative Elemente eingesetzt werden.

Säulenäpfel sind durch eine spontane Knospenmutation an der Sorte 'McIntosh' entstanden. Die Mutation wurde in den 1950er-Jahren durch den polnischen Obstbauer Anthony C. Wiljcik entdeckt und zeichnete sich durch ungewöhnlich dicke, wenig verzweigte Triebe mit kurzen Internodien aus. Sämlingsnachkommen der Mutation wurden von verschiedenen Züchtern mit bekannten Apfelsorten gekreuzt. Echte Säulenäpfel unterscheiden sich durch ihren typischen Aufbau deutlich von den in der Baumschule durch Schnitt säulenförmig gezogenen Apfelsorten.

Die ersten Säulenäpfel kamen unter der Bezeichnung Ballerina auf den deutschen Markt. Sie wurden von 1975 an von Kenneth Tobutt und Raymond Watkins in dem Forschungsinstitut für Obstbau, der East Malling Research Station, Großbritannien, gezüchtet. Sorten dieser Gruppe sind vergleichsweise schorfanfällig.

Inzwischen werden zahlreiche moderne, überaus reich blühende und fruchtende Sorten angeboten, die oft in Gruppen zusammenfasst werden, wie z. B. 'Campanilo', CATS, 'Malini' oder 'Starline'.

Bolero ('Tuscan'). Früchte mittelgroß, abgeflacht kugelig, gelbgrün. Fruchtfleisch knackig, saftig. Genussreife September/Oktober. Schorfanfällig.

Malus domestica Bolero

'Campanillo3'. Früchte mittelgroß, ± kugelig, rot bis rotgelb. Fruchtfleisch knackig. Genussreife Mitte September/Oktober. Leicht schorfanfällig.

Malus domestica 'Campanillo3'

FLAMENCO ('Obelisk'). Früchte mittelgroß, abgeflacht kugelig, auf gelbem Grund dunkelrot. Fruchtfleisch fest und saftig. Genussreife September/Oktober. Schorfanfällig.

Malus domestica FLAMENCO ('Obelisk')

'Garden Fountain' (Syn. 'Delfloden'). Früchte mittelgroß, abgeflacht kugelig, auf gelbem Grund purpurrot, bläulich bereift. Fruchtfleisch fest, mild. Genussreife Oktober bis Dezember. Leicht schorfanfällig.

Malus domestica 'Garden Fountain'

'Goldcats'. Früchte groß, ± kugelig, grüngelb, mit leicht rötlich überhauchter Seite. Fruchtfleisch leicht säuerlich-süß. Genussreife September. Anfällig für Schorf und Mehltau.

Malus domestica 'Goldcats'

'Greencats'. Früchte groß, abgeflacht kugelig, auf grünlich gelbem Grund mit einer leicht rötlich angehauchten Seite. Fruchtfleisch knackig, saftig, süß-säuerlich. Genussreife September/Oktober. Leicht anfällig für Schorf und Mehltau.

Malus domestica 'Greencats'

LANCELOT ('Pomforyou'). Früchte mittelgroß, ± kugelig, auf grünlich gelbem Grund sonnenseits rot. Fruchtfleisch saftig, fein säuerlich. Pflückreife Oktober bis Dezember. Eher Most- als Tafelapfel. Schorfanfällig.

Malus domestica LANCELOT ('Pomforyou')

POLKA ('Trajan'). Früchte mittelgroß, ± kugelig, auf grüngelbem Grund sonnenseits rot. Fruchtfleisch fest, saftig. Genussreife September. Schorfanfällig.

Malus domestica POLKA ('Trajan')

'Pomfital'. Wuchs vergleichsweise stark. Blätter im Austrieb rot. Blüten hellrosa. Früchte klein, abgeflacht kugelig, auf gelbem Grund großflächig rot, bläulich bereift. Fruchtfleisch rot, säuerlich. Pflückreife September/Oktober. Eher Most- als Tafelapfel.

Malus domestica 'Pomfital'

'Redcats'. Früchte groß, abgeflacht kugelig, auf grüngelbem Grund großflächig dunkelrot. Fruchtfleisch fest, cremeweiß, süßsäuerlich. Genussreife September/Oktober. Gering anfällig für Schorf und Mehltau.

Malus domestica 'Redcats'

'Redlane'. Blätter im Austrieb rötlich. Blüten rosarot. Früchte mittelgroß, hoch gebaut, auf grüngelbem Grund großflächig dunkelrot. Fruchtfleisch rosarot, säuerlich. Genussreife September/Oktober. Gering schorfanfällig.

Malus domestica 'Redlane'

'Rhapsodie'. Blüten hellrosa. Früchte mittelgroß, abgeflacht kugelig, auf grünlich gelbem Grund sonnenseits leicht mattrot. Fruchtfleisch mittelfest, sehr saftig, süß-säuerlich. Genussreife September bis Dezember. Gering anfällig für Mehltau.

Malus domestica 'Rhapsodie'

'Rondo'. Früchte groß, abgeflacht kugelig, auf grünlich gelbem Grund überwiegend glänzend dunkelrot. Fruchtfleisch aromatisch, knackig, saftig, fein süß-säuerlich. Genussreife September bis Februar. Resistent gegen Schorf, leicht anfällig für Mehltau.

Malus domestica 'Rondo'

'Silver Pearl' (Syn. 'Delrovor'). Früchte sehr klein, kugelig, grüngelb bis hellrot. Fruchtfleisch gelborange, süß. Eher Zier- als Tafelapfel. Früchte aber zur Verarbeitung geeignet. Auch als Befruchtersorte geeignet.

Malus domestica 'Silver Pearl'

'Starcats'. Früchte groß, abgeflacht kugelig, auf grünlich gelbem Grund großflächig glänzend dunkelrot. Fruchtfleisch fest, saftig, knackig, süß-säuerlich, sehr schmackhaft. Genussreife September/Oktober. Mittelstark anfällig für Schorf und Mehltau.

Malus domestica 'Starcats'

'Sunlight'. Blüten hellrosa. Früchte groß, abgeflacht kugelig, glänzend purpurrot. Pflückreife Oktober, danach lagerfähig. Anfällig für Schorf und Mehltau.

Malus domestica 'Sunlight'

Malus florentina (ZUCC.) C.K. SCHNEID., Italienischer Apfel, Weißdornblättriger Apfel (Sektion Sorbomalus, Serie Florentinae)

(Synonyme: *Cormus florentina* (ZUCCAGNI) DECNE., *Crataegus florentina* ZUCCAGNI, *Eriolobus florentinus* (ZUCCAGNI) STAPF, ×*Malosorbus florentina* (ZUCCAGNI) BROWICZ, *Mespilus florentina* (ZUCCAGNI) BERTOL, *Pyrus florentina* (ZUCCAGNI) TARG.TOZZ., *Sorbus florentina* (ZUCCAGNI) K. KOCH, *Sorbus* ×*florentina* (ZUCCAGNI) NYMAN, ×*Tormimalus florentina* (ZUCCAGNI) HOLUB, *Torminaria florentina* (ZUCCAGNI) *M.* ROEM.)

Malus florentina

Malus florentina, Blüten und Früchte

Malus florentina

M. florentina entwickelt sich mit aufstrebenden Ästen zu einem 4–8 m hohen, breitkronigen Baum, dessen Triebe anfangs zottig behaart sind. Breit eiförmig sind die 5–14 cm langen und 2–4,5 cm breiten, an der Basis meist keilförmigen Blätter mit den 5 oder 6 Paar Seitennerven und der 3–4 ziemlich gleichmäßigen Seitenlappen, die bis zu 1/3 oder 1/2 der Spreitenhälfte eingeschnitten sind. Oberseits sind die Blätter matt dunkelgrün, unterseits gelbgrau filzig behaart. Im Herbst färben sich die Blätter auffallend orange bis scharlachrot. Die bis 2,5 cm langen, rötlichen Blattstiele sind wollig behaart. Reinweiß sind die 1,5–2 cm breiten Blüten mit den 30 Staubblättern und den 4 oder 5 Griffeln. Die Blüten stehen zu 5–9 in zottig behaarten, 6–8 cm breiten Trugdolden zusammen. Sie öffnen sich vergleichsweise spät, erst im Mai–Juni. 1–1,2 cm lang sind die ± kugeligen bis ellipsoidischen, gelblichen, sonnenseits rötlichen Früchte mit den Steinzellen im Fruchtfleisch und dem hinfälligen Kelch.

Die submediterran verbreitete *M. florentina* kommt zerstreut in Italien in Höhen von 300 bis 1200 m vor (von Magra bis Florenz und Pesara sowie in den Regionen Kampanien und Basilikata), in Albanien (Laubbuschwald südwestlich von Elbasan und nordwestlich von Berat) und in Serbien (Umgebung von Niš und dem Dar-dagh-Gebiet in der Umgebung von Skopje, sowie entlang der Vardar in Höhen von 400–500 m). In der nördlichen Türkei kommt *M. florentina* zerstreut in Höhen zwischen 380 und 1100 m vor. Nach Davis (1972) sind die türkischen Vorkommen steril. Ihre Blätter sind denen der Elsbeere recht ähnlich.

Der deutsche Botaniker Joseph Bormüller (1862–1948) schreibt in einem Brief begeistert über seine Begegnung mit einer blühenden *M. florentina* (in seinem Brief als *Sorbus florentina* bezeichnet) im Frühjahr 1918: „Ich erinnere mich noch sehr genau eines sonnigen Sonntagsmorgen, als ich bei Nisch den *Sorbus*, einen riesigen Strauch, mit Blüten überschüttet, vor mir hatte. Ich sehe noch den Waldrand vor mir, den blütenreichen Hang, ich höre noch den Gesang der tausend Cicaden, die hier – in choro – laut an- und abschwellend in ihrer Art, Gottesdienst abzuhalten schienen."

Der Italienische Apfel ist bei uns wohl nur in wenigen dendrologischen Sammlungen zu finden, obwohl die Art durch ihre interessant geschnittenen Blätter, die sehr späte Blüte und die auffallende Herbstfärbung attraktiv, interessant, gesund und ausreichend frosthart ist. Sie verdient eine weitere Verbreitung.

M. florentina gehört zu den tertiären Relikten der Gattung *Malus* (Langenfeld 1971).
Die taxonomische Stellung der Art war häufig umstritten und ist in der Vergangenheit mit Gattungsnamen wie *Cormus, Crataegus, Eriolobus,* ×*Malosorbus* (= *Malus sylvestris* × *Sorbus torminalis*), *Mespilus, Pyrus, Sorbus* und *Torminaria* belegt worden.

M. florentina wurde 1809 beschrieben und ist seit 1853 in Deutschland in Kultur.

Malus pumila Mill.,
Johannis-Apfel, Filz-Apfel

Der Status von *Malus pumila* ist immer wieder diskutiert worden. Die Autoren moderner Pflanzen-Datenbanken – Euro+Med Plant Base und Kew Science, Plant of the World – sind sich einig, dass *M. pumila* MILL. und *M. domestica* (SUCKOW) BORGH. dasselbe ist. Hier wird der Datenbank Kew Science gefolgt und *M. pumila* als Synonym von *Malus domestica*, Kultur-Apfel, angesehen. Auch in der amerikanischen Datenbank https://www.ars-grin.gov/ wird *M. domestica* als gültiger Name angesehen, als nomen conservandum (geschützter Name). Im Euro+Med Plantbase Projekt wird *M. domestica* (SUCKOW) BORGH. dagegen als nomen illegitinum (regelwidrig) bezeichnet.

Malus sylvestris Mill.,
Holz-Apfel, Europäischer Wild-Apfel
(Sektion Malus, Serie Malus)

(Synonyme: *Pyrus malus* L. var. *sylvestris* L., *Malus communis* POIR., *M. communis* (L.) POIR., *M. communis* WORONOW, *M. pumila* MILL. var. *domestica* (BORKH.) C.K. SCHNEID., *M. dasyphylla* BORKH. var. *domestica* KOIDZ., *Pyrus pomum* M.F. FAY et CHRISTENH.)

Malus sylvestris

Malus sylvestris

Malus sylvestris, Altbaum im Großen Garten, Dresden

Mit aufsteigenden oder abstehenden Ästen und oft weit überhängenden Zweigen entwickelt sich der sehr formenreiche Holz-Apfel zu einem 10–15(–20) m hohen, häufig mehrstämmigen, sehr breitkronigen, zählebigen Baum mit fast rechtwinklig abstehenden, sperrigen Kurztrieben. In der Gemeinde Brieselang im Osten des Landkreises Havelland, Brandenburg, hat ein Baum eine Höhe von 21,4 m und einen Stammumfang in Brusthöhe von 1,18 m erreicht (RÄSÄNEN 2019). Holzäpfel können 80 bis 100 Jahre alt werden. Der Holz-Apfel besitzt, im Gegensatz zur Wild-Birne, keine echten Sprossdornen. Bei den dornenähnlichen Zweigen handelt es sich um eingetrocknete Langtriebe oder abgebrochene Kurztriebketten, die sich zu einem dichten Gewirr verhaken können. Die dunkelbraunen, mit graubraunen Korkwarzen bedeckten Triebe sind nur anfangs hell filzig behaart, sie verkahlen rasch. Der oft spannrückige Stamm erreicht Durchmesser von 25 bis 45 cm. Die graubraune, anfangs glatte Rinde ist bald in unregelmäßige Felder gespalten und blättert schuppig ab. Kastanienbraun sind die bis 10 mm langen, eiförmigen, zugespitzten Winterknospen. Die anfangs rundlichen, später elliptischen bis verkehrt eiförmigen, schief zugespitzten, an der Basis abgerundeten, am Rand einfach bis doppelt gesägten Blätter sind 6–9 cm lang und etwa 5 cm breit. Sie haben 4–6 Paar Seitennerven, sind kahl oder unterseits auf den Nerven schwach behaart. Die Blattstiele sind 2–5 cm lang. Im Herbst färben sich die Blätter unauffällig gelbbraun bis gelbgrün. Im April–Mai, noch vor der Laubentfaltung, öffnen sich die 3–3,5 cm breiten Blüten, die zu wenigen in Trugdolden zusammenstehen. Die 1,5 cm lang gestielten Blüten sind in der Knospe rosa oder rot, aufgeblüht meist weiß oder weiß mit einem hellrosa Schimmer. Die verkehrt eiförmigen, rasch in einen kurzen Nagel verschmälerten Kronblätter sind 1,5–2 cm lang. Die Blüten haben einen kahlen Blütenbecher, 20–50 etwa 10 mm lange Staubblätter und kahle oder nur am Grunde locker behaarte Staubblätter. Die bis 6 mm langen, bis zur Basis getrennten Kelchblätter verbleiben an der Frucht. Die grünen oder gelbgrünen, sonnenseits gelegentlich leicht geröteten oder rot gestreiften, meist ± kugeligen, 1,7 cm lang gestielten Früchte sind 2,5–3 cm dick. Die Früchte haben eine sehr flache Stielgrube und keine oder eine sehr flache Kelchgrube, im Gegensatz zu den Kulturäpfeln, bei denen Stiel- und Kelchgrube tief ausgeprägt sind. Die Früchte reifen im September-Oktober und fallen bald nach der Reife ab. *M. sylvestris* neigt zu Alternanz. Die Früchte des Holz-Apfels werden vergleichsweise selten von Mehltau und Schorf befallen. Das anfangs feste, herbe, ± bitter und sauer schmeckende, adstringierende Fruchtfleisch wird unter schwacher Bräunung mehlig. Die Früchte, die zu den ältesten Sammelfrüchten Europas gehören, sind roh kaum genießbar, im getrockneten oder gedörrten Zustand aber durchaus schmackhaft und aromatisch. Der Vitamin C-Gehalt zwischen 0 und 57,3 mg/100 g Frucht sind doppelt so hoch wie bei Kulturäpfeln, die 3 bis 25 mg/100 g Frucht Vitamin C enthalten.

Der Name Holz-Apfel bezieht sich nicht auf die Früchte, die gar nicht holzig sind, sondern auf Holz, früher eine Bezeichnung für Wald. *M. sylvestris* könnte deshalb auch als Wald-Apfel bezeichnet werden, denn im Wald hat er seine natürlichen Habitate.

M. sylvestris ist in weiten Teilen Europas seit der Würm-Kaltzeit (115.00 bis 10.00 Jahren v. Chr.) heimisch. Der Holz-Apfel ist die einzige in Mitteleuropa heimische *Malus*-Art. Die eurasiatisch-submediterran verbreitete Art kommt nahezu in ganz Europa vor. Im Norden reicht das natürliche Verbreitungsgebiet bis nach Großbritannien, Mittelnorwegen

Malus sylvestris

Malus sylvestris

Malus sylvestris, mehr als 250 Jahre alter Baum in Beberbeck und Südschweden, mit einigen verstreuten Vorkommen in Südfinnland und Estland. Südöstlich reicht das Verbreitungsgebiet bis in die Türkei (ausgenommen Südostanatolien) und zum Kaukasus, östlich von dem Ladoga- und Onega-See bis zum Oberlauf der Wolga, aber unter Ausschluss der Kaspischen Senke. Im Südwesten reicht die Verbreitung bis zur Iberischen Halbinsel (ausgenommen den südwestlichen Teil), im Süden bis nach Süditalien. In der Türkei, in Armenien und Aserbaidschan gibt es einige zerstreute Vorkommen. Der Holz-Apfel bildet keine zusammenhängenden Bestände, er tritt zumeist einzeln und zerstreut auf.

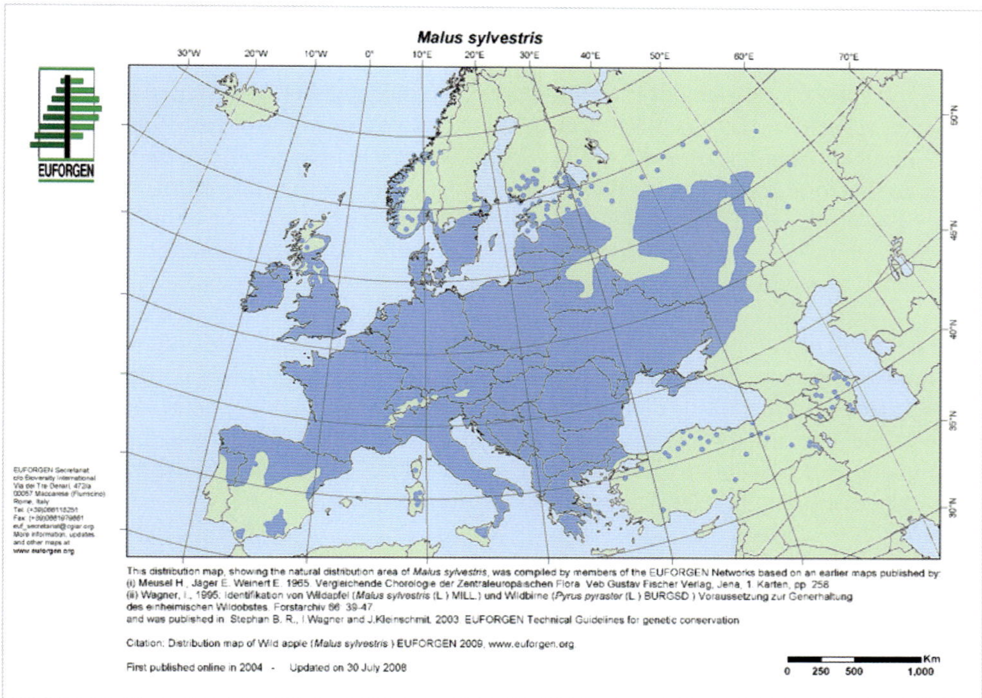

Verbreitungskarte von *Malus sylvestris* (http://www.euforgen.org)

Besiedelt werden Höhenlagen von der Ebene bis in die montane Stufe. In den Alpen bis zu 1100 m, in den Zentralalpen (Wallis) bis fast 1600 m. Bedingt durch die Verwilderung des Kultur-Apfels und das Auftreten von Hybriden und Zwischenformen sind Angaben zu den genauen Grenzen des Verbreitungsgebietes nicht möglich.

Die lichtbedürftige, wärmeliebende, hitzeverträgliche, sehr frostharte Art besiedelt an ihren natürlichen Standorten mäßig trockene bis wechselfeuchte Eichen-Hainbuchen-Wälder, Auen-Wälder, Laubmischwälder, Waldränder, Gebüsche und Steinriegel auf tiefgründigen, nährstoff- und basenreichen, humosen, frischen, schwach sauren bis stark alkalischen Lehm- und Steinböden. In Kultur kommt der Holz-Apfel mit allen Bodenarten zurecht.

Der Holz-Apfel gehört nach ELLENBERG (1996) zur Pflanzengesellschaft der „wärmeliebenden Eichenmischwälder“, deren Verbreitungsschwerpunkt in Südosteuropa liegt und der Untergruppe der „subkontinentalen Fingerkraut-Mischwälder“ des nordöstlichen Mitteleuropas.

Zu den dominierenden Baumarten der Eichenmischwälder gehören die Flaum-Eiche, *Quercus pubescens*, die Elsbeere, *Sorbus torminalis*, und der Speierling, *Cormus domestica* (= *Sorbus domestica*). In der Baumschicht der Fingerkraut-Mischwälder ist der Holz-Apfel mit der Kultur-Birne, *Pyrus communis*, der Hainbuche, *Carpinus betulus*, und der Hunds-Rose, *Rosa canina*, vergesellschaftet. Gelegentlich treten auch Eberresche, *Sorbus aucuparia*, Sandbirke, *Betula pendula*, und Faulbaum, *Frangula alnus*, auf.

Die Krautschicht setzt sich unter anderem aus dem namengebenden Weißen Fingerkraut, *Potentilla alba*, dem Schmalblättrigen Lungenkraut, *Pulmonaria angustifolia*, dem Verschiedenschnabeligen Hain-Hahnenfuß, *Ranunculus polyanthemoides*, der Färber-Scharte, *Serrulata tinctoria*, dem Gewöhnlichen Ruchgras, *Anthoxantum odoratum*, dem Echten Schaf-Schwingel, *Festuca ovina*, der Behaarten Hainsimse, *Luzula pilosa*, dem Verschiedenblättrigen Schwingel, *Festuca heterophylla*, und dem Gamander-Ehrenpreis, *Veronica chamaedrys*, zusammen (SCHÖNFELD 2013).

Trotz des großen Verbreitungsgebietes des Holz-Apfels gibt es in Europa nur noch wenige zusammenhängende Populationen. Wuchsgebiete mit den meisten natürlichen Vorkommen in Deutschland sind das Saar-Nahe-Bergland (1624 Individuen), das Mittlere nordostdeutsche Altmoränenland (1465 Individuen), das Oberrheinische Tiefland mit der Rhein-Main-Ebene (557 Individuen), das Ostmecklenburg-Nordbrandenburger Jungmoränenland (448 Individuen) und der Schwarzwald (404 Individuen) (KÄTZEL 2013).

Die natürlichen Habitate des Holz-Apfels liegen zu 80 % auf Flächen mit einem Schutzstatus nach Naturschutzrecht. „Insgesamt 160 Habitate des Holz-Apfels befinden sich in Natura-2000-Schutzgebieten, in FFH-Gebieten (Flora-Fauna-Habitate) und Vogelschutzgebieten. 82 Habitate kommen in beiden Schutzgebieten vor.“ (KÄTZEL 2013).

Erste Belege für das Vorkommen von Wildäpfeln in den Auewäldern um Speyer finden sich in einer Waldordnung aus dem Jahr 1466. In den Waldungen der Fürstbischöfe des Bistums Speyer wurden neben Eichen und Buchen auch Wildäpfel und Wildbirnen als „zu schonende, fruchtbare Hölzer“ genannt. In den frühen, mittelwaldartigen Beständen wurde das Wildobst immer als Laßreitel (= durchgewachsene Stockausschläge) geschont (HAUSBARTH 1898, zitiert bei REMMY & GRUBER 1993). An seinen natürlichen Standorten vermehrt sich *M. sylvestris* durch Samen, Wurzelbrut und Stockausschläge.

Der Holz-Apfel gehört zu den seltensten Baumarten Europas. Die Art ist bundesweit in ihrem Bestand gefährdet. Gründe für das seltene Vorkommen und die Gefährdung sind die Konkurrenzschwäche gegenüber forstlich geförderten Waldbaumarten, die genetische Vermischung mit Kulturäpfeln, der Verlust geeigneter Habitate (Feldgehölze, Auegebiete, sonnig-trockene Hänge, lichte Wälder, Waldränder) und die geringe Baumzahl in den jeweiligen Habitaten (KÄTZEL 2013).

Weil keine genetischen Kreuzungsbarrieren zwischen Wild- und Kulturäpfeln bestehen, entstehen durch spontane Hybridisierungen und Rückkreuzungen Zwischenformen, die eine exakte Abgrenzung von Wild- und Kulturäpfeln sowie deren Hybriden erschweren (REMMY & GRUBER 1993).

Im Auftrag der Bundesanstalt für Landwirtschaft und Ernährung (BLE) wurden von 2010 bis 2013 mit Mitteln des Bundesministeriums für Ernährung, Landwirtschaft und Verbraucherschutz (BMELV) die genetischen Ressourcen von zehn seltenen und gefährdeten Baumarten erfasst. Die Projektleitung und Gesamtkoordination für die Erfassung des Holz-Apfels, *Malus sylvestris*, und der Holz-Birne, *Pyrus pyraster*, wurden vom Landeskompetenzzentrum Forst Eberswalde übernommen.

Zu den zehn erfassten Baumarten gehören neben *Malus sylvestris* und *Pyrus pyraster*
Flaum-Eiche, *Quercus pubescens*
Elsbeere, *Sorbus torminalis*
Speierling, *Sorbus domestica* (heute *Cormus domestica*)
Grün-Erle, *Alnus viridis*
Grau-Erle, *Alnus incana*
Gewöhnliche Traubenkirsche, *Prunus padus*
Feld-Ahorn, *Acer campestre*
Eibe, *Taxus baccata*

Nach dieser bundesweit erhobenen Waldbaum-Erhebung ist *M. sylvestris* mit einer Individuenzahl von 5.641 Bäumen in 244 Vorkommen mit einer Gesamtfläche von 24701,5 ha die zweitseltenste Baumart Deutschlands. Als seltenste Baumart gilt der Speierling („Waldspeierling“) mit nur 2.500 Bäumen in 25 Populationen (SCHULZ et al. 2013).

Vorkommen von Malus sylvestris in den einzelnen Bundesländern (KÄTZEL 2013)

Bundesland	Anzahl der Vorkommen	Anzahl der Individuen in ha	Gesamtfläche
BB	29	688	4736,4
BW	39	800	541,2
BY	3	40	199,4
HE	4	193	2170,8
MV	52	606	180,9
NI	42	663	5775,2
NW	11	104	237,7
RP	6	58	5,8
SH	11	68	14.1
SL	2	18	1,4
SN	5	131	1704,6
ST	20	1847	7915,5
TH	20	427	218,5
DE	244	5641	24701,5

Malus sylvestris, Mutterpflanzen zur Blütezeit in einem Netztunnel

Im Rahmen von Generhaltungsmaßnahmen wird der heimische Holz-Apfel stellenweise in Samenplantagen gehalten, beispielsweise in der Nordwestdeutschen Forstlichen Versuchsanstalt in Hann. Münden und in zwei Flächen im Osterzgebirge, im Staatsbetrieb Sachsenforst, nahe den Ortschaften Klingenberg und Oberfrauendorf. Um Fremdbestäubung zu vermeiden, werden im Weserkamp der Forstlichen Versuchsanstalt in Hann. Münden die Bäume vor Blühbeginn mit Netzen überspannt, eingebrachte Hummelvölker sorgen für die Bestäubung.

Im Modell- und Demonstrationsvorhaben Osterzgebirge wurde versucht, die Bestände des Holz-Apfels durch die Herstellung von Tee, Gelee, Obstbränden und die Nutzung des Holzes für die Herstellung von Kunstobjekten und Spielzeug zu sichern. Von Baumschulen kultivierte Pflanzen sollen vermehrt in der Landschaftsgestaltung eingesetzt werden. Die Homepage der „Grünen Liga Osterzgebirge e. V.", www.wildapfel.info, informiert über alle Aktivitäten rund um die Holzäpfel des Osterzgebirges (Proft & Heinz 2011).

An seinen natürlichen Standorten keimt der Holz-Apfel nicht, wenn die Äpfel nur vom Baum fallen und die Samen im Kerngehäuse verbleiben. Für eine natürliche Verbreitung ist der Holz-Apfel auf die Darmpassage bei Vögeln und Säugetieren angewiesen. Eine mehrmonatige Ruhe im Exkrement wirkt zusätzlich keimungsfördernd (Kätzel 2013).

Die natürliche Verjüngung der Wildobstbestände scheint schwierig zu sein. „Bundesweit fehlen Bäume jüngeren Alters. Selbst unter scheinbar optimalen Standortbedingungen

Malus sylvestris, Jungbäume in der Baumschule

(Rohboden, Feuchtigkeit, fehlende Konkurrenzvegetation) bleibt die Naturverjüngung aus unerklärten Gründen aus." (KÄTZEL 2013). Umso wichtiger sind Nachzuchten in ausgewiesenen Genzentren unter kontrollierten Bedingungen (Schutz der Blüten vor Fremdbefruchtung) und Pflanzaktionen.

Als heimische Baumart sollte der Holz-Apfel häufiger als Feldgehölz verwendet und an Waldrändern und in Hecken gepflanzt werden. Als Begleitgehölze empfiehlt SCHÖNFELD (2013) neben den oben genannten Arten die Gewöhnliche Berberitze, *Berberis vulgaris*, die Gemeine Hasel, *Corylus avellana*, den Purgier-Kreuzdorn, *Rhamnus catharticus*, den Gewöhnlichen Liguster, *Ligustrum vulgare*, den Roten Hartriegel, *Cornus sanguinea*, den Wolligen Schneeball, *Viburnum lantana*, und den Heide-Wacholder, *Juniperus communis*.

Für die Anlage eines Krautrandes eignen sich, abhängig von den Standortbedingungen, folgende dekorative Stauden mit auffälligen Blüten: Echte Schlüsselblume, *Primula veris*, Pfirsichblättrige Glockenblume, *Campanula persicifolia*, Echtes Salomonssiegel, *Polygonatum odoratum*, Maiglöckchen, *Convallaria majalis*, Wald-Veilchen, *Viola reichenbachiana*, Frühlings-Platterbse, *Lathyrus vernus*, Edel-Gamander, *Teucrium chamaedrys*, Stinkende Nieswurz, *Helleborus foetidus*, Gewöhnliches Leberblümchen, *Hepatica nobilis*, Nesselblättrige Glockenblume, *Campanula trachelium*, Straußblütige Wucherblume, *Tanacetum corymbosum*, Blauroter Steinsame, *Lithospermum purpurocaeruleum*, Ästige Graslilie, *Anthericum ramosum*, Schmalblättriges Lungenkraut, *Pulmonaria angustifolia*, Behaarte Hainsimse, *Luzula pilosa*, und Gemeine Schafgarbe, *Achillea millefolium* (SCHÖNFELD 2013, abgeändert und ergänzt).

Im Siedlungsbereich, in Parks und naturnahen Hausgärten kann der Holz-Apfel neben den oben genannten Wildgehölzen auch mit Ziergehölzen ähnlichen Charakters kombiniert werden. Als Staudenpartner empfiehlt HOFMANN (2012) Arten des „Steppenheide/Storchschnabel-Randes". Die aufgelisteten Arten (Seite 40) passen auch zu anderen Wild- und Zieräpfeln.

Der Holz-Apfel wurde 2013 durch das Kuratorium der Dr. Silvius Wodarz-Stiftung in Deutschland zum „Baum des Jahres" gekürt. Aus diesem Anlass sind zum „Tag des Baumes 2013" auf einer kleinen Grünfläche an der Taubachstraße in Weimar von den Schülerinnen und Schülern der Waldorfschule drei Holz-Apfel-Bäume gepflanzt worden. Ein nachahmenswerter Beitrag zum Erhalt der seltenen Art, die viel häufiger in urbanen Grünflächen, Parkanlagen und Hausgärten gepflanzt werden sollte. Durch die Fülle an rosaweißen Blüten ist der Holz-Apfel neben der Vogel-Kirsche, *Prunus avium*, der attraktivste Waldbaum Deutschlands.

Der Holz-Apfel kann auch in der Agroforstwirtschaft eingesetzt werden. In den Gehölzstreifen in Verbindung mit anderen Fruchtgehölzen wie Wild-Birne, Elsbeere oder Speierling.

Das harte, schwere, fein strukturierte Holz von *M. sylvestris* ist im Kern rotbraun, im Splint rötlich weiß. Das Holz hat keine nennenswerte wirtschaftliche Bedeutung, wird aber von Drechslern, Kunsthandwerkern und Möbeltischlern geschätzt. Früher wurde es als Spezialholz für die Herstellung von Maschinenteilen, Zahnrädern für Uhren, Gewindespindel, Kammräder und Göpelwerke in Tretmühlen verarbeitet.

Entgegen früherer Ansichten hat *M. sylvestris* einen beträchtlichen Anteil an der Entstehung des Kultur-Apfels, *M. domestica* (CORNILLE et al. 2012). *M. sylvestris* besitzt eine hohe Resistenz gegen den Apfelmehltau und ist deshalb eine potentielle Quelle für die Mehltauresistenz in der Apfelzüchtung (BÜTTER 1999).

Als stärkster Baum der Art *Malus sylvestris* in Deutschland gilt ein etwa 190 Jahre altes Exemplar mit einem Stammumfang in 1,3 m Höhe von 3,42 m, einer Höhe von 13 und einem Kronendurchmesser von 11 m in Cunersdorf, Landkreis Sächsische Schweiz-Osterzgebirge, gemessen am 31. Oktober 2013 durch ANDREAS ROLOFF und RUDOLF SCHRÖDER und aufgelistet in der Rekordbaumliste der Deutschen Dendrologischen Gesellschaft (https://www.ddg-web.de/index.php/rekordbaeume.html), die am 28.12.2019 7397 Einträge umfasste.

Malus trilobata (LABILL.) C.K. SCHNEID., Dreilappiger Apfel, Libanon-Apfel (Sektion Eriolobus)

(Synonyme: *Crataegus trilobata* LABILL., *Eriolobus trilobatus* (LABILL. ex POIR.) M. ROEM., *Sorbus trilobata* (LABILL. ex POIR.) HEYNH.)

M. trilobata ist ein 8(–15) m hoher, aufrechter Baum, der anfangs mit spitzwinklig aufsteigenden Ästen eine regelmäßige, schmal kegelförmige Krone aufbaut, die erst im Alter breiter wird. Die Triebe sind weiß behaart, die Zweige kahl. Sehr variabel sind die derben,

Malus trilobata

Malus trilobata

in allen Entwicklungsstadien tief dreilappigen, 5–8 cm langen, an der Basis herzförmigen Blätter, mit den 4 oder 5 Paar Seitennerven. Meist sind die oberen Lappen wiederum dreilappig, die Seitenlappen zweilappig. Nicht selten erinnern die Blätter an bestimmte Ahorn-Arten oder an die Elsbeere, *Sorbus torminalis*. Oberseits sind die 2–5 cm lang gestielten Blätter glänzend dunkelgrün, unterseits anfangs entlang der Mittelrippe spärlich behaart, zuletzt nahezu kahl. Im Herbst färben sich die Blätter prachtvoll in orangeroten, roten oder purpurnen Tönen. Die weißen, 2,5–3,5 cm breiten, 2–4 cm lang gestielten Blüten sind zu 6–8(–10) in Trugdolden geordnet. Die Blüten haben 20 Staubblätter und 5 Griffel, sie öffnen im April–Mai. Die lang dreieckigen, bleibenden Kelchblätter sind beiderseits dicht weißwollig behaart. Kugelig oder birnenförmig sind die 1,5–2 cm dicken, roten oder gelben, essbaren Früchte mit ihren zahlreichen Steinzellen.

Malus trilobata

M. trilobata kommt zerstreut in Nordostgriechenland (Provinz Thrakien), Südostbulgarien, West- und Südanatolien, Nordisrael und im Libanon vor. Besiedelt werden Macchien, Trockenrasen und steinige Hänge. Im Libanongebirge kommt die Art in Höhen zwischen 1000 und 1500 m vor.

Die griechische Population nördlich von Nipsa gedeiht in Höhen zwischen 170 und 220 m auf saurem Silikatgestein an Süd-, Südost- und Osthängen in einem Eichen-Kiefern-Mischwald. Dominierende Arten sind dort Flaum-Eiche, *Quercus pubescens*, Valonia-Eiche, *Q. ithaburensis* subsp. *macrolepis*, und Kalabrische Kiefer, *Pinus brutia*. Im Unterwuchs gedeihen vornehmlich Breitblättrige Steinlinde, *Phillyrea latifolia*, Orientalische Hainbuche, *Carpinus orientalis*, Terpentin-Pistazie, *Pistacia terebinthus*, Stech-Wacholder, *Juniperus oxycedrus*, Östlicher Erdbeerbaum, *Arbutus andrachne* und Kretische Zistrose, *Cistus creticus*, aber auch Gerber-Sumach, *Rhus coriaria*, Christusdorn, *Paliurus spina-christi*, Gelber Blasenstrauch, *Colutea arborescens*, Mandelblättrige Birne, *Pyrus amydaliformis*, Gemeine Schmerwurz, *Tamus communis*, Spitzblättriger Spargel, *Asparagus acutifolius* und Gewöhnliche Waldrebe, *Clematis vitalba*.

In Bulgarien gedeiht eine Population nordöstlich von Lefkimi in Höhen von 180 bis 270 m an Süd- und Südost-Hängen auf metamorphem Gestein, meist Schiefer, in Wäldern, in denen *Pinus brutia*, *Quercus pubescens* und Ungarische Eiche, *Q. frainetto*, dominieren. Im Unterwuchs gedeihen *Phillyrea latifolia*, *Pistacia terebinthus*, *Arbutus andrachne*, Manna-Esche, *Fraxius ornus*, Speierling, *Cormus domestica* (= *Sorbus domestica*), und *Cistus creticus* (Koriakis et al. 2006).

M. trilobata wurde 1876 durch den deutschen Botaniker Hermann Dingler (1846–1935) in der griechischen Provinz Thrakien, westlich von Alexandroupolis, entdeckt. Die Art steht seit 1997 auf der Roten Liste der IUCN.

M. trilobata gilt, wie *M. florentina*, als Relikt tertiärer Apfelbäume.

M. trilobata ist eine wärmeliebende, hitzeverträgliche, in Mitteleuropa frostharte, schorfresistente Art, die am besten auf nicht zu feuchten, durchlässigen, nährstoffreichen, bevorzugt alkalischen Böden und in sonnigen bis lichtschattigen Lagen gedeiht. Dank der schlanken Wuchsform ist der Dreilappige Apfel besonders gut als Straßen- und Alleebaum geeignet. Seine Eignung als Stadtstraßenbaum befindet sich in der Versuchsphase. In der GALK-Straßenbaumliste 2019 wird die *M. trilobata* unter dem Namen *Eriolobus trilobatus* geführt.

'Guardsman'. Wuchs straff aufrecht, in 10 Jahren 4 m hoch, 2 m breit. Blätter wie bei der Art, im Herbst intensiv scharlach- bis purpurrot. Blüten weiß, leicht duftend, erst im Juni aufblühend. Früchte wie bei der Art.

Kaukasische und zentralasiatische Wildäpfel

Von besonderer Bedeutung ist hier der Altai-Apfel, *M. sieversii* var. *sieversii*, als einer der Urahnen unseres Kulturapfels.

Auch der im Kaukasus heimische Kaukasische Apfel, *Malus orientalis*, hat wohl zur Entstehung des Kultur-Apfels beigetragen.

Das Erbgut des Kirgisischen Blut-Apfels, *Malus sieversii* var. *niedzwetzkyana*, findet sich in zahlreichen rotlaubigen Zierapfel-Sorten wieder. Die Blütenfarbe wird dominant vererbt, leider auch die relativ hohe Anfälligkeit für Mehltau.

Malus chitralensis Vassilcz., Chitralenischer Apfel (Sektion Malus, Serie Malus)

(Synonym: *Pyrus chitralensis* (Vassilcz.) M.F. Fay et Christenh.)

M. chitralensis ist ein 2,5–4(–5) m hoher Strauch. Die eiförmigen bis nahezu rundlichen, stumpfen, an der Basis abgerundeten und am Rand gekerbten Blätter sind (2–)2,4–4–5 cm lang und 2–3 cm breit. Die etwa 3 cm breiten Blüten sind im Aufblühen rosa, voll entfaltet nahezu weiß, die elliptischen Kronblätter sind 15–16 mm lang, sie werden von den 15–20 mm langen Staubblättern überragt. Die lineal-lanzettlichen, zottig behaarten Kelchblätter verbleiben an der Frucht.

Der wissenschaftliche Name der in Mitteleuropa kaum bekannten, trockenresistenten Art leitet sich von der pakistanischen Stadt Chitral ab, der Hauptstadt des gleichnamigen Bezirkes. Der Bezirk liegt im 1500 m hohen Chitral-Tal, in dem auch der 77,5 ha große Chitral-Gol-Nationalpark angesiedelt ist. Chitral liegt unmittelbar an der Grenze zu Afghanistan in einer trockenen Hochebene, in der Nähe des 7708 m hohen Tirich Mir, dem höchsten Berg des Hindukusch. Im pakistanischen Ptsigela-Tal, einem linken Seitental des Kantovo-Tales, steigt die Art bis in Höhen von 2400 m auf.

Malus orientalis Uglitzk.,
Kaukasischer Apfel
(Sektion Malus, Serie Malus)

(Synonyme: *Malus sylvestris* (L.) Mill. subsp. *orientalis* (Uglizk.) Browicz, *M. montana* Uglitzk., *M. orientalis* subsp. *montana* Likhonos, *Pyrus paradisii* (Uglitzk.) M.F. Fay et. Christenh.)

M. orientalis ist ein 10–13(–20) m hoher, breitkroniger Baum mit dunkelgrauer, im Alter rauer, runzeliger Rinde, dunkelgrauen Zweigen und dunkelbraunen, anfangs filzig behaarten Trieben. Bäume der Art können bis zu 100 Jahre alt werden. Eiförmig-lanzettlich bis breit elliptisch sind die bis 8 cm langen und bis 3,5 cm breiten, kurz bis lang zugespitzten, an der Basis meist keilförmigen und am Rand bis auf die ganzrandige Spreitenbasis grob gesägten Blätter. Sie sind unterseits anfangs weißfilzig behaart, später bis auf die Nerven kahl. Im April–Mai öffnen sich die weißen, leicht rosa getönten, bis 4,5 cm breiten Blüten, die zu 4–6 in Trugdolden zusammenstehen. Die Blütenstiele und der verkehrt-konische Blütenbecher sind dicht filzig behaart. Schmal dreieckig sind die kurzen, spitzen, ausgebreiteten, bleibenden Kelchblätter. Die verkehrt eiförmigen Kronblätter sind in den Nagel verschmälert. Der Griffel ist so lang wie die Staubblätter. Sehr variabel sind die kugeligen, zylindrischen oder konischen, 2–3 cm dicken, grün bis rosa gefärbten Früchte mit dem süßsauren, sauren oder herben, bitter und adstringirend schmeckenden Fruchtfleisch. Die Früchte reifen von August bis November, sie bleiben lange am Boden liegen ohne zu faulen. Das dichte, harte Holz hat eine schöne rötlich weiße Textur.

Die Habitate von *M. orientalis* liegen in Kaukasien, im nördlichen Kaukasusvorland, auf der südlichen Krim, in Mittelasien, Kleinasien, dem Wolga-Delta und dem Iran. Von unteren Berglagen steigt *M. orientalis* bis in Höhen von 2000 m auf. Die raschwüchsige, lichtliebende Art kommt, einzeln oder in Gruppen, in der zweiten Baumschicht von Eichenwäldern, Eichen-Hainbuchenwäldern, Edel-Kastanienwäldern, Laubmischwäldern, auf Lichtungen und an Flussufern vor. Die anspruchslose Art besiedelt vorwiegend frische bis feuchte, nährstoffreiche, auch trockene bis leicht salzhaltige Böden. An ihren natürlichen Standorten vermehrt sich *M. orientalis* generativ und vegetativ.

In ihrem natürlichen Verbreitungsgebiet wird *M. orientalis* in Gärten und Parks solitär, in Gruppen und in Form lebender Zäune gepflanzt. Die Art wird als Unterlage für Kulturäpfel und in der Züchtung verwendet. Die Früchte werden in vielfacher Weise als Nahrungsmittel und in der Volksmedizin genutzt. Neben *M. sieversii* var. *sieversii* ist auch *M. orientalis* sehr wahrscheinlich an der Entstehung von Kulturäpfeln beteiligt.

Malus orientalis

Malus orientalis

Malus orientalis

Malus orientalis

Malus praecox (PALL.) BORGH., Frühblühender Apfel (Sektion Malus, Serie Malus)

(Synonym: *Malus sylvestris* (L.) MILL. var. *praecox* (PALL.) PONOMAR.)

M. praecox entwickelt sich zu einem bis 6 m hohen Baum oder Strauch, dessen Zweige dornig sein können. Die länglich-eiförmigen, 4–13 cm langen Blätter sind am Rand scharf, selten kerbig gesägt, die Zähne enden in einer kleinen, drüsigen Spitze. Oberseits sind die Blätter kahl oder nur auf den Nerven behaart, unterseits dünnfilzig behaart. Der dünn behaarte Blattstiel ist 0,5–5 cm lang. Die 4–5 cm breiten, kurz gestielten Blüten sind in der Knospe rosa überhaucht, aufgeblüht weiß. Der Blütenbecher ist wollig behaart. Die gelben Früchte sind 2–2,5 cm dick. Der Kelch verbleibt an der Frucht.

M. praecox ist in den sommertrockenen Steppengebieten der Schwarzerde-Zone von Südost-Russland und der Ostukraine weit verbreitet. Die Nordgrenze der Verbreitung liegt im Tal des Flusses Oka. Der Frühblühende Apfel kommt in Wäldern, auf Lichtungen, an Hängen oder in Hohlwegen einzeln oder in kleinen Gebüschen vor. Die sehr trockenresistente, frostharte Art wird in Europa nur sehr selten kultiviert.

Malus sieversii (LEDEB.) M. ROEM. var. sieversii, Altai-Apfel, Sievers Apfel (Sektion Malus, Serie Malus)

(Synonyme: *Pyrus sieversii* LEDEB., *Malus anisophylla* SUMNEV., *M. hissarica* KUDR., *M. jarmolenko* POLJAKOV, *M. juzepczukii* VASSILCZ., *M. kirghisorum* AL. THEO. et FED., *M. kudrjaschevii* SUMNER, *M. linczevskii* POLJAKOV, *M. persicifolia* SUMNER, *M. pumila* MILL. var. *persicifolia* POPOV, *M. pumila* MILL. var. *sieversii* LEDEB., *M. schischkinii* POLJAKOV, *M. sieversii* subsp. *kirghisorum* LIKHANOS, *M. tianschanica*, SUMNER

M. sieversii var. *sieversii* wächst zu einem 12–14 m hohen Baum heran. Die ausladende Krone ist 10–12 m breit. Die Stämme können Durchmesser von 0,7–0,8 m erreichen. An sehr trockenen Standorten bleibt die Art strauchig und wird nur 3–5 m hoch. Der langlebige, sehr hitze- und trockenresistente Baum kann 150–170(–300) Jahre alt werden. Die kurzen, robusten Zweige sind dunkel graurot und schütter behaart. Die grünlich braunen Triebe sind dicht wollig behaart. Die kleinen, eiförmigen Knospen sind dunkel rubinrot. Dünn ledrig sind die eiförmigen bis breit elliptischen, selten verkehrt eiförmigen, 8–12 cm langen und 3–3,5 cm breiten, zugespitzten, an der Basis meist keilförmigen, am Rand drüsig gesägten Blätter mit den 5–7 Paar Seitennerven. Die Blätter sind oberseits entlang der Nervatur spärlich behaart, unterseits anfangs dicht wollig behaart. Im Herbst färben sich die Blätter brillant orangerot. Der 1,5–3,5 cm lange Blattstiel ist spärlich behaart. Die 4–6 cm breiten Blüten stehen zu 3–7 zusammen. Sie haben einen glockigen Blütenbecher und 6 mm lange, breit lanzettliche bis

Malus sieversii var. *sieversii*

Malus sieversii var. *sieversii*

Malus sieversii var. *sieversii*

Malus sieversii var. *sieversii*

Malus sieversii var. *sieversii*

dreieckig-lanzettliche, bleibende Kelchblätter. Die 1,5–2 cm breiten Kronblätter sind rundlich oder eiförmig und hellrosa oder rosa, an der Basis oft intensiver gefärbt. Die Früchte sind in Größe, Form, Färbung, Reifezeit und Geschmack sehr variabel. Sie sind 3–4,5(–7) cm dick, kugelig oder abgeflacht kugelig bis kugelig-zylindrisch, grün, gelb, rosa oder rot gefärbt und wachsartig bereift. Sie reifen oft schon Ende Juli bis August oder erst Mitte September bis Oktober. Die Kelchgrube ist flach und weit. Die Fruchtstiele sind 3,5–4 cm lang.

Das Areal von *M. sieversii* var. *sieversii* reicht von Kasachstan nordwärts bis in die nordwestchinesische Provinz West-Xinjiang und Russland, ostwärts bis zum Kaspischen Meer und südwärts bis Kirgisistan und Tadschikistan. Das Zentrum der Diversität befindet sich rings um die kasachische Hauptstadt Almatay (früher Alma Ata). Alma Ata bedeutet „Vater der Äpfel".

Gegenwärtig besiedelt der den tertiären Apfelbäumen nahestehende, xeromorphe Altai-Apfel einige intakte, als Obstwälder (fruit forest) bezeichnete Waldgebiete von mehreren hundert Hektar an den Nordhängen des Tian Shan. *M. sieversii* var. *sieversii* ist die Hauptart des Obstwaldes von Malaya Almatinka, Kotur-Bulak, Talgar im Zailiyskei-Alatau und der Pinkhtove-Schlucht in Dzhungarskei-Alatau in Kasachstan. In den Obstwäldern gedeihen zahlreiche Obstarten, wie Äpfel, Birnen, Süßkirschen, Pflaumen, Aprikosen, Kirschpflaumen, Quitten, zusammen mit Heidelbeeren, Johannisbeeren, Weintrauben und Erdbeeren, in großer Formenmannigfaltigkeit. Besiedelt werden nord-, nordost- und nordwestlich geneigte Hänge und alluviale Böden an Flussufern, vorwiegend in Höhen von 800–1500 m. Stellenweise macht *M. sieversii* var. *sieversii* 80 % des Bestandes aus, vergesellschaftet mit *Crataegus songarica* und *C. almaatensis*, *Prunus armeniaca* und *Acer semenovii*.

Im westlichen Tian Shan, in den von *Juglans regia* dominierten Walnuss-Wäldern Kirgisistans, kommt *M. sieversii* var. *sieversii* bis in Höhen von 2400 m u. a. zusammen mit *Acer turkestanicum* und *A. semenovii*, *Fraxinus raibocarpa* und *F. sogdiana*, *Celtis caucasia*, *Pyrus bretschneideri*, *P. korschinsky*, *P. turkomanica* und *P. vavilovii*, *Prunus divaricata* und *P. armeniaca* vor. Gelegentlich treten auch *Pistacia vera*, *Prunus dulcis* und *P. ulmifolia*, *Hippophae rhamnoides* und *Vitis vinifera* auf.

In den wärmsten Regionen am Pamir im südlichen Tadschikistan steigt *M. sieversii* var. *sieversii* bis in Höhen von 3000 m auf, in Regionen, die von 2700 m an von *Picea schrenkiana* und *Acer semenovii* dominiert werden. Selten erreicht der Altai-Apfel auch die Baumgrenze, die von mehreren *Juniperus*-Arten gebildet wird.

An ihren natürlichen Standorten vermehrt sich *M. sieversii* var. *sieversii* nur zu 15 % durch Samen und zu 85 % durch Wurzelschosse, die nahe der Stammbasis oder aus bodennahen Wurzeln entspringen.

Die Bestände von *M. sieversii* var. *sieversii* sind, bedingt durch die geringe Individuenzahl und durch die Übernutzung der Waldbestände, in ihrer Existenz bedroht. So sind z. B in Kasachstan die Habitate der Art in den letzten 30 Jahren zu mehr als 70 % zerstört worden. Seit 2013 steht *M. sieversii* var. *sieversii* als bedrohte Art auf der Roten Liste der UICN.

Malus sieversii var. *sieversii*

M. sieversii var. *sieversii* zeichnet sich durch eine hohe Resistenz gegenüber Krankheiten aus, vor allem gegenüber dem Apfelschorf.

M. sieversii var. *sieversii* ist Bestandteil medizinischer Produkte und spezieller Nahrungsmittel, die u. a. gegen Magen-Darm-Erkrankungen und Avitaminose eingesetzt werden.

Morphologische und biochemische Merkmale sowie molekulare Marker weisen darauf hin, dass *M. sieversii* var. *sieversii* ganz überwiegend an der Entstehung der Kulturäpfel beteiligt ist. An mehreren Aufsammlungen von *M. sieversii* var. *sieversii* in den Obstwäldern am Tian Shan lässt sich die Quelle aller Variation der Kulturäpfel erkennen.

M. sieversii var. *sieversii* wurde 1793 durch den deutschen Botaniker und Pharmakologen JOHANN AUGUST CARL SIEVERS (1762–1795) während seiner Exkursion durch die Bergregion Khrebet Tarbagatay im südöstlichen Kasachstan entdeckt. Sein Tod in St. Petersburg verhinderte die Beschreibung seiner Entdeckung. 1831 wurde die Art durch den deutsch-estnischen Botaniker und Kaiserlich Russischen Staatsrat CARL FRIEDRICH VON LEDEBOUR (1786–1851) in seiner „Flora Altaica" zu Ehren Sievers' als *Pyrus sieversii* beschrieben. MAX ROEMER hat die Art in die Gattung *Malus* transferiert.

Malus sieversii (LEDEB.) M. ROEM. var. kirghisorum (AL. FED. et FED.) PONOMAR., Kirgisischer Apfel

(Sektion Malus, Serie Malus)

(Synonym: *Malus kirghisorum* AL FED. et FED., *Pyrus kirghisorum* (AL. FED. et FED) M.F. FAY et CHRISTENH.)

Der Kirgisische Apfel wird bis 8–10(–12) m hoch und baut eine breite, trichterförmige oder abgeflacht kugelige Krone auf. Die langen, dünnen Zweige sind dornenlos. Die breit verkehrt lanzettlichen, zugespitzten, an der Basis meist keilförmigen, am Rand gekerbten oder gesägten Blätter sind 5–10 cm lang und 3–6 cm breit. Sie sind oberseits kahl, unterseits ebenfalls kahl oder leicht behaart. Die kurzen Blattstiele sind behaart. Vergleichsweise groß sind die 3–5 cm breiten, hellrosa Blüten, sie öffnen sich im April–Mai. Die Früchte sind in Größe, Form, Farbe und Geschmack sehr variabel. Sie sind 3–8 cm breit und hoch, kugelig oder zylindrisch und zur Spitze hin verjüngt. Sie sind gelb, grünlich oder rötlich gefärbt. Die Kelchblätter bleiben erhalten. Das Fruchtfleisch ist süßsauer bis sauer oder bitter und adstringierend. Der Zuckergehalt der Früchte beträgt bis zu 10 bis 12 %. Sie werden von der lokalen Bevölkerung frisch verzehrt oder zu Fruchtsaft, Cidre oder Marmelade verarbeitet. Des hohen Zuckergehaltes wegen lassen sich die Früchte gut trocknen.

M. sieversii var. *kirghisorum* steht den alten Apfelbäumen des Tertiärs nahe. Das Verbreitungsgebiet der mesophilen Art reicht von den kasachischen Gebirgsregionen des Dzhungarskiy-

Malus sieversii var. *kirghisorum*

und Kungei-Alataus über das Teilgebirge des Tian Shan bis nach Kirgisistan und Russland. *M. sieversii* var. *kirghisorum* wächst u. a. in den *Juglans*-Wäldern in der Umgebung von Akatsch, einem Dorf in der Republik Altai im Altaigebirge. Der Kirgisische Apfel gedeiht dort auf tiefgründigen Böden vorwiegend an Nordhängen, in Höhen von 1200 bis 1800 m. Er bildet Reinbestände oder ist u. a. mit Zitter-Pappel, Weißdornarten und *Acer semenovii* vergesellschaftet.

Malus sieversii (Ledeb.) M. Roem. var. niedzwetzkyana (Dieck) Likhonos,

Kirgisischer Blut-Apfel

(Sektion Malus, Serie Malus)

(Synonyme: *Malus niedzwetzkyana* Dieck, *M. pumila* Mill. var. *niedzwetzkyana* (Dieck.) C.K. Schneid. *M. pumila* 'Niedzwetzkyana', *M. sieversii* (Ledeb.) M. Roem. 'Niedwzetzkyana')

Der häufig als Sorte von *M. pumila* beschriebene Kirgisische Blut-Apfel ist ein 5–7 m hoher Baum mit einer kugeligen oder abgeflacht kugeligen bis ausladenden Krone. Die Triebe

Malus sieversii var. *niedzwetzkyana*

sind dunkel purpurrot, die Zweige rötlich braun. Im Querschnitt sind die Zweige oft rötlich gefärbt. Die 7,5–12 cm langen und 5–6 cm breiten, dünn ledrigen Blätter sind verkehrt eiförmig bis elliptisch, zugespitzt, an der Basis allmählich in den langen Stiel verschmälert und am Rand gesägt oder gekerbt. Sie sind im Austrieb purpurrot gefärbt und unterseits dicht weich behaart. Die 4 cm breiten Blüten sind intensiv rosarot oder violett gefärbt, sie blühen im April–Mai auf. Die konischen, am oberen Ende oft genabelten, glänzend dunkelroten, bläulich bereiften Früchte mit dem bleibenden Kelch sind etwa 5 cm lang und 2–4 cm breit. Das wohlschmeckende Fruchtfleisch ist rötlich gefärbt. Auf asiatischen Märkten werden die Früchte zum Verzehr angeboten.

Malus sieversii var. *niedzwetzkyana*

Die Verbreitung von *M. sieversii* var. *niedzwetzkyana* reicht von Westsibirien bis Turkestan, dem Tian Shan-Gebirge (Qaratau, Berkara-Schlucht, Maskat, Dzhungarskei, Alatau) bis nach Nordchina.

Der besonders winterharte Kirgisische Blut-Apfel wurde von dem russischen Botaniker und Pflanzenzüchter Iwan Wladimirowitsch Mitschurin (1855–1935) benutzt, um daraus Sorten wie 'Belfer Krasky' oder 'Krasky Standard' zu züchten, Sorten mit roten Blättern, roten Blüten und roten Früchten.

M. sieversii var. *niedzwetzkyana* wurde 1890 durch den deutschen Dendrologen und Naturwissenschaftler Georg Dieck (1847–1925) nach Deutschland eingeführt. Dieck unterhielt in Zöschen ein artenreiches Arboretum. Das Saatgut erhielt Dieck von Vladislav E. Niedzwicki.

In die USA kam die Art 1897 durch den amerikanischen Pflanzensammler und -züchter der South Dakota Agricultural Experiment Station, Brookings, South Dakota, Niels E. Hansen, aus dem Lli-Tal des Tian Shan.

Der von Georg Dieck vergebene Artname erinnert an den in Turkestan lebenden russischen Anwalt und Amateurbotaniker Vladislav E. Niedzwicki (1855–1918).

M. sieversii var. *niedzwetzkyana* ist vermutlich Elternart aller Blut-Apfel-Hybriden, Zierapfel-Sorten mit ± purpurnen Blättern, rosa oder purpurnen Blüten und ± roten Früchten, die in den USA als «Rosybloom Crab Apple» bezeichnet werden.

Malus sieversii var. *niedzwetzkyana*

Malus turkmenorum Juz. et M. Pop.,

Turkmenischer Apfel

(Sektion Malus, Serie Malus)

(Synonyme: *Malus sieversii* (Ledeb.) M. Roem. subsp. *turkmenorum* (Juz. et Pop.) Likhanos, *M. sieversii* (Ledeb.) M. Roem. var. *turkmenorum* (Juz. et Pop.) Ponomar.)

Der Turkmenische Apfel wächst meist strauchförmig und wird 2–3 m hoch. Die elliptischen, nach beiden Enden zugespitzten, unterseits stark behaarten Blätter sind am Rand grob gezähnt. Im April–Mai öffnen sich die kleinen, 2,5–3 cm breiten, weißen Blüten. Die bleibenden Kelchblätter sind mit langen, behaarten Zähnen ausgestattet. Im August reifen die gelben, etwa 2,5 cm dicken, kugeligen, gerieften Früchte mit der kleinen, breiten Vertiefung an der Basis. *M. turkmenorum* ist eine endemische Art Mittelasiens. Die Art kommt selten und oft in Einzelexemplaren an mehreren Standorten in der unteren und mittleren Bergstufe im Südwesten des Kopet-Dag vor, einem 645 km langen Gebirge an der Grenze zwischen Turkmenistan und dem Iran. Höchster Berg ist der 3191 m hohe Kuh-e Qutschan im Iran. Besiedelt werden trockene, steinige Hänge und Schluchten. *M. turmenorum* vermehrt sich auch durch Wurzelsprosse. Der Turmenische Apfel ist eine anspruchslose, sehr trockenresistente, Salz ertragende Art, die für die Züchtung sehr wertvoll sein kann. In Kultur kam *M. turkmenorum* als iranische Zwergform mit der Bezeichnung Baba-Arabka.

Ostasiatische Wildäpfel

Das Genzentrum der Gattung Malus liegt in Ostasien. Von den rund 55 Arten sind allein 15 in China endemisch. In der „Flora of China" (www.eFloras.org) werden 25 Arten beschrieben. In Japan sind nur vier *Malus*-Arten endemisch: *M. halliana*, *M. toringo* var. *toringo*, *M. spontanea* und *M. tschonoskii*. Mit *M. floribunda* kommt eine Spezies hinzu, die seit langer Zeit in Japan und Korea kultiviert wird, von der natürliche Standorte aber nicht gefunden worden sind und die deshalb als Hybride gilt.

Zahlreiche Arten sind in Europa seit langer Zeit als reichblühende Zieräpfel in Kultur. Dazu gehört der Beerenapfel, *M. baccata*, mit seinen Sorten. *M. floribunda* und *M. halliana* sind überaus reich blühende Arten. Schier unverzichtbar sind schwachwüchsige Arten wie *M. toringo* var. *sargentii* und *M. toringo* var. *toringo*. Unverzichtbar ist auch *M. toringiodes* als hitze-, kälte- und trockenresistente Art. Viel zu selten wird *M. tschonoskii* gepflanzt, eine stadtklimaresistente Art, die anfangs regelmäßige, schmal kegelförmige Kronen aufbaut und im Herbst ihr Laub brillant verfärbt.

Malus asiatica Nakai,
Asiatischer Apfel
(Sektion Malus, Serie Malus)

(Synonyme: *Pyrus matsumurae* (Koidz.) Cardot, *P. ringo* Wenz., *Malus asiatica* var. *argutiserrata* Hu et Chen, *M. domestica* Borkh. var. *asiatica* (Nakai). V. V. Ponom., *M. domestica* var. *rinki* (Koidz.) H. Ohle, *M. dulcissima* Koidz. var. *aiatica* Koidz., *M. dulcissima* var. *rinki* (Koidz.) Koidz., *M. matsumurae* Koidz., *M. prunifolia* Borkh. var. *rinki* (Koidz.) Rehder, *M. pumila* Mill. var. *rinki* Koidz., *Pyrus asiatica* (Nakai) M.F. Fay et Christenh.)

Der 4–6 m hohe Baum hat dicht fein behaarte Triebe und purpurbraune, kahle Zweige. Die eiförmigen, grauroten Knospen sind anfangs dicht fein behaart. Eiförmig oder elliptisch sind die 5–11 cm langen und 4–4,5 cm breiten, spitzen oder zugespitzten, an der Basis abgerundeten oder breit keilförmigen, am Rand regelmäßig fein stumpf gesägten Blätter. Sie sind oberseits dunkelgrün, anfangs schwach flaumig behaart, verkahlend, unterseits bleibend flaumig behaart. Die 1,5–5 cm langen Blattstiele sind fein behaart. Die 3–4 cm breiten Blüten stehen zu 4–7(–10) in 3–5 cm breiten Trugdolden zusammen, sie sind in der Knospe rosa, aufgeblüht weiß. Der glockige Blütenbecher ist außen dicht behaart. Die dreieckig-lanzettlichen 4–5 mm langen, ganzrandigen, lang zugespitzten Kelchblätter sind etwas kürzer als der Blütenbecher. Die verkehrt eiförmigen bis verkehrt länglich-eiförmigen, kurz genagelten Kronblätter sind 0,8–1,3 cm lang. Die 17–20 Staubblätter sind kürzer als die Kronblätter. Die Blüten öffnen sich im April–Mai. Eiförmig oder nahezu kugelig sind die 4–5 cm dicken, gelben oder roten, bläulich bereiften Früchte mit dem bleibenden Kelch und dem 1,5–2,5 cm langen, behaarten Stiel. Die Früchte reifen im August–September.

Malus asiatica

Malus asiatica

Die Verbreitung von *M. asiatica* erstreckt sich über zahlreiche chinesische Provinzen. Die Art gedeiht dort sowohl in offenen Hanglagen als auch in sandigen Ebenen, von Meereshöhe bis in Hochlagen bis zu 2800 m. Sie soll vor mehr als 1000 Jahren nach Japan eingeführt worden sein.

M. asiatica ist, wie *M. floribunda*, vermutlich eine Hybride (*M. sieversii* var. *sieversii* × *M. baccata*), die auch als Sekundärart bezeichnet wird. (HANKE & FLACHOWSKY 2016).

M. asiatica wird in Nord- und Nordostchina seit langem in zahlreichen Sorten als Obstgehölz kultiviert. Die Früchte sind in Größe, Form, Farbe und Reifezeit sehr variabel.

Malus baccata (L.) BORGH.,
Beeren-Apfel, Sibirischer Apfel
(Sektion Malus, Serie Baccatae)

(Synonyme: *Pyrus baccata* L., *Malus baccata* fo. *gracilis* REHDER, *M. baccata* var. *sibirica* (MAXIM.), C.K. SCHNEID., *M. baccata* var. *mandshurica* (MAXIM.) C.K. SCHNEID., *M. sibirica* BORGH.)

Malus baccata

Malus baccata

M. baccata ist ein 10–14 m hoher Baum, der mit weit abstehenden Ästen eine reich verzweigte, abgeflacht kugelige Krone aufbaut. Die kahlen, übergeneigten Zweige sind rötlich braun, die eiförmigen Knospen ebenfalls rötlich braun. Elliptisch bis eiförmig sind die 3–8 cm langen und 2–3,5 cm breiten, zugespitzten, an der Basis breit keilförmigen oder abgerundeten, am Rand regelmäßig scharf gesägten Blätter mit den 4–6 Paar Seitennerven. Die Blätter sind oberseits glänzend grün und beiderseits kahl oder flaumig behaart. Der 2–5 cm lange, kahle Blattstiel trägt anfangs einige Drüsen. Die weißen, 3–3,5 cm breiten, angenehm duftenden Blüten stehen in kleinen Trugdolden zusammen. Der glockige Blütenbecher ist kahl. Die lanzettlichen, 5–7 mm langen, lang zugespitzten, zur Fruchtreife hinfälligen Kelchblätter sind länger als der Blütenbecher. Verkehrt eiförmig sind die 2–2,5 cm langen, an der Spitze abgerundeten, an der Basis in einem kurzen Nagel verschmälerten Kronblätter. Ungleich lang sind die 15–20 Staubblätter, sie sind etwa halb so lang wie die Kronblätter. Die 5 oder 4 Griffel sind länger als die Staubblätter. Die 1,5–4 cm langen, dünnen

Malus baccata

Malus baccata

Malus baccata

Blütenstiele sind kahl. Die Blüten öffnen sich gleichzeitig mit der Laubentfaltung im April–Mai. Die nahezu kugeligen, 0,8–1 cm dicken, im September-Oktober reifenden Früchte sind gelb, orange oder rot gefärbt. Das Fruchtfleisch hat eine weiche, mehlige Konsistenz. Die kahlen Fruchtstiele sind 3–4 cm lang.

Das ausgedehnte Verbreitungsgebiet von *M. baccata* reicht von den nordöstlichen chinesischen Provinzen bis nach Korea, die Mongolei und Sibirien sowie südwärts bis nach Bhutan, Indien, Kaschmir und Nepal. Besiedelt werden Mischwälder in Höhen von 0 bis 1500 m. In Nord- und Nordwestchina dient *M. baccata* als Unterlage für Sorten von *M. asiatica* und *M. domestica*. In Sibirien kommt *M. baccata* in außerordentlich großer Formenfülle vor. Die kleinfrüchtigen Äpfel werden dort und in den südwärts gelegenen Nachbargebieten auch verzehrt.

In Nordamerika ist *M. baccata* von Neufundland und Ontario südwärts bis Maryland, West Virginia, Kentucky und Missouri etabliert.

M. baccata kam 1784 nach Europa, in den Royal Botanic Garden Kew, Großbritannien. Das Saatgut stammte aus Sibirien. Schon vorher, im Jahr 1767, war die Art von LINNÉ benannt worden.

Die robuste, besonders frostharte Art gehört mit zu den früh im Jahr aufblühenden Wildäpfeln und zu den besonders früh austreibenden Gehölzen. Mit ihrer überreichen Fülle an schneeweißen, duftenden Blüten und dem reichen Fruchtansatz gehört *M. baccata* zu den besonders empfehlenswerten Wildäpfeln. *M. baccata* ist weitgehend resistent gegen die häufigsten Apfelkrankheiten.

Bedingt durch ihre Frosthärte und hohe Resistenz gegenüber Krankheiten ist die Art ein wertvoller Kreuzungspartner und so am Zustandekommen folgender Hybriden beteiligt: *M. ×adstringes, M. ×arnoldiana, M. ×hartwigii, M. ×micromalus* und *M. ×robusta*. Weit mehr als 100 Zierapfel-Sorten tragen Erbgut von *M. baccata* in sich.

M. baccata var. *himalaica* = *M. rockii*
M. baccata var. *mandshurica* = *M. mandshurica*

Malus baccata

'Andreas Bärtels'. Kleiner, mehrstämmiger Baum oder hochstämmig gezogen, in 17 Jahren 4 m hoch und 3 m breit. Blätter dunkelgrün, fein scharf gesägt, sehr gesund. Blüten 3,5–4,5 cm breit, lang gestielt, in der Knospe zartrosa, aufgeblüht ganz weiß, mit hellgelbweißlichen Staubblättern, intensiv und angenehm duftend, Mitte April bis Anfang Mai blühend, Kronblätter breit eiförmig. Früchte 0,8–1 cm dick, orangerot, mit bis 4 cm lang gestieltem roten Fruchtstiel, sehr lange haftend, nicht selten den Winter hindurch. Resistent gegen Krankheiten. (Von E. JABLONSKI, LTA Ettelbruck, Luxemburg, 2017 selektiert und ab 2020 in den Handel gebracht. Benannt zu Ehren des Gärtners, Dendrologen und Buchautors ANDREAS BÄRTELS.)

Malus baccata 'Andreas Bärtels', aufgenommen im März 2020

Malus baccata 'Andreas Bärtels'

Malus baccata 'Andreas Bärtels'

'Aspiration'. Wuchs schmal säulenförmig, Originalbaum 13 m hoch, Krone 1,10 m breit. Blüten reinweiß, 4,5 cm breit, Kelch und Blütenstiele kahl. Früchte birnenförmig, gelb und rot. (Washington Park Arboretum, 1946)

COLUMNAR SIBERIAN CRAB APPLE ('Columnaris'). Wuchs säulenförmig, bis etwa 9 m hoch. Krone bis 5 m breit. Blüten in der Knospe cremeweiß, aufgeblüht reinweiß, 2,5–3,8 cm breit, Kelch und Blütenstiele behaart. Früchte gelb mit roter Backe, etwa 1,3 cm dick. Schorfresistent. (Vor 1927 in Großbritannien entstanden.)

'Gracilis'. Wuchs strauchig, schwach. Krone pilzförmig, die dünnen Zweige überhängend. Blätter ziemlich klein, schmal eiförmig, zugespitzt. Blüten klein, sternförmig, in der Knospe rosa, aufgeblüht weiß. Früchte erbsengroß, leicht birnenförmig, rot. (1910 im Arnold Arboretum, Jamaica Plain, Massachussets, USA, aus Saatgut chinsischer Herkunft gezogen.)

Malus baccata 'Gracilis'

Malus baccata 'Gracilis'

'Jackii'. Wuchs aufrecht, rundkronig, 9–12 m hoch. Blätter glänzend tiefgrün. Herbstfärbung gelb bis rostorange. Blüten in der Knospe weiß mit rosa Hauch, aufgeblüht reinweiß, etwa 3,3 cm breit, duftend. Früchte tief purpurrot oder kastanienrot, etwa 1,3 cm dick. Hoch schorfresistent. Besonders frosthart. (1905 durch den kanadischen Dendrologen J.G. Jack (1861–1949) als Jungpflanze zum Arnold Arboretum, Massachusetts, USA, gebracht und 1915 nach ihm benannt.)

Malus baccata 'Jackii'

Malus baccata 'Jackii'

'Lady Northcliffe'. Wuchs baumförmig, aufrecht, kugelkronig, reich verzweigt, bis 6 m hoch. Blüten 2,7 cm breit, in der Knospe rosarot, aufgeblüht hellrosa, im Verblühen weiß. Früchte 1,5 cm dick, gelb und rot oder honigfarben. Resistent gegen Krankheiten. (Aldenham, Hertfordshire, Großbritannien, vor 1929)

Malus baccata 'Lady Northcliff'

Malus baccata 'Lady Northcliff'

'Macrocarpa'. Früchte bis 3 cm dick, auf gelblichem Grund glänzend rot (WROBLEWSKI, 1927).

Malus baccata 'Macrocarpa'

NORDIC ('Aksao'). Wuchs breit aufrecht, 3–4 m hoch und gleich breit. Blätter elliptisch, dunkelgrün. Blüten in der Knospe rosaweiß, aufgeblüht reinweiß. Früchte kugelig, rot, sehr zahlreich, lange haftend. Reichblühende, winterharte schwedische Selektion.

'Odorata'. Blüten angenehm duftend. Nach FIALA (1994), im Arnold Arboretum, Jamaica Plain, Massachusetts, USA, in Kultur. Auch in den 1940er-Jahren im Institut für Obstzüchtung in Müncheberg/Naumburg an der Saale in Kultur.

Malus baccata 'Odorata'

'Orange'. Wuchs großstrauchig. Blüten in der Knospe rosa, aufgeblüht weiß, 3,5 cm breit. Früchte orangegelb, 3–4 cm dick. (In den USA seit vor 1869 in Kultur.)

'Pendula'. Wuchshöhe abhängig von der Veredlungshöhe. Äste in kurzen Bögen abwärts wachsend. Blätter eiförmig, 3–8 cm lang, scharf gesägt. Blüten weißlich rosa, 3–4 cm breit, wenig üppig und rasch verblühend. Früchte kugelig, gelb bis orangerot, ca. 1 cm dick, lange haftend. In Polen häufiger in Kultur als in Deutschland.

Malus baccata 'Pendula'

'Purpurea Pendula'. Im Wuchs wie 'Pendula'. Blätter matt glänzend purpurrot mit grünlichem Unterton. Blüten in der Knospe dunkelrosa, aufgeblüht rosa. Früchte klein, dunkelrot. Wird von polnischen Baumschulen angeboten.

'Selektion Kalmthout'. Wuchs straff aufrecht, breit säulenförmig, deutlich schmaler als bei der Art, in 35 Jahren etwa 8 m hoch. Krone etwa 5 m breit. Blüten und Früchte wie bei der Art. (Arboretum Kalmthout, Belgien, vor 1980)

Malus baccata 'Selektion Kalmthout'

Malus baccata 'Selektion Kalmthout'

'Snowdrift'. Wuchs baumförmig, 4,5–7,5 m hoch. Krone eiförmig, kompakt, 4–5 m breit. Blätter derb, glänzend dunkelgrün, fein scharf gesägt, sehr gesund. Blüten 3–4 cm breit, lang gestielt, in der Knospe hellrosa, aufgeblüht weiß, duftend, Kronblätter breit eiförmig. Früchte 1–1,2 cm dick, auffallend glänzend orangerot, lang gestielt, lange haftend. Fruchtfleisch rot. Resistent gegen Krankheiten. Wird in den USA in Obstplantagen als Pollenspender eingesetzt. (Cole Nursery, Painesville, Ohio, USA, 1965)

Malus baccata 'Street Parade'

Malus baccata 'Street Parade'

'Street Parade'. Wuchs schmal aufrecht, 5–6(–8) m hoch. Krone schmal eiförmig bis eiförmig. Blätter eiförmig bis elliptisch, 4–8 cm lang, olivgrün, im Herbst gelb. Blüten zahlreich, in der Knospe lachsrosa, aufgeblüht reinweiß, Mitte Mai. Früchte kugelig, glänzend violettrot bis braunviolett, etwa 1,5 cm dick, Reifezeit August–September. Schorf- und mehltauresistent. Nach der GALK-Straßenbaumliste 2019 „geeignet mit Einschränkungen". (Boomkwekerij T. van den Oever, Haaren, Niederlande, 1982) * NL 1996

Malus brevipes Rehder,
Nippon-Apfel
(Sektion Sorbomalus, Serie Sieboldianae)

(Synonym: *M. floribunda* Sieb. ex van Houtte var. *brevipes* Rehder)

M. brevipes ist eng mit *M. floribunda* verwandt und möglicherweise ebenfalls eine Hybride. Die meist strauchig wachsende, breitkronige Art unterscheidet sich von *M. floribunda* durch die geringere Wuchshöhe und die dichtere, steifere Verzweigung. Die 5–7 cm langen Blätter sind am Rand dicht fein gesägt. Die überaus zahlreich angelegten, 3 cm breiten Blüten sind in der Knospe hellrosa, aufgeblüht weiß. Glänzend dunkelrot sind die nahezu kugeligen, leicht gerippten, lange haftenden, 1,5 cm dicken Früchte mit dem hinfälligen Kelch.

In Großbritannien wird die Art unter dem Sortennamen 'Wedding Bouquet' vertrieben.

M. brevipes ist, wie *M. floribunda*, nur aus japanischen Kulturen bekannt. Nach Europa ist die Art vor 1883 gekommen.

'Wedding Bouquet'. Wuchs baum- oder strauchartig, in 10 Jahren etwa 4 m hoch und gleich breit, schon als junge Pflanze überreich blühend und fruchtend. Blätter glänzend dunkelgrün. Blüten elfenbeinweiß, Kronblätter 5 bis 8. Früchte kugelig, glänzend dunkelrot, sehr lang gestielt, bis Dezember haftend. Resistent gegen Krankheiten. Gilt als guter Pollenspender für mittel- und spätblühende Sorten. (Frank P. Matthews Ltd., Großbritannien, vor 2008) AGM 2012.

Malus daochengensis C.L. Li,
Daocheng-Apfel
(Sektion Malus, Serie Baccatae)

Der 5–7 m hohe Baum hat dicht weißgrau behaarte Triebe, graubraune, kahle Zweige und purpurbraune, eiförmig-elliptische Knospen. Elliptisch-lanzettlich oder lanzettlich sind die 4–9 cm langen, 2–4 cm breiten, zugespitzten, spitzen oder stumpfen, an der Basis keilförmigen oder abgerundeten, am Rand stumpf gesägten Blätter. Sie sind oberseits anfangs entlang der Nervatur grau filzig behaart, aber rasch kahl, unterseits ebenfalls grau filzig behaart, langsamer verkahlend. Der 1–2 cm lange Blattstiel ist grau filzig behaart. Die 3,5–4 cm breiten, weißen oder rosaweißen Blüten stehen zu 3–6 in 3–5 cm breiten Trugdolden zusammen. Die 3,5–4 cm langen Blütenstiele, der Blütenbecher und die 4–6 mm langen, dreieckig-lanzettlichen Kelchblätter sind dicht grauweiß filzig behaart. Die 25 Staubblätter sind etwa halb so lang wie die etwa 2 cm langen, breit elliptischen, vorne abgerundeten Kronblätter. Die 5 an der Basis filzig behaarten Griffel sind länger als die Staubblätter. Die Blüten entfalten sich im Juni. Im August reifen die 1–1,5 cm dicken, birnenförmigen, gelblich roten Früchte mit den hinfälligen Kelchblättern. Die 3,5–4 cm langen Fruchtstiele sind grauweiß filzig behaart.

Verbreitungsgebiet von *M. daochengensis* sind die chinesischen Provinzen Nordwest-Yunnan und Sichuan. In Sichuan gedeiht die Art u.a. in Daocheng, einem Kreis im autonomen Bezirk Grazé der Tibeter, in einer Höhe von etwa 2800 m in Dickichten und an Feldrainen. *M. daochengensis* ist in Europa vermutlich nicht in Kultur.

Malus doumeri (BOIS) A. CHEV.,
Taiwan-Apfel
(Sektion Docyniopsis)

(Synonyme: *Pyrus doumeri* BOIS, *Docynia doumeri* (BOIS) C.K. SCHNEID., *D. indica* (WALL.) M.J. DECNE. var. *doumeri* (BOIS) A. CHEV., *D. indica* var. *laosensis* (CARDOT) A. CEV., *Eriolobus doumeri* (BOIS) C.K. SCHNEID., *Malus asiatica* NAKAI var. *argutiserrata* HU et CHEN, *M. doumeri* var. *formosana* (KAWAK. et KOIDZ. ex HAYATA) S.S. YING, *M. formosana* (KAWAK. et KOIDZ. ex HAYATA) KAWAK. et KOIDZ, *M. laosensis* (CARDOT) A. CHEV. *M. melliana* (HAND.-MAZZ.) REHDER, *Pyrus fomosana* KAWAK. et KOIDZ. ex HAYATA, *P. laosensis* CARDOT, *P. melliana* HAND.-MAZZ.)

M. doumeri ist ein mittelgroßer Baum, der Höhen von 15 m erreichen kann. Die Triebe sind anfangs zottig behaart, die graubrauen oder purpurbraunen Zweige kahl, die eiförmigen Knospen purpurrot. Schmal eiförmig-elliptisch oder verkehrt eiförmig-lanzettlich sind die 9–15 cm langen und 4–6,5 cm breiten, zugespitzten, an der Basis abgerundeten oder keilförmigen, am Rand unregelmäßig gesägten Blätter. Sie sind anfangs beiderseits weiß filzig behaart, zuletzt kahl. Der 1,5–3 cm lange Blattstiel ist ebenfalls anfangs filzig behaart. Die 2,5–3 cm breiten, gelblich weißen Blüten stehen zu 4–5 in 3–5 cm breiten Trugdolden zusammen. Die verkehrt eiförmigen Kronblätter sind 1–2 cm lang. Der glockige Blütenbecher ist außen fein behaart. Die 8 mm langen Kelchblätter sind so lang wie oder etwas länger als der Blütenbecher. Die 4 oder 5, an der Basis fein behaarten Griffel sind etwas länger als die Staubblätter. Die Blüten öffnen sich im Mai. Gelblich rot gefärbt sind die kugeligen, 2,5–5,5 cm dicken, 1–3 cm lang gestielten, essbaren Früchte mit dem bleibenden Kelch.

M. doumeri hat ein begrenztes Vorkommen in der Nähe des Ali-Gebirges in der 45 Quadratkilometer großen National Scenic Area in Zentraltaiwan. Die Art gedeiht dort unter subtropischen Klimabedingungen in Höhen zwischen 2100 und 2400 m. Hauptbaumarten dieser Region sind Taiwanie, *Taiwania cryptomerioides*, Hinoki-Scheinzypresse, *Chamaecyparis formosana*, Spießtanne, *Cunnighamia konishii*, Chinesische Douglasie, *Pseudotsuga sinensis*, und Formosa-Tanne, *Abies kawakamii*.

Die Verbreitung von *M. doumeri* reicht außerdem von den südöstlichen und südzentralen chinesischen Provinzen Guangdong, Guanxi, Guizhou, Hunan, Jianxi, Yunnan und Zhejiang bis nach Laos und Vietnam.

Die Früchte von *M. doumeri* werden lokal frisch verzehrt oder in vielfältiger Weise verarbeitet. In subtropischen Regionen dient *M. doumeri* als Unterlage für Kulturäpfel. In Mitteleuropa liegen wohl keine Kulturerfahrungen mit *M. doumeri* vor.

Malus floribunda SIEB. ex VAN HOUTTE,
Vielblütiger Apfel
(Sektion Sorbomalus, Serie Sieboldianae)

(Synonyme: *Pyrus floribunda* SIEB. ex KIRCHN., *P. pulcherrima* ASCH. et GRAEBN., *Malus pulcherrima* (ASCH. et GRAEBN.) K.R. BOYNT.)

M. floribunda ist ein 4–5(–10) m hoher Baum mit einer breit gewölbten, reich verzweigten Krone, weit abstehenden Ästen, überhängenden Zweigen und behaarten, sonnenseits rötlichen Trieben. Eiförmig-elliptisch sind die 4–8 cm langen, zugespitzten, an der Basis meist keilförmigen, im oberen Drittel scharf grannenspitzig gesägten Blätter mit den 4 oder 5 Paar Seitennerven. An Langtrieben sind die Blätter im unteren Drittel meist gelappt. Die Blätter sind oberseits dunkelgrün, unterseits behaart oder nahezu kahl. Im Herbst färben sich die Blätter orangerot. Mitte bis Ende Mai öffnen sich die 2,5–3 cm breiten Blüten Jahr für Jahr in überreicher Fülle. Sie sind in der Knospe tief karminrot, aufgeblüht rosa, zuletzt hellrosa. Blütenstiele und Kelchblätter sind rosa. Die ± kugeligen, etwas längeren als breiten, 6–8(–10) mm dicken, 4 cm lang gestielten Früchte sind zur Vollreife goldgelb gefärbt und sonnenseits zart rot überlaufen. Die Kelchblätter sind hinfällig oder bleiben. Die Art gilt als mäßig schorfanfällig. * NL 1996, AGM 1993.

Malus floribunda

Malus floribunda

Malus floribunda

Malus floribunda

Bei der in Japan und Korea seit langer Zeit kultivierten Sippe handelt es sich vermutlich um eine in Kultur entstandene Hybride, denn natürliche Vorkommen der Art sind bisher nicht gefunden worden. Vermutlich ist *M. floribunda* aus einer Kreuzung zwischen *M. toringo* var. *toringo* × *M. baccata* hervorgegangen. Schneider (1906) vermutet eine Kreuzung zwischen *M. prunifolia* × *M. toringo* var. *toringo*.

Der wohl stärkste Baum seiner Art steht in einem engen Vorgarten in der Gemeinde Göhren auf Rügen. Nach einer Messung im Mai 2019 durch Andreas Gomolka und Marion Scheich hatte der abgebildete Baum einen Stammumfang in 1,3 m Höhe von 1,99 m.

Der Vielblütige Apfel gehört mit seiner überreichen Fülle an rosaroten Blüten zu den attraktivsten Zieräpfeln. Schon junge Pflanzen setzen reichlich Blüten an. *M. floribunda* wurde 1862 durch Franz von Siebold aus Japan in die Niederlande eingeführt.

Erbgut von *M. floribunda* findet sich u. a. in den beiden folgenden Hybriden: *M ×arnoldiana* und *M. ×scheideckeri* sowie in zahlreichen Sorten.

Nach Beobachtungen in der Praxis und experimentellen Untersuchungen gilt *M. floribunda* als guter Pollenspender für Kulturäpfel. *M. floribunda* hat eine Pollenkeimfähigkeit von 50 bis 60 % und eine relativ lange Blütezeit, die mit wirtschaftlich wichtigen Apfelsorten übereinstimmt (Blasse 1978).

Malus floribunda

Malus floribunda

Malus floribunda, in einem Vorgarten auf Rügen

'Exzellent Thiel'. Hängeform. Wuchshöhe abhängig von der Veredlungshöhe. Krone schirmförmig, Zweige senkrecht abwärts wachsend. Blätter schmal eiförmig, lang zugespitzt, Basis keilförmig, scharf gezähnt. Blüten 4 cm breit, in der Knospe rot, aufgeblüht rosa, im Verblühen weiß, gelegentlich halbgefüllt. Nur in jedem zweiten Jahr reich blühend. Früchte 1,2–2 cm dick, kantig, gelb, rot gefleckt, Kelch hinfällig. Anfällig für Krankheiten. (Baumschule L. Späth. Berlin, 1909)

Malus floribunda 'Exzellent Thiel'

Malus floribunda 'Exzellent Thiel'

'Golden Gem'. Wuchs baumförmig, bis 7,5 m hoch. Blüten 3 cm breit, in der Knospe rosa, aufgeblüht weiß. Früchte 1,2–2,5 cm dick, zahlreich, gelb, Kelch hinfällig. Resistent gegen Krankheiten. (J. Cheal & Sons Nursery, Sussex, Großbritannien, vor 1919)

'Hillieri'. Wuchs baumförmig, 7–9 m hoch. Krone ausladend, bis 10,5 m breit. Zweige dünn, leicht überhängend. Blätter grün, an Langtrieben auch gelappt. Blüten zahlreich, zu 5–8 in Trugdolden, in der Knospe rot, aufgeblüht rosa. Früchte kugelig, 1–1,2 cm dick, gelb mit rot, Kelch hinfällig. Schorfanfällig. (Hillier & Son, Winchester, Großbritannien, 1928) s NL 1984

Malus floribunda 'Hillieri'

Malus floribunda 'Hillieri'

Malus floribunda 'Hillieri', Blüten in knospigem Zustand

'Peachblow'. Wuchs baumförmig. Krone ausladend, locker verzweigt. Blätter grün. Blüten zahlreich, 3 cm breit, in der Knospe rosarot, aufgeblüht hellrosa. Früchte kugelig, etwa 1 cm dick, gelb. Kelch hinfällig. (Vor 1930 in den USA entstanden.)

'Rosea'. Wuchs kompakter, Blüten stärker rosa als beim Typ. Früchte wie beim Typ. (Millane Nursery, Connecticut, etwa 1991)

'Snowbank'. Blüten in der Knospe rosa, aufgeblüht weiß, 3 cm breit. Früchte gelb, 1,1 cm breit. (Wohlert Nursery, Narberth, Pennsylvania, USA, vor 1928)

Malus halliana KOEHNE,
Halls Apfel
(Sektion Malus, Serie Baccatae)

(Synonyme: *Pyrus halliana* (KOEHNE) VOSS, *Malus domestica* BORGH. var. *halliana* (KOEHNE) LIKHANOS, *M. floridunda* SIEBOLD ex VAN HOUTTE var. *parkmannii* KOEHNE,)

Malus halliana

Malus halliana

Der bis 8 m hohe Baum baut mit aufsteigend-abstehenden Ästen eine breite, offene Krone aus. Die dünnen Zweige sind purpurn oder purpurbraun, die Triebe weiß flaumig behaart, die eiförmigen Knospen purpurbraun. Eiförmig, länglich-eiförmig, elliptisch oder schmal elliptisch sind die 3,5–8 cm langen und 2,5–4,5 cm breiten, lang zugespitzten, an der Basis keilförmigen oder abgerundeten, am Rand stumpf gesägten, 0,5–2,5 cm lang gestielten Blätter mit den 4 oder 5 Paar Seitennerven. Die meist kahlen, gelegentlich entlang der Mittelrippe flaumig behaarten Blätter sind oberseits tief dunkelgrün, unterseits oft purpurn getönt. Die Blätter bleiben lange haften und färben sich dann rot oder burgunderrot. Die 3–3,5 cm breiten Blüten stehen zu 4–6 in 4–6 cm breiten Trugdolden zusammen. Sie sind in der Knospe karminrot, aufgeblüht muschelrosa. Die Blüten haben einen 2–4 cm langen,

Malus halliana, als Bonsai gezogen

Malus halliana

Malus halliana, Sensoji-Tempel, Tokio

dünnen, purpurfarbenen Stiel. Der rötlich purpurnen Blütenbecher ist außen kahl. Die 3–5 mm langen Kelchblätter sind dreieckig-eiförmig. Etwa 1,5 cm lang sind die verkehrt eiförmigen, abgerundeten, in einen kurzen Nagel verschmälerten Kronblätter. Nicht selten haben die Blüten bis zu 10 Kronblätter. Die 20–30 Staubblätter sind etwa halb so lang wie die Kronblätter, die 3–5 dunkelroten Griffel etwas länger als die Staubblätter. Die Blüten öffnen sich Ende April–Anfang Mai, gleichzeitig mit der Laubentfaltung. Die birnen- oder verkehrt eiförmigen, 6–10 mm dicken, harten, dunkel braunroten Früchte reifen im September–Oktober. Die Kelchblätter sind hinfällig. Die 2–4 cm langen, blutroten Fruchtstiele sind drahtartig dünn.

Von *M. halliana* sind keine natürlichen Standorte bekannt. Die Art ist offenbar in China entstanden und nun in den süd- und nordöstlichen chinesischen Provinzen Anhui, Hubei, Jiangsu, Shaanxi, Sichuan, Yunnan und Zhejiang zu finden. *M. halliana* gedeiht dort in Höhen zwischen 0 und 1200 m in Dickichten, an Berghängen und an Flussufern. Die Art ist schon vor langer Zeit aus China nach Japan eingeführt worden.

M. halliana, in Japan als Kaido oder Hanakaido bezeichnet, wird dort häufig in Schrein- und Tempelgärten kultiviert und nicht selten als Bonsai gezogen.

M. halliana kam 1861/62 durch GEORGE ROGERS HALL (1820–1899) als eine der ersten japanischen Pflanzen nach Neuengland, in das Arnold Arboretum der Harvard Universität in Jamaica Plain, Massachusetts.

Von der ähnlichen *M. floribunda* unterscheidet sich *M. halliana* durch die stets ungelappten Blätter, die in der Knospe gerollt sind, während die Blätter von *M. floribunda* an Langtrieben gelappt und in der Knospe gefaltet sind.

E.H. WILSON hat *M. floribunda* als "pink pearl of the Orient" bezeichnet. (JACOBSON 1996).

Erbgut von *M. halliana* findet sich in folgenden Hybriden: *M. ×atrosanguinea* und *M. ×hartwigii*.

'Parkmanii'. Wuchs baum- oder strauchartig, bis etwa 4,5 m hoch und breit. Blätter derb, glänzend dunkelgrün, vergleichsweise klein, sehr gesund. Blattstiele rötlich. Blüten rein dunkelrosa, 3,2–4,5 cm breit, mit 5–16 Kronblättern gefüllt, Blütenstiele sehr lang, blutrot. Früchte 6–8 mm dick, grün, sonnenseits rot bis dunkel purpurn. Benannt nach FRANCIS PARKMAN (1823–1893), einem US-amerikanischen Historiker. Wohl häufiger in Kultur als die Art. (Hall & Parkman, USA 1861) s* NL 1996

Malus honanensis Rehder,

Honan-Apfel

(Sektion Sorbomalus, Serie Yunnanenses)

(Synonyme: *Sinomalus honanensis* (Rehder) Koidz., *Pyrus honanensis* M.F. Fay et Christenh.)

M. honanensis wächst baum- oder strauchartig und wird 5–7 m hoch. Die anfangs behaarten Triebe sind bald kahl. Zweige und die eiförmigen Knospen sind rötlich braun gefärbt. Breit eiförmig, eiförmig oder schmal elliptisch sind die 4–7 cm langen, 3,5–6 cm breiten, drei- bis sechslappigen, spitzen, an der Basis abgerundeten, herz- oder keilförmigen, 1,5–3 cm lang gestielten Blätter. Sie sind am Rand doppelt gesägt, anfangs beiderseits flaumhaarig, oberseits bald kahl. Die 1,5 cm breiten, rosaweißen Blüten stehen zu 5–10 in 4–6,5 cm breiten Trugdolden zusammen. Die eiförmigen Kronblätter sind 7–8 mm lang. Der kelchförmige Blütenbecher ist außen leicht behaart, die dreieckig-eiförmigen Kelchblätter sind 2 mm lang. Die etwa 20 Staubblätter sind so lang wie oder etwas kürzer als die Kronblätter. Die 3 oder 4 Griffel sind an der Basis kahl. Abgeflacht kugelig sind die 8 mm dicken, gelblich roten, 1,5–3 cm lang gestielten Früchte mit den bleibenden Kelchblättern. Das Fruchtfleisch ist mit Steinzellen durchsetzt.

Malus honanensis

M. honanensis kommt in den chinesischen Provinzen Gansu, Hebei, Henan, Hubei, Shaanxi und Shanxi in Höhen von 800 bis 2600 m in Hängen und Tälern vor.

In ihrer Blütenstruktur ist die Art der *M. kansuensis* sehr ähnlich, unterscheidet sich davon durch die stärker gelappten und schärfer gesägten Blätter und die bleibenden Kelchblätter.

Das Artepitheton *honanensis* bezieht sich auf die Provinz Honan im südöstlichen China, die heute allgemein als Henan bezeichnet wird.

Malus hupehensis (PAMP.) REHDER,
Tee-Apfel
(Sektion Malus, Serie Baccatae)

(Synonyme: *Pyrus hupehensis* PAMP., *Malus domestica* BORKH. var. *hupehensis* (PAMP.) LIKHONOS, *M. theifera* REHDER)

M. hupehensis ist ein bis 8 m hoher Baum, der zunächst mit kräftigen, aufstrebenden Zweigen straff aufrecht wächst und später nahezu kugelige, reich verzweigte Kronen bildet. Die grünen Triebe sind anfangs behaart, die purpurnen oder purpurbraunen Zweige kahl, die eiförmigen Knospen dunkel purpurn. Eiförmig oder eiförmig elliptisch sind die 5–10 cm langen, 2,5–4 cm breiten, zugespitzten, an der Basis meist breit keilförmigen, am Rand regelmäßig gesägten, 1–3 cm lang gestielten, fast ledrigen Blätter, die nur anfangs schwach flaumhaarig sind. Die 3,5–4 cm breiten, leicht duftenden Blüten sind in der Knospe rosa, aufgeblüht weiß. Sie stehen zu 4–6 in 4–6 cm breiten Trugdolden zusammen. Sie blühen im April–Mai auf. Die 4–5 cm langen Blütenstiele sind flaumig behaart. Der kelchförmige Blütenbecher ist außen kahl oder spärlich behaart. Die dreieckig-eiförmigen, 4–5 mm langen Kelchblätter sind etwa so lang wie oder etwas kürzer als der Blütenbecher. Die 20 Staubblätter sind etwa halb so lang wie die etwa 1,5 cm langen Kronblätter. Die 3 (oder 4) an der Basis filzig behaarten Griffel sind etwas länger als die Staubblätter. Die etwa 1 cm dicken, ellipsoidischen oder abgeflacht kugeligen, 3–6 cm lang gestielten Früchte mit den hinfälligen Kelchblättern sind anfangs gelblich grün und rotbackig, zur Vollreife glänzend rot. Die lange haftenden, essbaren Früchte sind wirtschaftlich verwertbar. Im Gegensatz zu vielen anderen Wildäpfeln mit dem Chromosomensatz 2n = 34, hat *M. hupehensis* einen Chromosomensatz von 2n = 51,68. *M. hupehensis* ist eine apomiktische Art, bei der eine Samenbildung auch ohne vorhergehende Befruchtung erfolgt. AGM 1993.

M. hupehensis hat ihre natürliche Verbreitung in zahlreichen chinesischen Provinzen. Die Art kommt dort von Meereshöhe bis in Höhen von 2900 m an Berghängen und in Tälern, in offenen Landschaften, an Wegsäumen und Waldrändern vor. In der „Flora of China" werden folgende Provinzen aufgelistet: Anhui, Fujian, Gansu, Guandong, Guizhou, Henan, Hubei, Hunan, Jiangsu, Jianxi, Shaanxi, Shandong, Shanxi, Zhejiang. Die Verbreitung reicht südwärts bis zu den Khasia-Gebirgen in Assam, der Ökoregion der subtropischen Meghalaya-Wälder.

Malus hupehensis

Malus hupehensis

Malus hupehensis

Malus hupehensis

Malus hupehensis

Malus hupehensis

Malus hupehensis

Malus hupehensis

Der Syntypus der Art wurde von Silvestri am Sia-men-kou-Gebirge (Sammelnummer 939) und am Ma-pau-scian-Gebirge (Sammelnummer 940, 9402) in Nord-Hubei entdeckt.

M. hupehensis wird in China seit langer Zeit der attraktiven Blüten und Früchte wegen als Ziergehölz kultiviert, in den Provinzen Hubei und Sichuan auch als Unterlage für Kulturäpfel verwendet. Die Bezeichnung Tee-Apfel deutet darauf hin, dass getrocknete und fermentierte Blätter in China als Tee verwendet werden.

Das Artepitheton *hupehensis* bezieht sich auf die Provinz Hupeh im südöstlichen China, die heute allgemein als Hubei bezeichnet wird.

Die attraktive, überaus reich blühende, weitgehend schorffreie Art ist 1900 durch Ernest Henry Wilson für die Baumschule Veitch & Sons, Combe Wood, Großbritannien in Europa eingeführt worden. Ihr hoher Gartenwert wurde in Großbritannien 1993 durch die Verleihung eines Award of Garden Merit betont.

Malus hupehensis fo. *rosea* Rehder. 2–5 m hoher Strauch oder Baum. Blüten rosarot, ähnlich denen von *M. halliana*, aber zahlreicher. Erstmals aufgefunden während der Veitch-Exkursion im Oktober 1900 am Patung Hsien, West-Hubei.

'Arie Mauritz'. Wuchs baumförmig, bis 7 m hoch. Blüten in der Knospe hellrosa, aufgeblüht rosaweiß. Früchte zahlreich, gelblich grün. Wenig anfällig für Schorf und Mehltau. (JAN P. MAURITZ, Niederlande)

'Cardinal' (PP 7147, 1990). Wuchs baum- oder strauchförmig, 4–5 m hoch. Krone breit aufrecht, im Alter vasenförmig, 6–7 m breit. Blätter elliptisch, 6–8 cm lang, im Austrieb rötlich bronzefarben, später glänzend dunkelgrün mit purpurbronzenem Schimmer. Blüten sehr zahlreich, 3,5–4 cm breit, in der Knospe purpurfarben, aufgeblüht dunkel magentarosa. Früchte 1–1,5 cm dick, dunkelrot, lange haftend. Resistent gegen Feuerbrand, Rost und Mehltau. (Princeton Nursery, New Jersey, Großbritannien, 1990) AGM 2012

'Cornell'. Wuchs baumförmig. Krone vasenförmig. Blüten in der Knospe hellrosa, aufgeblüht rosaweiß, duftend. Früchte 1 cm dick, zur Reife rot, lange haftend. Schorf- und mehltauresistent. (W. Cornell, North Dartmouth, Massachusetts, USA, 1988)

Malus jinxianensis J.Q. Deng et J.Y. Hong,
Jinxian-Apfel
(Sektion Malus, Serie Baccatae)

(Synonyme: *Malus baccata* (L.) Borgh. var. *jinxianensis* (J.Q. Deng et J.Y. Hong) C.Y. Li, *Pyrus jinxianensis* M.F. Fay et Christenh.)

Der kleine Baum hat schlanke, dunkelbraune Triebe und eiförmige, rötlich braune Knospen. Elliptisch bis eiförmig, selten nahezu rundlich sind die 4–8 cm langen, 2–5 cm breiten, zugespitzten oder geschwänzt zugespitzten, an der Basis breit keilförmigen oder abgerundeten, am Rand gesägten, 1–1,5 cm lang gestielten Blätter. Sie sind anfangs beiderseits flaumig behaart, aber rasch kahl. Die rosafarbenen, 3–5 cm breiten Blüten stehen zu 3–6 in Trugdolden zusammen. Der kelchförmige Blütenbecher ist kahl. Die 3–4 mm langen, eiförmigen, filzig behaarten Kelchblätter sind länger als der Blütenbecher. Die 20–30 an der Basis verwachsenen Staubblätter sind halb so lang wie die 1–1,5 cm langen Kronblätter. Die 3 (oder 4), an der Basis meist spärlich weiß behaarten Griffel sind länger als die Staubblätter. Die Blüten entfalten sich im Mai. Im Oktober reifen die etwa 1 cm dicken, verkehrt eiförmigen, purpurroten, 3–3,5 cm lang gestielten Früchte mit den hinfälligen Kelchblättern.

M. jinxianensis hat offenbar in China keine natürlichen Vorkommen. Nach der „Flora of China“ wird die frostharte Art in der nordöstlichen, an Nordkorea grenzenden Provinz Liaoning kultiviert. Mit der großblumigen Art liegen in Europa vermutlich keine Kulturerfahrungen vor.

Das Artepitheton *jinxianensis* bezieht sich auf den Landkreis Jingxian in der Provinz Anhui im südöstlichen China, westlich von Shanghai.

Malus kansuensis (Batalin) C.K. Schneid.,
Kansu-Apfel
(Sektion Sorbomalus, Serie Kansuenses)

(Synonyme: *Pyrus kansuensis* Batal., *Eriolobus kansuensis* (Batal.) C.K. Schneid.)

M. kansuensis wird mit seinem straff aufrechten Wuchs 3–6 m hoch, die Krone bis 3 m breit. Die zuletzt kahlen Zweige sind purpur- oder dunkelbraun, die eiförmigen Knospen dunkelpurpurn. Eiförmig oder breit eiförmig sind die 5–8 cm langen, 4–6 cm breiten, spitzen oder zugespitzten, an der Basis abgerundeten oder keilförmigen, am Rand doppelt gesägten, oft dreilappigen, ahornähnlichen Blätter mit den 4 oder 5 Paar Seitennerven. Die Blätter sind oberseits frischgrün und kahl, unterseits blasser und anfangs spärlich flaumig behaart, aber bis auf die oft rötlichen Hauptnerven zur Blütezeit schon weitgehend kahl. Nervatur und Blattstiele sind oft rot gefärbt. Die 1,4–4 cm langen, dünnen, rötlich purpurnen Blattstiele sind spärlich behaart. Die 1,5–2 cm breiten, weißen Blüten stehen zu 4–10 in 5–6,5 cm breiten

Malus kansuensis

Trugdolden zusammen. Der kelchförmige Blütenbecher ist außen wollig behaart oder kahl. Die dreieckig-eiförmigen oder dreieckig-lanzettlichen, wollig behaarten, 5–6 mm langen Kelchblätter sind etwa so lang wie oder etwas länger als der Blütenbecher. Die 20 ungleich langen Staubblätter sind halb so lang wie die 0,8–1 cm langen, sternförmig ausgebreiteten Kronblätter. Die (2 oder) 3 (oder 4), an der Basis kahlen Griffel sind etwas länger als die Staubblätter. Die Blüten entfalten sich im Mai–Juni. Im Juli–August reifen die ellipsoidischen oder verkehrt eiförmigen, 1–1,5 cm dicken, gelblich roten oder glänzend orangeroten, weißlich punktierten, 2–3,5 cm lang gestielten Früchte mit den hinfälligen Kelchblättern. Das Fruchtfleisch wird unter starker Bräunung leicht mehlig.

Malus kansuensis

Malus kansuensis

Malus kansuensis

Mischwälder und Gebüsche in Höhen von 1500–3300 m sind die bevorzugten Habitate der frostharten, reichblühenden, gegen Krankheiten weitgehend resistenten Art, die ihre Verbreitung in den chinesischen Provinzen Gansu, Henan, Hubei, Shaanxi und Sichuan hat.

M. kansuensis kam 1904 durch ERNEST HENRY WILSON in die Baumschule Veitch & Sons, Combe Wood, Großbritannien, 1910 in das Arnold Arboretum Jamaica Plain, Massachusetts, USA. Ein Baum aus Wilsons Sammelnummer 4115 blühte erstmals im Mai 1919 in St. Clere, Kensing, Großbritannien.

Von der ähnlichen *M. honanensis* unterscheidet sich *M. kansuensis* durch die stärker gelappten Blätter, durch die kahlen oder spärlich behaarten Trugdolden und die angeflacht kugeligen Früchte mit den oft bleibenden Kelchblättern.

Malus kansuensis var. *calva* (REHDER) T.C. KU et SPONGBERG. Vom Typ unterschieden durch die außen kahlen Blütenbecher, kahle Blattstiele und oberseits kahle Blätter.

Malus komarovii (SARG.) REHDER,
Komarovs Apfel
(Sektion Sorbomalus, Serie Kansuenses)

(Synonyme: *Crataegus komarovii*, SARG., *Malus komarovii* var. *funiushanensis* S.Y. WANG)

M. komarovii wächst baum- oder strauchartig und wird kaum mehr als 3 m hoch. Die Triebe sind dunkelrot, die Zweige rötlich braun oder purpurbraun, die Knospen dunkelrot. Breit eiförmig, selten schmal elliptisch sind die 4–8 cm langen, 3–7 cm breiten, spitzen oder zugespitzten, an der Basis herzförmigen, am Rand doppelt gesägten Blätter. Sie sind in

Malus komarovii

Malus komarovii

der Regel dreilappig, mit je einem Seitenlappen nahe der Blattbasis. Oberseits sind die Blätter spärlich flaumhaarig, unterseits nur anfangs entlang der Nervatur dicht flaumig behaart. Etwa 3,5 cm breit sind die weißen Blüten, die zu 6–8 in 4–6 cm breiten Trugdolden zusammenstehen. Die etwa 2 cm langen Blütenstiele sind zottig behaart. Der Blütenbecher ist außen filzig behaart. Die dreieckig-eiförmigen, 2–3 mm langen Kelchblätter sind etwas länger als der Blütenbecher. Die Blüten haben 20–30 Staubblätter, die etwa halb so lang sind wie die etwa 1,8 cm langen, vorne abgerundeten Kronblätter. Die 3 oder 4, an der Basis kahlen Griffel sind etwas länger als die Staubblätter. Die Blüten öffnen sich im Mai. Im September reifen die ellipsoidischen, 1–1,5 cm langen, 0,8–1 cm breiten, roten, 1,2–1,5 cm lang gestielten Früchte mit den hinfälligen Kelchblättern.

M. komarovii ist eine sehr kälteresistente, in ihrem Bestand gefährdete Art. Sie hat nur ein vergleichsweise kleines Verbreitungsgebiet. Ihre Habitate liegen in Höhen zwischen 1100 und 1300 m im Naturschutzgebiet Chanbai Shan im Süden der chinesischen Provinz Jilin und im unmittelbar angrenzenden Nordkorea. Das klimatisch raue Chanbai Shan-Gebirge gehört zu den zehn schönsten Landschaften und Naturparks Chinas.

Das Artepitheton *komarovii* erinnert an den russischen Botaniker und Präsidenten der Akademie der Wissenschaften der UdSSR Wladimir Leontjewitsch Komarow (1869–1945).

Malus leiocalyca S.Z. Huang
(Sektion Malus, Serie Malus)

(Synonym: *Pyrus leiocalyca* M.F. Fay et Chrisenh.)

M. leiocalyca wächst baum- oder strauchförmig, wird 4–10 m hoch, hat spärlich behaarte Triebe, kahle, dunkelgraue Zweige und eiförmige, kahle, rötlich purpurne Knospen. Die elliptischen oder eiförmig-elliptischen, spitzen oder zugespitzten, an der Basis keilförmigen, ganzrandigen, 1,5–2,5 cm lang gestielten Blätter sind 5–10 cm lang und 2,5–4 cm breit. Sie sind anfangs spärlich flaumig behaart, später kahl. Die etwa 2,5 cm breiten, purpurn weißen Blüten stehen zu 5–7 in 4–4,5 cm breiten Trugdolden zusammen. Der verkehrt glockige Blütenbecher ist kahl. Die ca. 8 mm langen, dreieckig-lanzettlichen Kelchblätter sind so lang wie oder etwas länger als der Blütenbecher. Die etwa 30 Staubblätter sind etwas kürzer als die 1–2 cm langen, verkehrt eiförmigen Kronblätter. Die 5 Griffel sind etwas länger als die Staubblätter. Die Blüten entfalten sich im Mai. Im August–September reifen die 1,5–2,5 cm dicken, kugeligen, gelblich roten, 1–3 cm lang gestielten Früchte mit den bleibenden Kelchblättern.

M. leiocalyca hat ihre natürlichen Habitate in den chinesischen Provinzen Anhui, Fujian, Guandong, Guangxi, Hunan, Jianxi, Yunnan und Zhejiang. Sie kommt dort in Höhen von 700 bis 2400 m in montanen Mischwäldern und in Tälern entlang von Flüssen und Bächen vor.

M. leiocalyca wurde 1989 von dem chinesischen Botaniker und Pflanzensammler Se Zei Huang (geb. 1936) beschrieben.

Das Artepitheton *leiocalyca* setzt sich zusammen aus dem griechischen leios = glatt und dem lateinischen calycis = Kelch, bezogen auf den kahlen Blütenbecher.

Malus mandshurica (Maxim.) Kom., Mandschurischer Apfel

(Sektion Malus, Serie Baccatae)

(Synonyme: *Pyrus baccata* L., var. *mandshurica* Maxim., *Malus baccata* (L.) Borgh. subsp. *mandshurica* (Kom.) Likhanos, *M. baccata* var. *mandshurica* (Maxim.) C.K. Schneid., *M. baccata* Mill. var. *nikkoensis* Asami), *M. cerasifera* C.K. Schneid. *Pyrus mandshurica* (Maxim.) M.F. Fay et Christenh.)

Malus mandshurica

Malus mandshurica

Malus mandshurica

Malus mandshurica

M. mandshurica entwickelt sich zu einem bis 15 m hohen, breitkronigen, reich verzweigten, wüchsigen Baum mit purpurbraunen, anfangs dicht behaarten Trieben, kahlen Zweigen und eiförmigen, rötlich braunen Knospen. Eiförmig, elliptisch oder verkehrt eiförmig sind die 7–12 cm langen, 2,5–5 cm breiten, spitzen oder zugespitzten, an der Basis keilförmigen oder stumpfen, am Rand gesägten Blätter mit den 4 oder 5 Paar Seitennerven. Die Blätter sind oberseits kahl, unterseits entlang der Nervatur flaumig behaart oder nahezu kahl. Im Herbst färben sich die Blätter gelb oder purpurbraun. Im Mai–Juni, gleichzeitig mit der Laubentfaltung, öffnen sich die anfangs rosa oder roten, aufgeblüht weißen, 3–4 cm breiten Blüten, die zu 5–10 in 6–8 cm breiten, sitzenden Trugdolden zusammenstehen. Die 3–5 cm langen Blütenstiele sind schwach flaumhaarig. Der röhrenförmige, 4–5 mm lange Blütenbecher ist außen fein behaart. Die lanzettlichen, 5–7 mm langen, filzig behaarten Kelchblätter sind etwas länger als der Blütenbecher. Die 30 ungleich langen Staubblätter sind halb so lang wie die 1,5–2 cm langen, schmal eiförmigen Kronblätter. Die 4 (oder 5) an der Basis filzig behaarten Griffel sind etwas länger als die Staubblätter. Im August–September reifen die ellipsoidischen oder verkehrt eiförmigen, 0,8–1,2 cm dicken, 3–5 cm lang gestielten, anfangs gelbgrünen, zur Reife ganzflächig glänzend roten, von Wachs bedeckten Früchte mit den hinfälligen Kelchblättern.

M. mandshurica besiedelt in Höhen zwischen 100 und 2100 m Mischwälder an Hängen und in Tälern. Die Verbreitung der robusten, kälteresistenten, sehr reich blühenden Art reicht vom russischen Fernen Osten bis zu den nordöstlichen chinesischen Provinzen Gansu, Hebei, Heilongjiang, Jilin, Liaoning, Innere Mongolei, Shaanxi und Shanxi bis nach Korea, Japan (Hokkaido sowie Nord- und Süd-Honshu) und Sachalin. In Nordchina wird *M. mandshurica* u. a. als Unterlage für *M. asiatica* und *M. domestica* verwendet.

LANCASTER (1993) fand *M. mandshurica* im Chanbai Shan-Nationalpark im nordöstlichen China zusammen mit an Bodenfeuchtigkeit angepassten Stauden wie Sumpffarn, *Thelypteris palustris*, Rundblättriger Sonnentau, *Drosera rotundifolia*, Schmalblättriges Wollgras, *Eriophorum angustifolium*, und Wintergrün, *Pyrola incarnata*.

In Japan kommt *M. mandshurica* u. a. in der Senjugahara, einem schmalen Küstenstreifen am Westufer des Chuzenji-Sees und dem als Furunagi bezeichneten Ostufer des Chuzenji-Sees auf der Hauptinsel Honshu vor. Außerdem auf dem Shiga-Kougen-Hochplateau in Höhen zwischen 1500 und 1700 m, sowie in Mooren und an Flussufern in verschiedenen Bergregionen (Nyuugasa, Yatsugatake, Chichibu) der Nagano- und Yamanashi-Präfektur auf Honshu.

M. mandshurica wurde seit 1874 im Kew Garden, London kultiviert. In diesem Jahr erschien eine Abbildung unter dem Namen *Pyrus baccata* in „Botanical Magazin 6112". Die Einfuhr der Art in Europa hat vermutlich schon früher stattgefunden. Darauf deutet eine Abbildung in „Watson's Dendrologia Britannia (1825) hin (BEAN 1981). ERNEST HENRY WILSON hat *M. mandshurica* 1901 für die Baumschule Veitch & Sons, Combe Wood, Großbritannien erneut eingeführt.

Malus mandshurica

Malus mandshurica

Malus mandshurica

Malus mandshurica

M. mandshurica gehört dank der überreichen Blüte, der leuchtendroten Früchte und der gegen Rost und Mehltau hoch resistenten Blätter zu den besonders empfehlenswerten Wildäpfeln. Kein anderer Wild- und Zierapfel in der *Malus*-Sammlung des Forstbotanischen Gartens der Georg-August-Universität in Göttingen ist wüchsiger und blattgesunder als *M. mandshurica*.

Malus muliensis T.C. Ku
(Sektion Malus, Serie Baccatae)

(Synonym: *Pyrus genesis* M.F. FAY et CHRISTENH.)

M. muliensis ist ein 3–4 m hoher, nahe mit *M. hupehensis* verwandter Strauch mit grauen Zweigen und violettroten Knospen. 4–6 cm lang und 1,5–2,3 cm breit sind die eiförmig-lanzettlichen bis eiförmigen, zugespitzten, an der Basis keilförmigen bis nahezu abgerundeten, am Rand entfernt stumpf gesägten Blätter. Sie sind oberseits entlang der Nervatur lang, unterseits spärlich behaart. Der 2–2,5 cm lange Blattstiel ist kurz weich behaart. Die länglichen, violettroten, 3–3,5 cm lang gestielten Früchte sind 6,5–7,5 cm lang und 4,5 cm breit. Die behaarten bis nahezu kahlen Kelchblätter sind hinfällig.

M. muliensis hat ihre natürlichen Habitate in Höhen um 3200 m in den subalpinen Koniferenwäldern der Hengduan-Berge in der nordostchinesischen Provinz Sichuan.

Malus ombrophila Hand.-Mazz.
(Sektion Sorbomalus, Serie Yunnanenses)

(Synonym: *Pyrus ombrophila* (Hand.-Mazz.) M.F. Fay et Christenh.)

Malus ombrophila

Der bis 10 m hohe Baum hat dicht behaarte Triebe und dunkelpurpurne oder purpurbraune Zweige. Die eiförmigen Knospen sind dunkelpurpurn. Die eiförmigen, zugespitzten, an der Basis keilförmigen bis nahezu herzförmigen, am Rand doppelt gesägten Blätter sind 9–13 cm lang und 5–6,5 cm breit. Sie sind oberseits entlang der Nervatur spärlich flaumig behaart, unterseits weiß filzig behaart. Die 2–2,5 cm langen Blattstiele sind filzig behaart. Im Mai–Juni stehen weiße, 1,5–1,8 cm breite Blüten zu 4–13 in 5–8 cm breiten Trugdolden zusammen. Der kelchförmige Blütenbecher ist außen dicht behaart. Die dreieckigen, etwa 3 mm langen, behaarten Kelchblätter sind etwas kürzer als der Blütenbecher. Die 15–20 Staubblätter sind etwas kürzer als die 8 mm langen, eiförmigen Kronblätter. Die 3–5 an der Basis kahlen Griffel sind etwas länger als die Staubblätter. Nahezu kugelig sind die 1,5–2 cm dicken, etwa 3 cm lang gestielten, rötlich braunen, hell punktierten Früchte mit den bleibenden Kelchblättern. Das Fruchtfleisch ist mit Steinzellen durchsetzt.

M. ombrophila hat in China nur ein vergleichsweise kleines Verbreitungsgebiet. Die Art kommt nur in den Provinzen Südwest-Sichuan, Xizang und Nordwest-Yunnan vor und gedeiht dort in Höhen von 2000 bis 3500 m in Tälern und flussnahen Mischwäldern. In Europa liegen vermutlich keine Kulturerfahrungen mit *M. ombrophila* vor.

Malus prattii (Hemsl.) C.K. Schneid., Pratts Apfel

(Sektion Sorbomalus, Serie Yunnenenses)

(Synonyme: *Pyrus prattii* Hemsl., *Docyniopsis prattii* (Hemsl.) Koidz.)

M. prattii wird mit seinem straff aufrechten Wuchs etwa 10 m hoch. Die kurzen, kräftigen, kahlen Zweige sind dunkelrot oder purpurbraun, die eiförmigen Knospen purpurbraun. Eiförmig, elliptisch oder schmal eiförmig-elliptisch sind die 6–15 cm langen und 3,5–7,5 cm breiten, zugespitzten, an der Basis abgerundeten, am Rand scharf doppelt gesägten Blätter mit den 8–10 Paar Seitennerven. Die Blätter sind anfangs beiderseits flaumig behaart, zuletzt nur unterseits entlang der Nervatur. Sie färben sich im Herbst gelb bis orangerot. Die spärlich behaarten oder kahlen Blattstiele sind 1,5–3 cm lang. Im Mai–Juni stehen die 1,5–2 cm breiten, weißen Blüten zu 5–12 in 5–9 cm breiten Trugdolden zusammen. Der kelchförmige Blütenbecher ist außen filzig behaart. Die dreieckig-eiförmigen, 4–5 mm langen Kelchblätter sind etwas länger als oder gleich lang wie der Blütenbecher. Die 20 Staubblätter sind etwas kürzer als die 0,8–1 cm langen, nahezu rundlichen Kronblätter. Die 4 oder 5 an der Basis kahlen Griffel sind nahezu so lang wie die Staubblätter. Im August–September reifen die roten oder gelben, klein weiß gepunkteten, eiförmigen oder nahezu kugeligen, 1–1,5 cm dicken Früchte mit den bleibenden Kelchblättern. Das Fruchtfleisch ist mit Steinzellen durchsetzt.

Die var. *glabrata* G.Z. Qian unterscheidet sich vom Typ durch die fehlende Behaarung.

M. prattii hat in China nur ein vergleichsweise kleines Verbreitungsgebiet. Die Art kommt nur in West-Sichuan und Nordwest-Yunnan vor und besiedelt dort in Höhen von 1400–3500 m Mischwälder.

M. prattii hat sich in Kultur als sehr resistent gegen Krankheiten gezeigt.

Das Artepitheton *prattii* erinnert an den viktorianischen Naturforscher, Pflanzensammler und Mitglied der Royal Geographical Society, Antwerp Edgar Pratt (1852–1924), der die Art 1891 anlässlich seiner Reise durch Tibet und China entdeckt hat. Nach Europa kam *M. prattii* 1904 durch Ernest Henry Wilson, der zu dieser Zeit im Auftrag der Baumschule Veitch & Sons, Combe Wood, Großbritannien, als Pflanzensammler in China tätig war.

Malus prunifolia (WILLD.) BORKH.,
Pflaumenblättriger Apfel
(Sektion Malus, Serie Malus)

(Synonyme: *Pyrus prunifolia* WILLD., *Malus domestica* BORGK. subsp. *prunifolia* (WILLD.) LIKHONOS)

Malus prunifolia 'Cathey'

M. prunifolia erreicht als Kleinbaum Wuchshöhen von 3–8 m. Die kräftigen Zweige sind purpurgrau oder -braun, die eiförmigen Knospen purpurbraun. Eiförmig oder elliptisch sind die 5–9 cm langen, 4–5 cm breiten, spitzen oder zugespitzten, an der Basis breit keilförmigen, am Rand regelmäßig gesägten, 1–5 cm lang gestielten Blätter mit den 5 oder 6 Paar Seitennerven. Die Blätter sind anfangs unterseits entlang der Nervatur flaumig behaart, später nur noch entlang der Mittelrippe. Die 4–5 cm breiten, duftenden Blüten sind in der Knospe rosa, aufgeblüht weiß. Sie stehen im April–Mai zu 4–10 in 4–8 cm breiten Trugdolden zusammen. Der kelchförmige Blütenbecher ist fein behaart. Die lanzettlichen oder

Malus prunifolia

dreieckig-lanzettlich, 7–9 mm langen, beiderseits fein behaarten Kelchblätter sind etwas länger als der Blütenbecher. Die 20 ungleich langen Staubblätter sind etwa ein Drittel so lang wie die 2,5–3 cm langen, verkehrt eiförmigen oder elliptischen Kronblätter. Die 4 (oder 5), an der Basis filzig behaarten Griffel sind länger als die Staubblätter. Im August–September reifen die eiförmigen oder länglichen, 2,1 cm langen, 2,2 cm breiten, 2–3,5 cm lang gestielten, gelben oder roten Früchte mit ihrer glatten, leicht berosteten Oberfläche und den bleibenden Kelchblättern. Das essbare Fruchtfleisch ist fest und saftig.

M. prunifolia hat ihre natürlichen Habitate in den chinesischen Provinzen Gansu, Guizhou, Hebei, Henan, Liaoning, Innere Mongolei, Qinghai, Shaanxi, Shandong und Shanxi. Sie besiedelt von Meereshöhe bis in Höhen von 1300 m Berghänge und Ebenen. In den USA ist *M. prunifolia* in weiten Teilen des Landes etabliert. In Europa ist die Art seit 1758 in Kultur.

Die kälteresistente Art wird bei uns ihrer üppigen Blütenpracht und der leuchtend roten Früchte wegen als Blütenbaum gepflanzt. In Ostasien und den USA wird *M. prunifolia* des gut entwickelten Wurzelsystems wegen als Unterlage für Kulturäpfel verwendet.

'Cathey'. In den 1940er-Jahren in Naumburg kultivierte Sorte. Weitere Informationen fehlen.

Malus prunifolia

Malus prunifolia

Malus prunifolia

Malus prunifolia

Malus prunifolia

Malus prunifolia var. *rinkii* (KOIDZ.) REHDER (Synonym *M. ringo* CRAIB.)
Blattunterseiten, Blütenstiele und Kelch fein filzig behaart. Blüten rosa, bis 5 cm breit. Früchte 1,5–3,5 cm dick, wachsgelb. Ostasien.

'Cheal's Crimson'. Wuchs baum- oder strauchförmig, 3–5 m hoch. Krone ± kugelig. Blätter breit eiförmig-elliptisch, kurz zugespitzt. Blüten 2,5–3 cm breit, in der Knospe rosa, aufgeblüht weiß. Früchte zahlreich, ± kugelig, 2–2,5 cm dick, anfangs gelborange, später ganz rot, bereift, schmackhaft. (J. Cheal & Sons Nursery, Sussex, Großbritannien, vor 1896)

Malus prunifolia 'Cheal's Crimson'

Malus prunifolia 'Cheal's Crimson'

Malus prunifolia 'Cheal's Crimson'

Malus prunifolia 'Cheal's Crimson'

'Cheal's Golden Gem'. Wuchs baumförmig, bis 7,5 m hoch. Blüten 3,5 cm breit, in der Knospe rosa, aufgeblüht weiß. Früchte zahlreich, eiförmig-kugelig, 1,5 cm dick, gelb. Im September reifend und bald abfallend. Resistent gegen Krankheiten. (J. Cheals & Sons Nursery, Sussex, Großbritannien, vor 1919 eingeführt)

Malus prunifolia 'Cheal's Golden Gem'

'Fastigiata'. Wuchs anfangs straff aufrecht, später mehr ausgebreitet. Blüten 4 cm breit, weiß. Früchte 2,5 cm dick, abgeflacht kugelig, gelegentlich nahezu birnenförmig, dunkel purpurrot, kurz und dick gestielt. (Vor 1906 durch G. DIECK, Zöschen, verbreitet.)

'Hyvingiensis'. Triploide Sorte, Wuchs stark hängend. Alte Bäume können bis 8 m breit werden. Blätter breit eiförmig-elliptisch, kurz zugespitzt. Blüten in der Knospe leicht rosa, aufgeblüht reinweiß, bis 4 cm breit. Früchte kugelig, gelb mit sonnenseitig rot gefärbter Backe, bis 5 cm dick, essbar, aber nicht lagerfähig. Entstand um 1900 als Zufallssämling in der Baumschule der Finnischen Staatseisenbahn in Hyvinkää. In Finnland weit verbreitet. Bei uns u.a. durch das LTA Ettelbruck, Luxemburg, vermehrt und in Kultur gebracht.

Malus prunifolia 'Hyvingiensis'

'Maria'. Wuchs baum- oder strauchförmig, 3–6 m hoch. Krone ± kugelig. Blätter breit eiförmig-elliptisch, kurz zugespitzt, im Austrieb auffallend und unregelmäßig weiß panaschiert, z T. wirken die jungen Blätter ganz weiß, im Laufe des Jahres vergrünend. Blüten 2,5–3 cm breit, in der Knospe rosa, aufgeblüht weiß. Früchte zahlreich, ± kugelig, 2–3 cm dick, anfangs gelborange, später orangerot. (Polen, ca. 2003)

Malus prunifolia 'Maria'

Malus rockii REHDER,
Rocks Apfel
(Sektion Malus, Serie Baccatae)

(Synonyme: *Malus baccata* (L.) BORKH. var. *himalaica* (MAXIM.) LIKHONOS, *M. baccata* var. *himalaica* (MAXIM.) C.K. SCHNEID., *M. sikkimensis* (WENZ) KOEHNE 'Rockii', *Pyrus baccata* L. var. *himalaica* MAXIM., *Pyrus rockii* (REHDER) M.F. FAY et CHRISTENH.)

Malus rockii

Malus rockii

Malus rockii

Malus rockii

Malus rockii

M. rockii ist ein 8–10 m hoher Kleinbaum mit aufsteigender Verzweigung, zottig behaarten Trieben und dunkelbraunen Zweigen. Die eiförmigen Knospen sind rötlich braun. Elliptisch, eiförmig-elliptisch oder länglich-eiförmig sind die 6–12 cm langen, 3,5–7 cm breiten, zugespitzten, an der Basis keilförmigen, am Rand unregelmäßig anliegend gesägten Blätter. Sie sind unterseits entlang der Nervatur spärlich flaumig behaart, oberseits nur entlang der Mittelrippe spärlich flaumig behaart. Die 2–4 cm langen Blattstiele sind zottig behaart. Im Mai–Juni stehen die weißen, 2,5–3 cm breiten Blüten zu 4–8 in 4–6 cm breiten Trugdolden zusammen. Der kelchförmige Blütenbecher ist dicht zottig behaart. Die 4–7 mm langen, dreieckig-eiförmigen, außen dicht feinflaumig behaarten Kelchblätter sind etwas länger als der Blütenbecher. Die 25 Staubblätter sind kürzer als die 1,2–1,5 cm langen, verkehrt eiförmigen Kronblätter. Die 4 (oder 5) an der Basis zottig behaarten Griffel sind etwas länger als die Staubblätter. Im September reifen die eiförmigen oder nahezu kugeligen, 1–1,5 cm dicken, 2–4 cm lang gestielten, anfangs gelben, zur Reife ganzflächig roten, von Wachs bedeckten Früchte mit den hinfälligen Kelchblättern. Das Fruchtfleisch ist weich und mehlig.

M. rockii kommt in den chinesischen Provinzen Südwest-Sichuan, Südost-Xizang und Nordwest-Yunnan sowie in Bhutan in Mischwäldern in Höhen zwischen 2400 und 3800 m natürlich vor. J.F. Rock hat die Art an mehreren Stellen in Yunnan entdeckt: im September–Oktober 1922 im Bereich der Mekong-Wasserscheide entlang von Flussläufen in einer Höhe von 2100 m (Sammelnummer 6842), im Oktober 1933 im Litiping-Gebirge in der Mekong-Yangtze-Schlucht (Sammelnummer 11552) und im Mai–Juni 1923 im Lijiang Schneegebirge an den Westhängen der Yangtse-Wasserscheide (Sammelnummer 5346).

Die mit *M. baccata* nahe verwandte Art blüht ebenso reich wie diese. Auch die leuchtend roten Früchte haben einen hohen Schmuckwert und eine große Fernwirkung.

M. rockii wurde von Alfred Rehder nach Joseph Francis Rock (1884–1962) benannt, dem österreichisch-amerikanischen Forscher, Botaniker, Geographen und Sprachwissenschaftler. Der in Wien geborene Rock hat mehrere Studienreisen nach Asien unternommen. Er lebte von 1922 bis 1949 in der Nähe von Lijiang in der chinesischen Provinz Yunnan und hat dort sowie in Hawaii mehr als 10.000 Pflanzen gesammelt.

M. rockii ist vermutlich 1923 in die USA eingeführt worden.

Malus sikkimensis (WENZ.) KOEHNE,
Sikkim-Apfel
(Sektion Malus, Serie Baccatae)

(Synonyme: *Pyrus pashia* BUCH.-HAM. ex D. DON var. *sikkimensis* WENZ., *Malus baccata* L. subsp. *sikkimensis* (WENZ.) LIKHANOS, *Pyrus sikkimensis* (WENZ.) J.D. HOOK.)

Malus sikkimensis

Malus sikkimensis

Malus sikkimensis

M. sikkimensis entwickelt sich zu einem 6–8 m hohen, breitkronigen, reich verzweigten Baum mit stark verdornten Kurztrieben. Die filzig behaarten Triebe und die eiförmigen Knospen sind rötlich braun, die Zweige schwärzlich braun. Elliptisch, eiförmig oder eiförmig lanzett-

Malus sikkimensis

Malus sikkimensis

lich sind die 5–7 cm langen, 2–3 cm breiten, zugespitzten oder schwanzförmig zugespitzten, an der Basis abgerundeten oder breit keilförmigen, am Rand scharf gesägten Blätter. Sie sind oberseits glänzend grün, unterseits graufilzig behaart. Auch die 2–3 cm langen Blattstiele sind dicht filzig behaart. Die 2,5–3 cm breiten Blüten sind außen rosa, innen weiß. Sie entfalten sich im Mai–Juni und stehen zu 6–10 in 5–9 cm breiten Trugdolden zusammen. Der kelchförmige Blütenbecher ist anfangs außen filzig behaart. Die 5–6 mm langen, eiförmig-lanzettlichen, beiderseits filzig behaarten Kelchblätter sind länger als der Blütenbecher. Die 25–30 Staublätter sind halb so lang wie die nahezu rundlichen, 1,2–1,5 cm langen Kronblätter. Die 5 weißen, an der Basis kahlen Griffel sind länger als die Staubblätter. Die 1,5–5 cm langen Blütenstiele sind filzig behaart. Verkehrt eiförmig oder birnenförmig sind die 1–1,8 cm dicken, dunkelroten, weiß punktierten Früchte mit dem weichen, mehligen Fruchtfleisch und den hinfälligen Kelchblättern.

M. sikkimensis gedeiht in kleinen, isolierten Habitaten in Bhutan, Nordostindien, Nepal und Sikkim, sowie in den chinesischen Provinzen West-Sichuan, Süd- und Südost-Xizang und Nordwest-Yunnan. Der Sikkim-Apfel besiedelt dort offene Hang- und Talwälder in Höhen von 2500–3000 m. In China sind die isolierten Bestände der Art durch Waldrodung bedroht.

Malus sikkimensis

M. sikkimensis wurde 1849 durch SIR JOSEPH DALTON HOOKER (1817–1911) aus Sikkim nach Großbritannien eingeführt. HOOKER, von 1865–1885 Direktor des Royal Botanic Garden in Kew, fand die Art im Inneren Sikkims in einer Höhe von 3000 m.

M. sikkimensis ist in Deutschland ausreichend frosthart. Bäume der Art gedeihen u.a. in den botanischen Gärten von München und Berlin.

Das Artepitheton *sikkimensis* bezieht sich auf Sikkim, einem indischen Bundesstaat im südlichen Himalaya, gelegen zwischen China, Nepal und Bhutan.

Malus spectabilis (AITON) BORKH., Pracht-Apfel, Chinesischer Apfel (Sektion Malus, Serie Malus)

(Synonyme: *Pyrus spectabilis* AITON, *Malus domestica* BORKH. var. *spectabilis* (AITON) LIKHANOS, *M. microcarpa* A. SAV. var. *spectabilis* (AITON) CARR.)

Der bis 8 m hohe Baum hat rötlich oder purpurn braune Zweige und eiförmige, purpurn braune Knospen. Elliptisch oder schmal elliptisch sind die 5–8 cm langen, 2–3 cm breiten, kurz zugespitzten oder stumpfen, an der Basis breit keilförmigen oder nahezu abgerundeten, am Rand anliegend gezähnten, 1,5–2 cm lang gestielten Blätter mit den 4 oder 5 Paar Seitennerven. Die 4–5 cm breiten, duftenden, mit 13–16 Kronblättern gefüllten oder einfachen Blüten sind in der Knospe rosarot, aufgeblüht weiß. Sie stehen zu 4–6 in 4–6 cm breiten Trugdolden zusammen und blühen im April–Mai auf. Der glockige Blütenbecher ist außen weißfilzig behaart. Die 2–4 mm langen, dreieckig-eiförmigen, ebenfalls weißfilzig behaarten Kelchblätter sind etwas kürzer als der Blütenbecher. Die 2–2,5 cm langen Staubblätter sind so lang wie die 2–2,5 cm langen, vorne abgerundeten Kronblätter. Die 4 (oder 5), an der Basis weiß behaarten Griffel sind etwas länger als die Staubblätter. Nahezu kugelig sind die 2 cm dicken, an der Basis konvexen, gelben Früchte mit dem 3–3,5 cm langen Stiel und den bleibenden Kelchblättern. Die Früchte reifen im August–September.
Neben der Art sind je eine Form und Varietät beschrieben worden.

Malus spectabilis

Malus spectabilis

Malus spectabilis fo. *albiplena* SCHELLE. Blüten etwa 4 cm breit, in dichten Büscheln zusammenstehend, in der Knospe rötlich, aufgeblüht weiß, mit 13–15 Kronblättern gefüllt. Wird auch unter dem Sortennamen 'Plena' angeboten. (Vor 1770 in Europa eingeführt.)

Malus spectabilis fo. *albiplena*

Malus spectabilis var. *riversii* (G. KIRCH.) REHDER. Blüten 5–5,5 cm breit, tiefer rosa als bei der Art, mit bis zu 21 Kronblättern gefüllt. Früchte 2,5–3 cm dick, gelb. Wird auch unter dem Sortennamen 'Riversii' angeboten. (Vor 1864 durch THOMAS RIVERS (1798–1877) Sawbridgeworth, Herfordshire, Großbritannien, aus Japan eingeführt.)

Malus spectabilis var. *riversii*

Malus spectabilis var. *riversii*

Malus spectabilis var. *riversii*

Natürliche Vorkommen der Art sind nicht bekannt. Sie wird seit langer Zeit in den chinesischen Provinzen Hebei, Jiangsu, Liaoning, Qinghai, Shaanxi, Shandong, Yunnan und Zhejiang kultiviert. In der "Flora of China" wird *M. spectabilis* als "one of the most famous ornamental trees in China" bezeichnet.

M. spectabilis gehört der großen, reich angesetzten Blüten wegen zu den attraktivsten chinesischen Wildäpfeln. Die Art wird vor allem im östlichen und nördlichen China häufig gepflanzt und nicht selten als Bonsai gezogen. Nicht ohne Grund wird die Art als Pracht-Apfel bezeichnet. Ihm wurde von dem altchinesischen Premierminister Qian Tang (Lebensdaten unbekannt) in seinem Buch „Bai Hua Pu" der Titel „Fee der Blumen" verliehen.

M. spectabilis muss etwa Mitte des 18. Jahrhunderts in Europa eingeführt worden sein. Denn die Art hat erstmals 1780 (nach Bean (1981) schon 1750) im Garten von John Fothergill (1712–1780), Großbritannien, geblüht. Sie gehört damit zu den ersten ostasiatischen Arten, die Europa erreicht haben. Der Arzt, Botaniker und Pflanzensammler John Fothergill unterhielt in Upton, nahe Stratfort-upon-Avon, einen artenreichen botanischen Garten. Linné hat die Hamamelidaceae *Fothergilla* nach John Fothergill benannt.

Der Pracht-Apfel gehört bei uns leider nicht zum Standardsortiment der Baumschulen. Er ist aber u. a. in der Wildapfel-Sammlung des Institutes für Züchtungsforschung an Obst, Dresden-Pillnitz, mehrfach vertreten.

Erbgut von *M. spectabilis* findet sich in den Hybriden *M.* ×*magdeburgensis* und *M.* ×*micromalus*.

'Michele Tenore'. Wuchs kleinbaumartig, aufrecht. Blätter 5–7 cm lang, bis 3 cm breit, kurz zugespitzt, Blattstiel 1,5–2 cm lang. Blüten 3–4 cm breit, gefüllt, duftend, in der Knospe dunkelrosa, aufgeblüht hellrosa. (Benannt nach dem italienischen Botaniker MICHELE TENORE (1780–1861), in Deutschland seit etwa 2000 in Kultur. Vermutlich eine Hybride.)

Malus spectabilis 'Michele Tenore'

Malus spontanea (MAKINO) MAKINO,
Japanischer Wild-Apfel
(Sektion Malus, Serie baccatae)

(Synonyme: *Malus floribunda* SIEB. ex VAN HOUTTE var. *spontanea* MAKINO, *M. halliana* var. *spontanea* (MAKINO) KOIDZ.,

M. spontanea entwickelt sich zu einem bis 5 m hohen, reich verzweigten Baum oder Strauch, dessen Kurztriebe gelegentlich dornähnlich sein können. Die verkehrt eiförmigen oder länglichen Blätter sind 3–5 cm lang und 1,5–3 cm breit. Sie haben 4 oder 5 Paar Seitennerven, sind stumpf oder spitz, an der Basis breit keilförmig, am Rand fein gesägt, anfangs beiderseits behaart, zur Blütezeit kahl. Die 1–3 cm langen, dünnen Blattstiele sind dünn behaart. Die weißen oder leicht rosa gefärbten, 2–3,5 cm breiten Blüten stehen zu 4–5 in Trugdolden zusammen. Sie haben 5–10 breit elliptische oder elliptische, vorne abgerundete, 5–10 mm lange Kronblätter. Dunkel purpurn gefärbt sind die 2–2,5 cm langen, kahlen Blattstiele, der röhrenförmige, etwa 3 mm lange, kahle Blütenbecher und die Außenseite der etwa 4 mm langen, dreieckig-eiförmigen Kelchblätter, die innen weißfilzig behaart sind. Die etwa 20 6–7 mm langen Staubblätter sind etwas kürzer als die 4 an der Basis weißzottig behaarten Griffel. Verkehrt eiförmig sind die 7–9 mm dicken, kahlen, roten Früchte mit den hinfälligen Kelchblättern.

Die in Japan endemische Art steht der in China heimischen *M. halliana* sehr nahe. Das einzige Habitat von *M. spontanea* befindet sich auf dem reich bewaldeten Ebino-kôgen-Hochplateau in den Präfekturen Miyazaki und Kogishima im Kirishima-Gebirge im südlichen Kyushu. Das Hochplateau ist ein 1200 m hoch gelegener, 5 Quadratkilometer großer Talkessel, der bekannt ist für das Vorkommen von Kyushu-Azalee, *Rhododendron kiusianum*, Siebolds Magnolie, *Magnolia sieboldii* subsp. *sieboldii*, und Japanische Scheinkamelie, *Stewartia pseudocamellia*. Das Kirishima-Gebirge ist Teil des Kirishima-Yaku-Nationalparks mit den 23 Vulkanen der Kirishima-Gruppe.

Iketani und Mase (2012) fanden 2012 anlässlich der Standorterkundung und Samenernte von *M. spontanea* und „Takanabe kaidō" 296 Bäume von *M. spontanea* im Uferbereich des Nagae-gawa, beschattet von Japanischer Rotkiefer, *Pinus densiflora*. Zweige und Blätter dienen Sikahirschen, *Cervus nippon*, als Nahrung.

Bei „Takanabe kaidō" handelt es sich um eine bisher nicht beschriebene *Malus*-Art, die in einem Feuchtgebiet nahe der Stadt Takanabe, Präfektur Miyazaki, entdeckt worden ist, dort aber nicht mehr existiert und nun vor allem im Stadtgebiet von Takanabe kultiviert wird.

Malus toringo (Sieb.) Sieb. ex de Vries var. toringo, Toringo-Apfel

(Sektion Sorbomalus, Serie Sieboldianae)

(Synonyme: *Crataegus cavaleriei* H. Léveillé et Vaniot, *C. taquetii* H. Léveillé, *Malus baccata* (L.) Borkh.) subsp. *toringo* (Siebold) Koidz., *Malus sieboldii* (Regel) Rehder, *Photinia rubrolutea* H. Léveillé, *Pyrus esquirolii* H. Léveillé, *P. subcrataegifolia* H. Léveillé, *P. toringo* (Siebold) Siebold ex Miq., *Sorbus toringo* Siebold)

M. toringo var. *toringo* wächst baum- oder strauchartig, kann 8–10 m hoch werden und baut mit trichterförmig aufstrebenden Stämmen und waagerecht abstehenden Ästen reich verzweigte, abgeflacht kugelige oder schirmförmige Kronen auf. Die schwach flaumhaarigen Triebe sind braun, die Zweige dunkelpurpurn oder purpurbraun und kahl, die eiförmigen Knospen purpurbraun. Schmal elliptisch, elliptisch oder eiförmig sind die spitzen oder zugespitzten, an der Basis breit keilförmigen oder abgerundeten, am Rand gesägten,

Malus toringo var. *toringo*

Malus toringo var. *toringo*

Malus toringo var. *toringo*

Malus toringo var. *toringo*

Malus toringo var. *toringo*

Malus toringo var. *toringo*

Malus toringo var. *toringo*

Malus toringo var. *toringo*

Malus toringo var. *toringo* am natürlichen Standort in Japan

Malus toringo var. *toringo*

Malus toringo var. *toringo*

2–2,5 cm lang gestielten Blätter mit den 5–7 Paar Seitennerven. Die meisten Langtriebblätter besitzen zwei Paar schmale, spitze, z. T. eingeschnittene Lappen. Kurztriebblätter sind kaum gelappt. Die Blätter sind oberseits kahl, unterseits anfangs schwach flaumhaarig, zuletzt nur noch entlang der Nervatur. Im Herbst färben sich die Blätter hell goldgelb. Die 2–3 cm breiten Blüten sind in der Knospe hellrosa, aufgeblüht weiß. Sie stehen zu 4–8 in Trugdolden zusammen und blühen im Mai–Juni auf, gleichzeitig mit der Laubentfaltung. Die 1,5–3,5 cm langen, fein behaarten Blütenstiele sind teilweise matt dunkelrot. Der etwa 3 mm lange Blütenbecher ist flaumig behaart. Die schmal eiförmigen Kelchblätter sind außen leicht behaart oder kahl. Die 20 Staubblätter sind 7–9 mm lang, die 3 oder 4 (oder 5) Griffel sind nahezu gleich lang wie die Staubblätter. Im September–Oktober reifen die kugeligen, 6–10 mm dicken, scharlachroten oder gelben, lange haftenden Früchte mit den hinfälligen Kelchblättern.

Malus toringo var. *toringo*

Malus toringo var. *toringo*

Der in Japan endemische Toringo-Apfel gedeiht u.a. in der 1400 m hoch gelegenen Senjôgahara-Hochebene im Bereich des 2484 m hohen erloschenen Vulkans Nantaisan auf der Hauptinsel Honshu. Im Rahmen der Japan-Exkursion der Deutschen Dendrologischen Gesellschaft im Herbst 1994 sahen wir vereinzelt stehende alte Bäume im Senjôgahara-Moor, umgeben von Veitch-Zwergbambus, *Sasa veitchii*, und Weidenblättrigem Spierstrauch, *Spiraea salicifolia*. In der Moorlandschaft stockt ein sehr lockerer Wald aus *Quercus mongolica* subsp. *crispula*, *Q. glandulifera* und kurzstämmiger Japanischer Lärche, *Larix kaempferi*. Die Senjōgahara liegt am oberen Ende des Chuzenji-Sees im 1934 gegründeten, 180.000 ha großen, schneereichen Nikko-Nationalpark auf der japanischen Hauptinsel Honshu (Bärtels 1999).

Die artenreiche Vegetation der Senjôgahara wird in Japan als Ō-hanabake, Großes Blumenfeld, bezeichnet. Zu den Symbolen dieser Pflanzengesellschaft gehören Chinaschilf, *Miscanthus sinensis*, und Zweifarbiger Buschklee, *Lespedeza bicolor*. Sie stehen, von Ort zu Ort wechselnd, zwischen Azaleen, Deutzien, Vielblütiger Rose, Veilchen, Kreuzkraut, Bibernelle, Labkräutern, Günsel, Schwertlilien und Lilien (SCHWIND 1967).

M. toringo var. *toringo* kommt in Japan auch an folgenden Standorten vor:
- Der Senjugahara, einem schmalen Küstenstreifen am Westufer des Chuzenji-Sees.
- An Seeufern und in Mooren des 1200–1700 hohen Shiga-Kougen-Hochplateaus.
- Dem Oo-awara- und Nyuugasa-Moor der Nyuugasa-Berge.
- Dem Karuizawa-Hochplateau zwischen Nagano und Gunma in Höhen zwischen 800 und 1700 m, in Sekundärwäldern aus *Quercus serrata* und *Q. mongolica* subsp. *crispula*.
- Häufig am Fujiyama, u. a. am Nordwesthang des Mikuni-Touge-Passes und am Ufer des Yamanako-Sees (IKETANI et al. 2007).

Der Toringo-Apfel kommt in seinen natürlichen Habitaten aber keineswegs ausschließlich an bodenfeuchten Standorten vor, sondern auch entlang von Bergrücken wie im Hochland von Shishiku-kogen oder an Gebirgspfaden im Grenzgebiet zwischen dem Hakusan-Gebirge im Hakusan-Nationalpark auf Honshu und der Stadt Kanazawa an der Küste des Japanischen Meeres (IKETANI et al. 2008).

In den Artepitheta *toringo* und *toringoides* findet sich der japanische Name für den Apfel: toringo.

M. toringo var. *toringo* empfiehlt sich durch viele positive Eigenschaften, die gegen Krankheiten weitgehend resistente Belaubung, die reiche Blüte und die zwar kleinen, aber reich angesetzten, scharlachroten oder gelben, lange haftenden Früchte. In Japan wird *M. toringo* nicht selten als Bonsai gezogen.

2018 wurde in China eine Briefmarke mit einem Blütenzweig von *Malus sieboldii* (heute *Malus toringo* var. *toringo*) aufgelegt.

'Brouwers Beauty'. Wuchs baumförmig, breitkronig, 5–6 m hoch. Zweige leicht überhängend. Blätter eiförmig, kurz zugespitzt, am Rand scharf gesägt, an Langtrieben mit ein bis zwei Paar Seitenlappen, glänzend oder matt dunkelgrün. Blüten zahlreich, in der Knospe lilarosa, aufgeblüht hellrosa, im Verblühen weiß, 2,5–3 cm breit, sternförmig. Mai. Früchte kugelig, 0,8–1 cm dick, gelb bis orangegelb, Fruchtstiele 2,8–3 cm lang, bis zum Oktober haftend. Leicht schorfanfällig. (NAKB, Niederlande, 1996) ** NL 1996

Malus toringo var. *toringo* 'Brouwers Beauty'

'Calocarpa'. Wuchs baum- oder strauchförmig, Krone ausgebreitet, reich verzweigt. Blätter kleiner als beim Typ, ganzrandig, an Langtrieben tiefer gelappt. Blüten 3,5 cm breit, in der Knospe tiefer rosa, aufgeblüht weiß. Früchte kugelig, bis 2 cm dick, glänzend rot, von Wachs bedeckt, bis Dezember haftend. Gesund und jährlich sehr reich blühend und fruchtend. (Die Sämlingsselektion ist 1876 durch W.S. BIGELOW aus Japan zum Arnold Arboretum, Jamaica Plain, Massachusetts, USA gekommen.)

Malus toringo var. *toringo* 'Calocarpa'

Malus toringo var. *toringo* 'Calocarpa'

Malus toringo var. *toringo* 'Calocarpa'

Malus toringo var. *toringo* 'Calocarpa'

Malus toringo var. *toringo* 'Calocarpa'

'Eskilstuna'. Wuchs strauchförmig, 2–3 m hoch. Krone 1,5–2 m breit, dicht verzweigt. Sehr reich blühend und fruchtend. Blätter im Herbst intensiv orangegelb. Blüten in der Knospe hellrosa, aufgeblüht weiß. Früchte kugelig, erbsengroß, glänzend rotorange, lange haftend. Sehr frosthart, stadtklimatauglich, rost- und mehltauresistent. Die in Schweden selektierte Sorte wurde dort in die E-Planta-Liste (Elitepflanzen) aufgenommen. Die Liste enthält Gehölze, die für alle schwedischen Klimazonen geeignet sind.

Malus toringo var. *toringo* 'Eskilstuna'

Malus toringo var. *toringo* 'Eskilstuna'

'Freja'. Wuchs baum- oder strauchförmig, anfangs straff aufrecht, später ausladend und 4–5 m hoch, reich blühend und fruchtend. Blätter elliptisch, gelappt, 9 cm lang, im Austrieb weinrot, später grünrot, im Herbst gelborange. Blüten rosa. Früchte 1 cm dick, weinrot. Resistent gegen Schorf und Mehltau. (Herkunft und Einführungsjahr unbekannt)

'Sargent's Elegant'. Wuchs strauchförmig, kompakt, bis etwa 2,5 m hoch. Krone breiter als hoch. Blätter eiförmig, kurz zugespitzt, scharf gesägt, an Langtrieben mit einem Paar basalen Seitenlappen, anfangs behaart, im Herbst orangegelb. Blüten zahlreich, 2,2–2,6 cm breit, rahmweiß, April–Mai. Früchte kugelig, 0,6–1 cm dick, lilarosa, bis Mitte Oktober haftend. Mäßig schorfanfällig. (NAKB, Niederlande, 1996) * NL 1996

'Scarlet'. Wuchs baumförmig, 4–6 m hoch. Krone anfangs kegelförmig, später kugelig, 3–4 m breit. Blätter 6 cm lang, im Austrieb violettrot, später rotgrün, im Herbst kräftig scharlachrot. Blüten hellrot, sehr zahlreich. Früchte violett, kirschgroß. Resistent gegen Krankheiten. (Herkunft unbekannt) AGM 2012

'Wintergold'. Wuchs baum- oder strauchförmig, 6–9 m hoch. Krone kugelig bis eiförmig, 4–6 m breit, locker verzweigt. Blätter breit eiförmig-elliptisch, an Langtrieben oft drei- bis fünflappig, grob gesägt, grün. Nur in jedem zweiten Jahr reich blühend. Blüten in der Knospe rosa, aufgeblüht weiß. Früchte zahlreich, kugelig, 1,2 cm dick, rein gelb, orange, beige oder rosa bereift, bis zum Dezember haftend. (S.G. A. DOORENBOS, Den Haag, Niederlande, vor 1946)

Malus toringo var. *toringo* 'Wintergold'

Malus toringo var. *toringo* 'Wintergold'

Malus toringo var. *toringo* 'Wintergold'

'Wooster'. Blätter dunkelgrün, sehr gesund. Blüten in der Knospe leuchtend karminrot, aufgeblüht weiß. Früchte etwa 1,5 cm dick, orangerot, schon Ende August ausgefärbt, bis zum Oktober haftend. Resistent gegen Krankheiten. (J.L. Fiala, Falconskeape nahe Medina, Ohio, USA, 1949)

Malus toringo (SIEB.) SIEB. ex DE VRIES var. sargentii REHDER,
Sargents Apfel
(Sektion Malus, Serie Sieboldianae)

(Synonyme: *Malus sargentii* REHDER, *Pyrus sargentii* (REHDER) BEAN, *Pyrus sargentii* (REHDER) M.F. FAY et CHRISTENH.)

Malus toringo var. *sargentii*

Malus toringo var. *sargentii*

Malus toringo var. *sargentii*

Malus toringo var. *sargentii*

Malus toringo var. *sargentii*

Malus toringo var. *sargentii*

Malus toringo var. *sargentii*

M. toringo var. *sargentii* wächst baum- oder strauchförmig und kann Höhen von 6–8 m erreichen. Im Alter sind Bäume und Sträucher oft wesentlich breiter als hoch. Mit waagerecht abstehenden oder bogig übergeneigten Ästen und gelegentlich dornigen Zweigen wird eine abgerundete, dicht und fein verzweigte Krone aufgebaut. Junge Triebe sind filzig behaart. Die schmal eiförmigen, zugespitzten, an der Basis abgerundeten oder fast herzförmigen, scharf gesägten Blätter sind 5–8 cm lang. Sie haben 5 oder 6 Paar Seitennerven. An Langtrieben haben meist sämtliche Blätter ein Paar kurze, breite, nur wenig tief eingeschnittenen Seitenlappen. Auch an Kurztrieben finden sich einzelne gelappte Blätter. Sie sind anfangs beiderseits wollig behaart, später nahezu kahl, lebhaft mittelgrün und im Herbst orangegelb gefärbt. Die flaumig behaarten Blattstiele sind 0,8–2,5 cm lang. Im zeitigen Frühjahr entfalten sich die 2,5 cm breiten, stark duftenden Blüten mit ihren rundlichen, sich an der Basis überlappenden Kronblättern und den goldgelben Staubblättern. Die Blüten stehen zu 5–7 in Büscheln zusammen, sind in der Knospe weiß oder ganz zartrosa angehaucht, geöffnet reinweiß. Die Blütenstiele sind 2,5–3,2 cm lang. Der Blütenbecher ist sonnenseits gerötet. Die nahezu kugeligen, 0,8 cm dicken, roten, leicht bereiften, süß duftenden Früchte bleiben bis weit in den Winter haften. Die Kelchblätter sind hinfällig.

M. toringo var. *sargentii* wurde 1892 durch CHARLES S. SARGENT in einem sumpfigen Gelände nahe der japanischen Küstenstadt Muroran entdeckt. Muroran liegt in einer ozeanischen Klimazone in der Unterpräfektur Iburi auf der Hauptinsel Honshu. 1903 wurde die Art durch ALFRED REHDER nach SARGENT benannt. 1908 kam *M. toringo* var. *sargentii* in den Kew Garden, Großbritannien.

M. toringo var. *sargentii* gehört dank der überreichen Fülle an Blüten und Früchten zu den besonders häufig kultivierten Wildäpfeln. Die geringe Wuchshöhe macht die Art besonders gartentauglich und erlaubt die Kultur in größeren Pflanzgefäßen. Nicht selten wird die Art auch hochstämmig als kleinkroniger Blütenbaum gezogen.

FIREBIRD ('Select A') PP 12621. Wuchs strauchförmig, kompakt, in 10 Jahren 2–2,5 m hoch, Krone 2,5–3 m breit, reich blühend und fruchtend. Blüten in der Knospe zartrosa, aufgeblüht weiß, duftend. Früchte etwa 1 cm dick, abgeflacht kugelig, glänzend rubinrot. Schorf- und rostresistent. (2002 in den USA patentiert)

'Fuji'. Wuchs baumförmig. Originalbaum in 40 Jahren 8,5 m hoch, 14 m breit. Blätter schmal eifömig, scharf gezähnt, oft gelappt, beiderseits behaart. Blüten in der Knospe karminrot oder purpurn rot, aufgeblüht grünlich weiß, leicht purpurn rot getönt, 3,8 cm breit, mit 10–15 Kronblättern gefüllt. Früchte gelblich orange, 0,9–1,2 cm dick. Schorfresistent. (1961 am US. National Arboretum selektiert, 1968 benannt)

Malus toringo var. *sargentii* 'Fuji'

'Lustgarten Strain'. Wuchs strauchförmig, schwach, Zweige gedreht, die unteren dem Boden aufliegend. (Baier Lustgarten Nursery, Long Island, New York, USA, etwa 1979)

'Pink'. Blätter im Austrieb rötlich. Blüten in der Knospe rot, aufgeblüht rosa. (Manbeck Nursery, New Knoxville, Ohio, USA, etwa 1991)

'Rancho Ruby'. Krone kugelig, auf starkwüchsiger Unterlage etwa 4,5–6 m breit. Blüten rubinrot. Früchte klein, gelblich. (Scanlon Nursery, Ohio, USA etwa 1974/75)

'Rosea'. Wuchs strauchförmig, 3–4 m hoch. Blätter eiförmig, an Langtrieben dreilappig und leicht eingeschnitten. Blüten 2,5–3 cm breit, in der Knospe lilarosa, aufgeblüht hellrosa, im Verblühen weiß. Früchte kugelig, 8–9 mm dick, lilarosa. Mäßig schorfanfällig. (Arnold Arboretum, Jamaica Plain, Massachusetts, USA) * NL 1996

Malus toringo var. *sargentii* 'Rosea'

'Roselow'. Wuchs baum- oder strauchförmig, reich verzweigt, 2,5 m hoch. Krone 3 m breit. Blüten gefüllt, weiß, duftend. Früchte 0,6 cm dick, dunkelrot. (USDA Soil Conservation Service, etwa 1978)

'Tina'. Wuchs strauchförmig, reich verzweigt, bis etwa 1,5 m hoch, Äste waagerecht abstehend, Krone abgeflacht halbkugelig. Blüten weiß, sehr zahlreich. Früchte rot. Resistent gegen Krankheiten. (W. McReynolds, Baumschule Hooks, Zürich, Schweiz, benannt nach seiner Tochter, etwa 1974)

Malus toringo var. *sargentii* 'Tina'

Malus toringo var. *sargentii* 'Tina'

Malus toringo var. *sargentii* 'Tina'

Malus toringoides (REHDER) HUGHES,
Chinesischer Apfel
(Sektion Sorbomalus, Serie Kansuenses)

(Synonyme: *Malus transitoria* C.K. SCHNEID. var. *toringiodes* REHDER, *Pyryus torningoides* (REHDER) OSBORN, *P. transitoria* BATALIN var. *toringoides* (REHDER) BAILEY, *Sinomalus toringoides* (REHDER) KOIDZ.)

Malus toringoides

Malus toringoides

Malus toringoides

Malus toringoides

Malus toringoides

M. toringoides wächst baum- oder strauchförmig, wird 3–6 m hoch und bildet mit abstehend-übergeneigten Ästen locker verzweigte, domförmige Kronen. Die Triebe sind schwach flaumig behaart, die purpurbraunen oder dunkelbraunen Zweige sind kahl, die eiförmigen Knospen purpurbraun. Sehr variabel sind die eiförmigen oder schmal elliptischen, 3–8 cm langen, etwa 1,5 cm breiten, an der Basis breit keilförmigen oder nahezu herzförmigen, am Rand kerbig gesägten, 1–3 cm lang gestielten Blätter mit den 5 oder 6 Paar Seitennerven. Die Blätter sind nicht oder deutlich mit 1(–3) Lappenpaaren gelappt, auch an Kurztrieben. Die Einschnitte reichen bis etwa zur Hälfte der Spreitenhälfte. Die Blätter sind oberseits spärlich, unterseits entlang der Nervatur dicht behaart. Die weißen, 2–2,5 cm breiten Blüten stehen zu 3–5 in 3–5 cm breiten Trugdolden zusammen. Der glockige Blütenbecher ist außen feinfilzig behaart. Die 3–4 mm langen, weiß behaarten Kelchblätter sind nahezu so lang wie der Blütenbecher. Die etwa 20 Staubblätter sind kürzer als die 8–11 mm langen, eiförmigen oder verkehrt eiförmig-elliptischen Kronblätter. Die 3 (oder 4 oder 5) kahlen Griffel überragen die Staubblätter nicht. Die Blüten öffnen sich im April–Mai. Im September reifen die verkehrt eiförmigen oder nahezu ellipsoidischen, 1–1,3 cm dicken, 3–4 cm lang gestielten

Früchte mit den hinfälligen Kelchblättern. Die Früchte sind anfangs gelblich grün und rotbackig, zur Reife sonnenseits teilweise oder ganz großflächig orange oder leuchtendrot gefärbt und wachsartig bereift. Das Fruchtfleisch ist weich und saftig.

Die natürliche Verbreitung der Art beschränkt sich auf die nord- und westzentralen chinesischen Provinzen Südost-Gansu, West-Sichuan und Südost-Xizang. In Höhen von 2000–3000 m werden Berghänge und Dickichte besiedelt.

Saatgut von *M. toringoides* kam 1904 durch E.H. WILSON mit der Sammelnummer 1285 zur Baumschule Veitch & Sons, Combe Wood, Großbritannien; 1933 durch Major F.C. STERN, Großbritannien, in das Arnold Arboretum, Jamaica Plain, Massachusetts, USA.

Die schorfresistente Art gehört mit der moderaten Wuchshöhe, dem gefälligen Kronenaufbau, der überreichen Blüte und dem auffallenden Fruchtschmuck zu den sehr empfehlenswerten, kleinkronigen Wildäpfeln.

'Mandarin'. 6–8 m hoher Baum. Blätter eiförmig, am Rand fein gesägt, meist mit zwei Seitenlappen. Blüten 2–2,5 cm breit, weiß, Mai. Früchte kugelig, 6–10 mm dick, lilarosa, rot überhaucht, bis Mitte Oktober haftend. Mäßig schorfanfällig. (NAKB, Zeewolde, Niederlande, 1996) s NL 1996

Malus transitoria (BATALIN) C.K. SCHNEID., Tibetanischer Apfel

(Sektion Sorbomalus, Serie Kansuenses)

(Synonym: *Pyrus transitoria* BATALIN)

Malus transitoria

Malus transitoria

Malus transitoria

Malus transitoria

Malus transitoria

Malus transitoria

Malus transitoria

M. transitoria kann als Kleinbaum Höhen von 8 m erreichen. Mit aufstrebenden Ästen und nickenden Zweigen werden locker verzweigte Kronen aufgebaut. Die Triebe sind filzig behaart, die Zweige dunkelpurpurn oder purpurbraun, die eiförmigen, dunkelpurpurnen Knospen ebenfalls filzig behaart. Eiförmig oder breit eiförmig sind die 2,5–5 cm langen, 2–4,5 cm breiten, an der Basis abgerundeten oder breit keilförmigen, am Rand unregelmäßig gesägten Blätter, die sich im Herbst gelb verfärben. Der 1,5–3 cm lange Blattstiel ist dicht filzig behaart. Die Blätter sind in der Regel unregelmäßig drei- bis fünflappig, die spitzen Einschnitte reichen fast bis zur Mittelrippe. Oberseits sind die Blätter spärlich, unterseits dicht filzig behaart. Im Oktober, gleichzeitig mit den lange haftenden Früchten, färben sich die Blätter gelb bis orangerot. Die 1–2 cm breiten, weißen Blüten stehen zu 3–6 in 3–5 cm breiten Trugdolden zusammen. Der kelchförmige Blütenbecher ist filzig behaart. Die 3 mm langen, dreieckig-eiförmigen Kelchblätter sind etwas kürzer als der Blütenbecher. Die 20–25 Staubblätter sind etwas kürzer als die 8–10 mm langen eiförmigen Kronblätter. Die 3 oder 5 kahlen Griffel sind etwas länger oder gleich lang wie die Staubblätter. Die Blüten öffnen sich im Mai. Im September reifen die nahezu kugeligen, 0,6–0,8 cm dicken, 1,5–2 cm lang gestielten, glänzend gelben oder gelblich roten Früchte mit den hinfälligen Kelchblättern. Das saftige Fruchtfleisch bleibt fest und knackig. AGM 1993.

Das Verbreitungsgebiet von *M. transitoria* erstreckt sich über die nord- bis ostzentralen chinesischen Provinzen Gansu, Innere Mongolei, Qinghai, Shaanxi, Sichuan und Ost-Xizang. In Höhen von 1500–3900 m werden Dickichte, Täler, Wegsäume und Hügel in Lösplateaus besiedelt

M. transitoria kam 1911 durch WILLIAM PURDOM (1880–1921), britischer Pflanzensammler in China und Indien, in das Arnold Arboretum, Jamaica Plain, Massachusetts, USA. Das Saatgut wurde in Yenan-fu, Shaanxi, gesammelt.

M. transitoria ist eine kälte- und trockenresistente, blattgesunde Art mit einem sehr hohen Gartenwert. In Großbritannien wurde die Art 1993 mit einem Award of Garden Merit ausgezeichnet.

Malus transitoria var. *centralasiatica* (VASSILCZENKO) T.T. YU. Früchte länglich-elliptisch oder länglich-eiförmig, 10–12 mm lang, 6–8 mm dick.

Malus transitoria var. *glabrescens* T.T. YU et T.C. KU. Blätter oberseits kahl. Blattstiele und Kelchblätter spärlich behaart.

'Carmen' (aus einer Aussaat von *M. transitoria* entstanden). Wuchs strauchförmig oder kleiner Baum, ausgebreitet, aber kompakter als die Art, in 20 Jahren 3–4 m hoch und 4–6 m breit. Blätter zierlich, oft tief gelappt, mit gelb-oranger Herbstfärbung. Blüten in der Knospe rosa, aufgeblüht weiß. Früchte 0,6-0,8 cm dick, sehr zahlreich, goldgelb, mit auffällig rotem, 3,5–5 cm langem Stiel, Kelch hinfällig. Benannt nach CARMEN JABLONSKI. (EIKE JABLONSKI, LTA Ettelbruck, Luxemburg, 1998)

Malus transitoria 'Carmen'

Malus transitoria 'Carmen'

Golden Raindrops ('Schmidtcutleaf'). Wuchs baumförmig, rundkronig, 4,5–6 m hoch. Krone 3,5 m breit. Blätter zierlich, tief gelappt. Blüten in der Knospe rosa, aufgeblüht weiß. Früchte 0,8 cm dick, zahlreich, goldgelb. (F.J. Schmidt & Sons, Boring, Oregon, USA, 1991/1992)

Malus tschonoskii (Maxim.) C.K. Schneid., Woll-Apfel, Tschonoskis Apfel (Sektion Docyniopsis)

(Synonym: *Pyrus tschonoskii* Maxim.)

Malus tschonoskii

Malus tschonoskii

Malus tschonoskii

Malus tschonoskii

Malus tschonoskii

Malus tschonoskii

M. tschonoskii ist ein starkwüchsiger, bis 20 m hoher, anfangs straff aufrecht wachsender Baum mit einem durchgehenden Stamm. Mit schräg ansteigenden Ästen wird eine anfangs schmal kegelförmigen Krone aufgebaut, die im Alter breiter und lockerer wird. Die Kurztriebe können dornartig ausgebildet sein. Die Triebe sind dicht weiß zottig behaart, die Zweige kahl. Elliptisch, eiförmig oder breit eiförmig sind die 8–14 cm langen, 4–9 cm breiten, unregelmäßig oder doppelt gesägten, manchmal seicht gelappten, spitzen, an der Basis abgerundeten, selten herzförmigen Blätter mit den 7–9 Paar Seitennerven. Die Blätter sind anfangs beiderseits weiß oder hellgelb zottig behaart, voll entfaltet oberseits kahl und glänzend grün, unterseits bleibend leicht behaart. Im Herbst färben sich die Blätter auffallend gelb, orange, purpurn oder scharlachrot. Nach der Laubentfaltung öffnen sich die 3 cm breiten, in der Knospe hellrosa, aufgeblüht weißen, leicht duftenden Blüten, die zu 3–6 in Trugdolden zusammenstehen. Die kräftigen, 2–3 cm langen Blütenstiele sind, wie der röhrenförmige Blütenbecher, dicht zottig behaart. Die bleibenden, eiförmig-dreieckigen, beiderseits wollig behaarten Kelchblätter sind 5–7 mm lang. Die 5 elliptischen, vorne abgerundeten Kronblätter sind 1,2–1,5 cm lang. Etwa 1 cm lang sind die 40 Staubblätter, gleichlang die 5 an der Basis zottig behaarten Griffel. Im Oktober reifen die abgeflacht kugeligen, etwa 2 cm dicken, gelblich grünen, sonnenseits geröteten Früchte, deren Schale durch Lentizellen und Behaarung rau ist. Das weiche, grünlich gelbe Fruchtfleisch ist mit Steinzellen durchsetzt.

Die in Japan endemische Art gehört zu den tertiären Relikten der Gattung. Sie hat ihre natürlichen Habitate in kühltemperierten Zonen auf den Inseln Honshu, Shikoku und Kyushu (Mts. Kuju).

M. tschonoskii wurde 1897 durch Charles S. Sargent in die USA eingeführt.

Das Artepitheton erinnert an den japanischen Botaniker Chonosuke Sukawa (genannt Tschonoski Sukawa) (1841–1925), den Assistenten des russischen Botanikers Carl Johann Maximowicz (1827–1891) während dessen Aufenthalt in Japan zwischen 1860 und 1864.

Der weitgehend schorfresistente Woll-Apfel wird vor allem seiner prachtvollen Herbstfärbung wegen gepflanzt. Blüten und Früchte sind dagegen weniger auffällig. Er gewinnt wegen seiner anfangs schmal kegelförmigen, geschlossenen Krone zunehmend an Bedeutung als Park- und Straßenbaum. Seiner schlanken Kronenform wegen wird er im englischen als Pillar Apple bezeichnet. Nach der GALK-Straßenbaumliste 2019 ist *M. tschonoskii* als Stadtstraßenbaum geeignet.

Im „Weltwald Freising“, dem Landesarboretum der Bayerischen Staatsforsten in Freising, ist vor einigen Jahren ein kleiner Bestand des Woll-Apfels gepflanzt worden.

'Belmonte'. Wuchs baumförmig, 10–12 m hoch. Krone kegelförmig bis rundlich. Blätter eiförmig-elliptisch. Blüten 3,5–4 cm breit, weiß. Früchte abgeflacht kugelig, 2–3 cm dick, gelbbraun, rot punktiert. (NAKB, Zeewolde, Niederlande 1996) s NL 1996

'Thalys'. Wuchs baumförmig, unregelmäßig breit kegelförmig, 10–12 m hoch. Winterknospen groß, glänzend braunrot. Blätter eiförmig-elliptisch, am Rand unregelmäßig gesägt, bläulich grün, unterseits wollig behaart. Herbstfärbung purpurrot bis orange. Blüten 3,5–4 cm breit, Kronblätter weiß, mit gelbem Band. April–Mai. Früchte kugelig, 2–3 cm dick, gelbgrün, rot gepunktet. Leicht schorfanfällig. (Kon. Boomkwekerijen Alphons van der Bom, Oudenbosch, Niederlande, 1978) s NL 1996

Malus tschonoskii 'Thalys'

Malus yunnanensis (Franch.) C.K. Schneid, Yunnan-Apfel

(Sektion Sorbomalus, Serie Yunnanenses)

M. yunnanensis kann 10 m hoch werden, wächst zunächst aufrecht und bildet im Alter eine ± kugelige oder abgeflacht kugelige, locker verzweigte Krone. Die dunkelpurpurnen oder purpurbraunen Triebe sind filzig behaart, die kräftigen Zweige kahl. Auch die eiförmigen, dunkelpurpurnen Knospen sind kahl oder am Rand der Knospenschuppen spärlich behaart. Eiförmig, breit eiförmig oder schmal elliptisch-eiförmig sind die 8–12 cm langen, 4–7 cm breiten, spitzen, an der Basis abgerundeten oder herzförmigen Blätter mit den 6–8 Paar Seitennerven. Der 2–3,5 cm lange Blattstiel ist filzig behaart. Die oberseits matt dunkelgrünen, unterseits filzig behaarten Blätter sind am Rand doppelt gesägt oder gelegentlich schwach gelappt. Im Herbst färben sich die Blätter auffallend scharlach- bis orangerot. Die 1,5 cm breiten, weißen Blüten stehen zu 8–12

Malus yunnanensis

Malus yunnanensis

Malus yunnanensis

Malus yunnanensis

in 5–9 cm breiten Trugdolden zusammen. Der kelchförmige Blütenbecher ist außen filzig behaart. Die 3–4 mm langen, dreieckig-eiförmigen, beiderseits filzig behaarten Kelchblätter sind so lang wie der Blütenbecher. Die 20–25 Staubblätter sind etwas kürzer als die 8 mm langen, nahezu rundlichen Kronblätter. Die 5 Griffel sind nahezu so lang wie die Staubblätter. Die Blüten entfalten sich im Mai. Im September reifen die kugeligen oder länglich-kugeligen, 1–1,5 cm dicken, gelblich braunen oder ockerfarbenen, sonnenseits matt dunkelrot überlaufenden Früchte mit den zahlreichen ockerfarbenen Lentizellen und den bleibenden, leicht abrechenden Kelchblättern. Das mit Steinzellen durchsetzte, grobkörnige, saure Fruchtfleisch ist von zäher Konsistenz.

Das Verbreitungsgebiet von *M. yunnanensis* reicht von den nord-, zentral- bis südostchinesischen Provinzen Guizhou, Hubei, Shaanxi, Sichuan, Xizang und Yunnan bis nach Myanmar. Die Art gedeiht dort bevorzugt in Höhen von 1600–3800 m in Hang- und Auewäldern.

Der robuste, anpassungsfähige, gegen Krankheiten weitgehend resistente Yunnan-Apfel gehört dank seiner reichen Blüten und der auffallenden Herbstfärbung zu den sehr empfehlenswerten Wildäpfeln. Die var. *veitchii*, häufiger in Kultur als die Art, gefällt außerdem durch ihre scharlachroten, wachsartig bereiften, lange haftenden Früchte.

M. yunnanensis ist durch Pierre Jean Marie Delavay (1834–1895), französischer Missionar, Botaniker und Pflanzensammler, in Yunnan entdeckt worden und 1900 durch E.H. Wilson nach Europa gekommen. Nach Delavay sind zahlreiche Artepitheta benannt worden, u. a. *Abies delavayi*, *Ligustrum delavayanum*, *Magnolia delavayi* und *Paeonia delavayi*.

Malus yunnanensis var. *veitchii* (Osborn) Rehder
Vom Typ abweichend durch eiförmige, spitze, an der Basis deutlich herzförmige, unterseits nahezu kahle Blätter. Früchte kugelig, scharlachrot, sonnenseits purpurn, wachsartig bereift. Wurde 1912 unter dem Namen *Pyrus veitchiana* mit einem Award of Garden Merit ausgezeichnet. Die var. *veitchii* wird gegenwärtig von einigen deutschen Baumschulen hochstämmig gezogen und entwickelt dann eine breit kegelförmige Krone. (1901 durch die Baumschule Veitch & Sons, Combe Wood, nach Großbritannien eingeführt.)

Malus yunnanensis var. *veitchii*

Malus yunnanensis var. *veitchii*

'Veitch's Scarlet'. Wuchs aufrecht. Blüten in der Knospe rosarot, aufgeblüht weiß, 3,5 cm breit. Früchte eiförmig, hell- oder braunrot, 4,5 cm lang. (Veitch & Sons, Combe Wood, vor 1905)

Malus yunnanensis 'Veitch's Scarlett'

Malus yunnanensis 'Veitch's Scarlett'

Amerikanische Wildäpfel

In Amerika sind nur die vier unten beschriebenen *Malus*-Arten endemisch.

Drei Arten haben im östlichen Nordamerika eine weite Verbreitung, nur *M. fusca* ist im westlichen Nordamerika heimisch. In Südamerika fehlen *Malus*-Arten. Die früher selbstständigen, von REHDER beschriebenen Arten *M. bracteata*, *M. glabrata*, *M. glaucescens* und *M. lancifolia* gelten heute als Synonyme von *M. coronaria*.

M. angustifolia, *M. coronaria* und *M. ioensis* gehören zur Sektion Chloromeles, *M. fusca* zur Serie Kansuenses in der Sektion Sorbomalus.

Neben den endemischen Arten werden in den USA *M. domestica* sowie die ostasiatischen Arten *M. baccata*, *M. halliana*, *M. hupehensis*, *M. prunifolia* und *M. spectabilis* in weiten Teilen des Landes kultiviert.

Die meisten Wildäpfel im eurosibirischen und asiatischen Raum blühen weiß, die amerikanischen Arten *M. angustifolia*, *M. coronaria* und *M. ionsis* dagegen rosa.

Die Früchte amerikanischer *Malus*-Arten sind auch zur Vollreife überwiegend grün oder gelblich grün gefärbt, ausgenommen *M. fusca* mit den gelben bis purpurn roten Früchten.

Neben den Wildäpfeln sind in den USA zahlreiche Zieräpfel, dort als crab apple bezeichnet, in Kultur.

Malus angustifolia (AITON) MICHX.,
Schmalblättriger Apfel
(Sektion Chloromeles)

(Synonyme: *Pyrus angustifolia* AITON, *P. coronaria* L. var. *angustifolia*, *Malus coronaria* (L.) MILL. var. *angustifolia* (AITON) PONOM.)

M. angustifolia (englisch Southern Crabapple) ist ein 5–7(–10) m hoher Baum oder Strauch. Die rötlich braunen Triebe sind spärlich behaart, die Zweige grau oder graubraun und zuletzt kahl. Kurztriebe enden teilweise in 4–10 cm langen, spitzen Dornen. Rötlich braun sind die eiförmigen, 1,6 mm langen Knospen. Sehr variabel sind die elliptischen, ovalen, eiförmigen oder gelegentlich dreieckig-eiförmigen, (3,5–)4–6(–8) cm langen und (1,5–)3–4 (–5) cm breiten, abgerundeten oder breit zugespitzten, an der Basis meist keilförmigen, am Rand gekerbten oder ganzrandigen Blätter mit den 5–7 Paar Seitennerven. Die Blätter der Langtriebe sind länger als die der Kurztriebe und teilweise leicht gelappt. Oberseits sind die Blätter kahl, unterseits nur auf den Nerven zottig behaart. Der 3–10 mm lange Blattstiel ist meist kahl, gelegentlich leicht wollig behaart. Die anfangs hellrosa gefärbten, gelegent-

Malus angustifolia

Malus angustifolia

Malus angustifolia

lich weißen, 2–3 cm breiten, angenehm nach Veilchen duftenden Blüten stehen zu wenigen in Trugdolden zusammen. Der Blütenbecher ist meist kahl, selten leicht wollig behaart. 3–4 mm lang sind die dreieckigen, zugespitzten Kelchblätter. Die länglichen oder schmal verkehrt eiförmigen, kurz genagelten, an der Spitze abgerundeten Kronblätter sind 12–16 mm lang. Die 20 Staubblätter sind 9–12 mm lang. Die Blüten entfalten sich im April–Mai. Nahezu kugelig sind die 1–2 cm dicken, grünen oder grünlich gelben Früchte mit den bleibenden, aufrechtstehenden Kelchblättern. Die Früchte reifen im August–September.

Die Verbreitung von *M. angustifolia* reicht von New York und Pennsylvania westwärts bis Iowa und südlich bis Nordflorida und Osttexas. Sie gedeiht dort in Höhen von 10 bis 700 m in offenen Wäldern, in Dickichten, an Hängen, an Fluss- und Seeufern, an Straßenrändern und auf aufgelassenen Feldern, meist auf feuchten, sandigen bis kalkhaltigen Böden. *M. angustifolia* wurde 1750 nach England eingeführt.

Malus coronaria (L.) Mill.,
Kronen-Apfel, Duft-Apfel
(Sektion Choromeles)

(Synonyme: *Malus angustifolia* (Aiton) Michx. var. *puberula* (Rehder) Rehder, *M. bracteata* Rehder, *M. carolinensis* Ashe, *M. coronaria* var. *bracteata* (Rehder) Likhonos, *M. coronaria* var. *dasycalyx* Rehder, *M. coronaria* var. *elongata* (Rehder) Rehder, *M. coronaria* var. *glabrata* (Rehder) Likhanos, *M. coronaria* var. *glaucescens* (Rehder) Likhanos, *M. coronaria* var. *hoopesii* Rehder, *M. coronaria* var. *lancifolia* (Rehder) C.F. Reed, *M. coronaria* var. *platycarpa* (Rehder) Likhanos, *M. cononaria* var. *plena* C.K. Schneid., *M. coronaria* var. *puberula* Rehder, *M. elongata* (Rehder) Ashe, *M. fragrans* Rehder, *M. glabrata* Rehder, *M. glaucescens* Rehder, *M. lancifolia* Rehder, *M. platycarpa* Rehder, *Pyrus bracteata* (Rehder) L.H. Bailey, *P. coronaria* var. *dasycalyx* (Rehder) Fernald, *P. coronaria* var. *elongata* (Rehder) L.H. Bailey, *P. coronaria* var. *lancifolia* (Rehder) Fernald, *Pyrus coronaria* L.).

M. coronaria entwickelt sich mit aufsteigenden Ästen zu einem 2,5–7,5(–10) m hohen Baum oder Strauch. Die rötlich braune oder graue Rinde ist im Alter in längliche Platten gespalten. Junge Zweige sind rötlich braun oder dunkelbraun gefärbt, haben orangefarbene Lentizellen und sind zuletzt kahl. Die rötlich braunen, eiförmigen Knospen sind 1–6 mm lang. Eiförmig oder dreieckig-eiförmig, selten lanzettlich sind die 4–8 cm langen und 4–6 cm breiten, meist spitzen, an der Basis abgerundeten bis herzförmig-abgerundeten, am Rand meist mehr oder weniger gelappten und gesägten, gegen Krankheiten sehr widerstandsfähigen Blätter mit den 5–7 Paar Seitennerven. Die Blätter sind beiderseits kahl, ausgenommen die zottig behaarte Nervatur unterseits. Im Herbst färben sich die Blätter goldgelb bis orangerot. Die kahlen oder behaarten Blattstiele sind 1–2,5 cm lang. Die rosafarbenen, duftenden 2–3 cm lang gestielten Blüten sind 2,5–4 cm breit, die eiförmigen oder länglichen, kurz genagelten Kronblätter 12–18 cm lang. Der Blütenbecher ist meist kahl. Die dreieckigen, spitzen oder zugespitzten Kelchblätter sind 4–6 mm lang. Die 20 Staubblätter sind etwa so lang wie die 5 Griffel. Die Blüten öffnen sich vergleichsweise spät, erst im Mai(–Juni). Abgeflacht kugelig sind die 1,5–3 cm dicken, am Kelchende leicht gerippten, grünen und gelblich grünen, duftenden, wachsartig bereiften, bis zu 3,7 cm lang gestielten Früchte mit den bleibenden, aufrechten Kelchblättern, die in einer tiefen Grube stehen. Die hell gefärbten Früchte stehen in einem schönen Kontrast zu den orangeroten Herbstblättern. Das Fruchtfleisch ist saftig, fest und knackig.

Die Verbreitung von *M. coronaria* reicht von New York und Ontario südwärts bis Nordgeorgia und Nordostarkansas. Besiedelt werden lichte Wälder, Waldränder, Lichtungen,

Malus coronaria

Malus coronaria

Malus coronaria

Malus coronaria

Flussufer, Weiden und aufgelassene Felder in Höhen von 50–1000 m. *M. coronaria* wurde 1724 nach England eingeführt.

M. coronaria (englisch American oder Sweet Crabapple) ist Begleitbaumart in der Übergangszone vom Laubholzgürtel zur Tannen-Fichten-Region in Wäldern mit den Hauptbaumarten Amerikanische Buche, *Fagus grandifolia*, Papier-Birke, *Betula papyrifera*, Gelb-Birke, *Betula alleghaniensis*, Schlangenhaut-Ahorn, *Acer pensylvanicum*, Spätblühende Traubenkirsche, *Prunus serotina*, Weiß-Esche, *Fraxinus americana*, Kanadische Schwarz-Pappel, *Populus deltoides*, und Rot-Eiche, *Quercus rubra*.

'Charlottae'. Wuchs strauch- oder baumförmig, breitkronig. Blätter ziemlich groß, grün, kahl, im Herbst rot und orange gefärbt. Blüten 4–5 cm breit, zartrosa, mit 12–20 Kronblättern gefüllt, nach Veilchen duftend. Früchte 2–3 cm dick, grün oder grünlich gelb, wachsartig bereift. Bei uns häufiger in Kultur als die Art. Schorfanfälligkeit gering. (1902 von De Wolf in der Nähe von Waukegan, Illinois, USA, gefunden; benannt nach seiner Frau.) s NL 1984.

Malus coronaria 'Charlottae'

Malus coronaria 'Charlottae'

'Kola'. Wuchs baumförmig, 4–5(–9) m hoch. Krone bis 7,5 m breit, locker verzweigt. Blätter derb, breit eiförmig, etwa 11 cm lang, 10 cm breit, spitz, Basis herzförmig, unregelmäßig gesägt, oberseits glänzend grün, unterseits anfangs leicht behaart, 2,7–3 cm lang gestielt. Herbstfärbung goldgelb bis orangerot. Blüten 4–6 cm breit, hellrosa, duftend, April–Mai. Früchte abgeflacht kugelig, 6–7 cm dick, gelbgrün, wachsartig bereift, nach Quitten duftend. Resistent gegen Schorf und Mehltau. (NIELS E. HANSEN, Brookings, South Dakota, USA, 1922)

Malus coronaria 'Kola'

Malus coronaria 'Kola'

Malus coronaria 'Kola'

Malus coronaria 'Kola'

'Nieuwlandiana'. Wuchs strauchförmig, etwa 3 m hoch. Blätter breit eiförmig, spitz, Basis abgerundet, am Rand grob gesägt bis seicht gelappt. Herbstfärbung gelb. Blüten 5–6 cm breit, etwas intensiver rosa als bei 'Charlottae', mit 12–19(–27) Kronblättern gefüllt, stark duftend, sehr spät aufblühend. Früchte bis 2–5 cm breit, gelblich grün, bläulich bereift, mehr als 7,5 cm lang gestielt. Anfällig für Schorf und Mehltau. (B.H. Slavin, Rochester, New York, USA, 1931)

Malus coronaria 'Nieuwlandiana'

Malus coronaria 'Nieuwlandiana'

Malus fusca (Raf.) C.K. Schneid.,

Alaska-Apfel, Oregon-Apfel

(Sektion Sorbomalus, Serie Kansuenses)

(Synonyme: *Pyrus fusca* Raf., *Malus diversifolia* (Bong.) M. Roem. *M. fusca* var. *diversifolia* (Bong.) C-K. Schneid., *M. fusca* var. *levipes* (Nutt.) C.K. Schneid., *M. macounii* Greene, *M. rivularis* (Dougl.) M. Roem., *Pyryus diversifolia* Bong., *P. rivularis* Dougl.)

Malus fusca

Malus fusca

Malus fusca

Malus fusca

Malus fusca

Malus fusca

Der 5–10 m hohe Baum oder Strauch wächst anfangs straff aufrecht und bildet eine schmal trichterförmige Krone aus, die im Alter breiter wird und reich verzweigt ist. Die anfangs glatte, graue oder rötlich braune Borke ist im Alter tief gefurcht und blättert schuppig ab. Die Triebe sind feinflaumig behaart, die Zweige rötlich braun oder grau und kahl. Die eiförmigen Knospen sind rotbraun. Die meist eiförmigen, gelegentlich auch elliptischen oder lanzettlichen, zugespitzten, an der Basis abgerundeten oder keilförmigen, seicht dreilappigen, am Rand einfach oder doppelt gesägten Blätter sind 3–9 cm lang und 1–4 cm breit. Sie haben 5–7 Paar Seitennerven, sind 1–3 cm lang gestielt, oberseits matt dunkelgrün und kahl, unterseits graugrün und nur anfangs flaumig behaart. Im Herbst färben sich die Blätter auffallend orangefarben, scharlachrot oder dunkel purpurrot. Die weißen, 1,9–2,5 cm breiten Blüten stehen zu 8–12 in 5–7,5 cm breiten Trugdolden zusammen. Die Blüten haben einen kahlen oder behaarten Blütenbecher, 3–6 mm lange, dreieckige Kelchblätter und rundliche, 1,5 cm lange Kronblätter. Die 20 Staubblätter sind 4–6 mm lang, die 3 oder 4 kahlen Griffel etwas länger als die Staubblätter. Die Blüten entfalten sich Ende April–Mai. Eiförmig oder verkehrt eiförmig sind die 6–10 mm dicken, gelben oder purpurroten, harten, sauer schmeckenden Früchte mit dem hinfälligen Kelch.

M. fusca (englisch Western Crabapple) kommt in British Columbia und im Küstenbereich von Alaska, Washington, Oregon und Kalifornien in Höhen von 0 bis 600 m vor. Die gegen Salzwasser tolerante Art gedeiht dort an bodenfeuchten, sonnigen bis schattigen Plätzen in *Picea sitchensis*-Wäldern, an Wald- und Bachrändern, in Sümpfen und auf Meeresklippen. Ihr Gedeihen in Kultur ist aber nicht an bodenfeuchte Standorte gebunden. Die sehr frostharte Art zeigt sich im Arboretum der Georg-August-Universität Göttingen seit vielen Jahren als gesund und wüchsig. *M. fusca* ist in Europa seit 1831 in Kultur.

Das getrocknete, haltbar gemachte Fruchtfleisch wird im Laufe der Zeit süßer und ist dann essbar. Die Früchte können auch zur Extraktion von Pektin verwendet werden. Die Rinde wurde von der indigenen Bevölkerung an der Westküste der USA medizinisch genutzt und bei Verdauungsstörungen, Haut- und Augeninfektionen sowie als Analgetikum eingesetzt.

Erbgut von *M. fusca* findet sich in der Hybride *M. ×dawsoniana*.

Malus ioensis (Alph. Wood) Britt., Prärie-Apfel, Veilchen-Apfel (Sektion Chloromeles)

(Synonyme: *Pyrus coronaria* L. var. *ionensis* Alph. Wood, *Malus angustifolia* (Ait.) Michaux var. *spinosa* (Rehder) F.C. Reed, *M. coronaria* (L.) Mill. subsp. *ionensis* (Alph. Wood) Likhonos, *M. coronaria* var. *ionensis* (Alph. Wood) C.K. Schneid., *M. ionensis* var. *bushii* Rehder, *M. ionensis* var. *creniserrata* Rehder, *M. ioensis* var. *palmeri* Rehder, *M. inoensis* var. *spinosa* Rehder, *M. ionensis* var. *texana* Rehder, *M. ioensis* (Alph. Wood) J.H Bailey).

Malus ioensis

Malus ioensis

Malus ioensis

Der Prärie-Apfel wächst baum- oder strauchförmig, wird 4–6(–10) m hoch und bildet mit abstehenden Ästen eine ± kugelige Krone. Die dunkel rötlich braune oder graue Borke löst sich in kleinen, rötlich braunen Schuppen. Die rötlich braunen oder dunkelbraunen Zweige sind kahl oder fein flaumig behaart. Blühende Zweige können dornig sein. Rötlich braun sind die 3–4 mm langen Knospen. Eiförmig oder oval sind die 3–9(–12) cm langen und 1,5–4(–6) cm breiten, stumpfen oder abgerundeten, an der Basis keilförmigen oder abgerundeten, am Rand gesägten oder kerbig gesägten, gelegentlich auch gelappten Blätter mit den 5–7 Paar Seitennerven. Oberseits sind die 0,5– 2 cm lang gestielten Blätter kahl oder leicht filzig behaart, unterseits filzig (nur auf den Nerven zottig) behaart. Im Herbst färben sich die Blätter hell goldgelb. Die 3,5–5 cm breiten, duftenden, rosafarbenen Blüten, sind im Verblühen gelegentlich weiß. Die 20 Staubblätter sind 8–16 mm lang, die 5 Griffel 9–15 mm lang. Der Blütenkelch ist fein behaart, die dreieckigen Kelchblätter sind 3–7 mm lang. Die 2,5–4 cm langen, dicken Blütenstiele sind weiß filzig behaart. Die Blüten öffnen sich im April–Mai. Kugelig oder abgeflacht kugelig sind die 2–3 cm dicken, grünen, gelegentlich gelben Früchte mit dem bleibenden Kelch. Das feste, stark adstringierende Fruchtfleisch ist reich an Pektinen.

Das Verbreitungsgebiet von *M. ioensis* (englisch Prairie Crabapple) reicht von Michigan und Ohio westwärts bis Minnesota und South Dakota und südlich bis Louisiana und Osttexas. Besiedelt werden in Höhen von 100–300 m Waldränder, Dickichte, Ödland, Straßenränder sowie Ränder von Überschwemmungsgebieten an Fluss- und Seeufern.

Das besondere Merkmal von *M. ioensis* sind die vergleichsweise stark duftenden, rosafarbenen Blüten. Die Blüten duften stärker als die aller anderen Malus-Arten.

Erbgut von *M. ioensis* findet sich in der Hybride *M. ×soulardii.*

'Asimb'. Wuchs baumförmig, aufrecht. Blüten rosa. Früchte 3,5 cm dick, grün, mattrot bereift. (NIELS E. HANSEN, Brookings, South Dakota, USA, 1932)

BLANCO. Bis 7,5 m hoher, kugelkroniger Baum. Blüten 1,2 cm breit, weiß bis rosa, Blätter dunkelgrün, im Herbst gelb. Früchte grünlich gelb. (Lone Star Growers Nursery, San Antonio, Texas, USA, vor 1986)

'Boone Park'. Blätter schmaler als beim Typ. Blüten 4 cm breit, in der Knospe tief rosarot, aufgeblüht hell rosarot. Früchte 3 cm dick, matt grün bis matt gelblich grün. (ARIE DEN BOER und CLYDE HEARD, Boone, Iowa, USA, 1955)

'Elk River'. Bis 6 m hoher Baum. Blüten 4 cm breit, rosa oder rosarot mit karminroter Nervatur. Früchte 3 cm dick, dunkelgrün, für die Herstellung von Marmelade geeignet. (Entstanden in der Nähe des Elk River, Minnesota, USA; seit 1930 in Kultur.)

'Fimbriata'. Bis 7,5 m hoher Baum. Blätter schmal, stark wollig behaart. Blüten in der Knospe bräunlich rot bis rot, aufgeblüht muschelrosa, duftend, mit 25–34 Kronblättern gefüllt, spät aufblühend. Kronblätter nahe der Basis ausgefranst. Früchte werden selten ausgebildet. (B.H. SLAVIN, Rochester, New York, USA, 1931)

Malus ioensis 'Fimbriata'

'Klehm's Improved Bechtel'. Wuchs baumförmig, bis 6 m hoch. Krone vasenförmig, bis 5,5 m breit. Blätter mittelgrün, unterseits silbrig behaart, im Herbst prächtig orangefarben. Blüten 4–5,5 cm breit, zahlreich, rosa, stark duftend, mit 18(–26) Kronblättern gefüllt. Früchte 2,5 cm dick, unauffällig grün. (JOHN KLEHM, Chicago Park, Illinois, USA, 1852)

'Nevis'. Wuchs strauchig, bis etwa 1,5 m hoch. Blüten etwa 4 cm breit, rosa. Früchte 3 cm dick, grün, wachsartig bereift. (NIELS E. HANSEN, Brookings, South Dakota, Minnesota, USA, 1930)

'Plena'. Bis 9 m hoher, breitkroniger Baum. Blätter groß, derb, schorfanfällig. Blüten 5–6 cm breit, rosa, mit 20–33 Kronblättern gefüllt, stark nach Veilchen duftend, spät aufblühend. Früchte grün, etwa 3 cm dick, werden sehr selten ausgebildet. (E.A. Bechtel, Staunton, Illinois, USA, zwischen 1840 und 1850 entstanden, 1888 eingeführt)

Malus ioensis 'Plena'

'Plena Nova'. Blüten 3,5–5 cm breit, dunkelrosa, mit 18–35 Kronblättern gefüllt. (Morton Arboretum, Lisle, Illinois, USA, 1928)

'Prairie Rose'. Sämling von 'Plena'. Blüten tiefer rosa gefärbt als die von 'Plena', mit 17–25 Kronblättern gefüllt. (University of Illinois, Urbana, USA, 1969)

'Prince Georges'. Wuchs baumförmig, bis 6 m hoch. Krone ausladend, bis 7 m breit. Blätter lanzettlich, stumpf, an der Basis in den langen Stiel verschmälert, scharf gesägt, oberseits glänzend dunkelgrün, unterseits leicht behaart, lange haftend. Blüten 5 cm breit, rosa, duftend, mit (10–16–)35–41(–50–61) Kronblättern reich gefüllt, spät aufblühend, jährlich reich blühend. Früchte grün, 2 cm breit, Stiel 4–5,5 cm lang, werden selten ausgebildet. Schorfresistent. (1934 vom Arnold Arboretum Jamaica Plain, Massachusetts, USA nach dem Prince George's County in Maryland, USA, benannt.)

Malus-Hybriden mit latinisierten Namen

Malus-Hybriden werden auch als Sekundärarten beschrieben. Im Gegensatz zu den natürlichen Arten, den Primärarten, wird die Beschreibung der morphologischen Merkmale stichwortartig durchgeführt. Das gilt auch für die danach beschriebenen Hybriden mit Sortennamen. Nach dem wissenschaftlichen Namen folgen in Klammern Angaben zu den Eltern. Bei der zuerst genannten Art handelt es sich um die Mutterpflanze. Nach der Beschreibung der morphologischen Merkmale folgen in Klammern, soweit bekannt, Angaben zum Züchter und zum Zeitpunkt der Einführung in die Gartenkultur oder der Registrierung. Zuordnung der Sorten nach „The International Crabapple Register and Checklist 2017" (LING et al. 2017)

Malus ×adstringens ZABEL ex REHDER

(*M. baccata* × *M. sieversii* var. *niedzwetzkyana*)

Malus ×adstringens

Malus ×adstringens

Mittelgroßer, breitkroniger Baum. Blätter unterseits weich behaart, nie gelappt. Blüten meist rosa. Blütenstiele kurz und dick, wollig behaart. Früchte meist ± kugelig, (2–)4–5 cm dick, kurz gestielt, rot, gelb oder grün gefärbt. Kelch teilweise bleibend, teilweise hinfällig. (1910 aus China in die USA eingeführt.)

'Hopa'. Wuchs baumförmig, 4–5(–10) m hoch. Krone breit eiförmig, 3–5 m breit, Äste waagerecht abstehend. Blätter eiförmig-elliptisch, kurz zugespitzt, scharf gesägt, anfangs hell purpurn, zuletzt nahezu grün. Blüten 4,3 cm breit, in der Knospe dunkelrot bis purpurrot, im Verblühen rosa, Kronblätter an der Basis weiß, Stiel 3–5 cm lang. April. Früchte kugelig, 1,8–2 cm dick, tief- oder blutrot, an der Schattenseite meist gelb, Kelch meist hinfällig. Fruchtfleisch gelblich rötlich, mehlig, erträglich duftend, gut zum Konservieren geeignet. (NIELS E. HANSEN, Brookings, South Dakota, USA, 1920)

Malus ×adstringens 'Hopa'

Malus ×adstringens 'Hopa'

Malus ×adstringens 'Hopa' als Pollenspender für *Malus domestica* 'Astramel'

Malus ×adstringens 'Hopa'

'Kelsey'. Wuchs baum- oder strauchförmig, 4,5–6 m hoch. Krone aufrecht-kugelig, kompakt. Blätter im Austrieb rötlich, später bronzefarben, zuletzt grün mit rötlicher Nervatur. Blüten zahlreich, 2,5–5 cm breit, purpurrot, die 10–16 Kronblättern an der Basis weiß. Früchte etwa 2 cm dick, glänzend dunkel purpurrot, bereift, Kelch bleibend. Fruchtfleisch mehlig. Besonders frosthart. (Morden Research Station, Manitoba, Kanada, 1970)

'Nipissing'. Wuchs strauchförmig. Blätter anfangs purpurrot, später hellpurpurn. Blüten etwa 4 cm breit, in der Knospe karminrot, aufgeblüht tiefrosa, im Verblühen lavendelfarben. Nur in jedem zweiten Jahr reich blühend. Früchte 3,5 cm dick, dunkelrot mit orange, auf der Schattenseite bronzegrün. Anfällig für Krankheiten. (I. PRESTON, Dominion agricultural experiment station, Ottawa, Kanada, 1930)

Malus ×adstringens 'Nipissing'

'Osman'. Wuchs strauchförmig. Blüten ähnlich denen der Kulturäpfel, 5–6 cm breit, in der Knospe rosa, aufgeblüht weiß, Blütenkelch aber kahl. Früchte etwa 2,5 cm dick, eiförmig, rötlich, Mitte September reifend und bald abfallend, essbar, Kelch bleibend, leicht behaart. Leicht schorfanfällig, resistent gegen Feuerbrand. Besonders frosthart. Selektiert für die kanadischen Prärie-Provinzen Manitoba und Saskatchewan. (W. SAUNDERS, Ottawa, Kanada, vor 1904 erzielt, 1911 benannt)

'Red Silver'. Wuchs baumförmig, bis 9 m hoch. Krone kompakt, bis 4,5 m breit. Blätter eiförmig, lang zugespitzt, anfangs bronzerot und silbrig behaart, zuletzt bronzegrün. Blüten 5–5,5 cm breit, tiefviolett, am Rand verblassend. Früchte kugelig, 1,8–2 cm dick, dunkel purpurrot,

2–3 cm lang gestielt, gut zum Konservieren geeignet, Kelch meist bleibend. Mäßig schorfanfällig. (NIELS E. HANSEN, Brookings, South Dakota, USA, 1928) * NL 1996

'Simcoe'. Wuchs baumförmig. Blätter im Austrieb kupfrig grün. Blüten 3,5–5 cm breit, in der Knospe dunkelrot bis hell purpurrosa, rasch verblassend. Nur in jedem zweiten Jahr einigermaßen reich blühend. Früchte 2,5 cm dick, karminrot und orange oder purpurrot. (I. PRESTON, Dominion Agricultural Experiment Station, Ottawa, Kanada, 1930, benannt nach dem Lake Simcoe, 40 Meilen nördlich von Toronto)

'Sissipuk'. Wuchs baumförmig, bis 12 m hoch. Krone kugelig. Blätter im Austrieb bronzefarben, später vergrünend. Blüten 2,5–3,5 cm breit, zu 6–7 in Trugdolden, in der Knospe tief karminrot, aufgeblüht rosarot, die schmalen Kronblätter an der Basis prominent weiß. Früchte 2–3,5 cm dick, abgeflacht kugelig, ochsenblutrot, Kelch hinfällig. Fruchtfleisch rot, nicht gut duftend. Schorfresistent. (Dominion Agricultural Experiment Station, Ottawa, Kanada, 1930, benannt nach dem Lake Sissipuk in British Columbia)

'Timiskaming'. Blüten 3,5–5 cm breit, in der Knospe tief karminrot oder rötlich kastanienbraun, aufgeblüht rosarot, im Verblühen purpurrosa, Kronblätter an der Basis weiß. Früchte 1–1,5 cm dick, dunkel purpurrot. Nur in jedem zweiten Jahr reich blühend. Schorfanfällig. (Dominion Agricultural Experiment Station, Ottawa, Kanada, 1920, benannt nach dem Lake Timiskaming, in Südwest-Quebec)

'Transcendent'. Wuchs baumförmig, breitkronig, bis 7,5 m hoch. Zweige leicht überhängend. Blüten 4 cm breit, in der Knospe rosa, aufgeblüht weiß. Früchte 4,5 cm dick, stumpf kegelförmig, leicht kantig, auf goldgelbem Grund rot gestreift oder nahezu ganz rot. Fruchtfleisch dunkelgelb, fest, herb säuerlich, sehr schmackhaft. (Vor 1844 in Europa entstanden.)

Malus ×adstringens 'Transcendent'

'Wabiskaw'. Wuchs baumförmig, straff aufrecht, anfangs nahezu säulenförmig. Blätter eiförmig-elliptisch, spitz, anfangs rötlich, später bronzefarben grün oder grün, im Herbst orangerot. Blüten 3,5 cm breit, einfach bis halbgefüllt, in der Knospe tiefrosa, aufgeblüht purpurrot mit einem hellpurpurnen Zentrum. Früchte wenig zahlreich, 3 cm dick, abgeflacht kugelig, leicht kantig, karminrot, an der Schattenseite gelb oder braun. Anfällig für Krankheiten. (I. Preston, Dominion Agricultural Experiment Station, Ottawa, Kanada, 1930, benannt nach dem Lake Wabiskaw in Alberta)

Malus ×arnoldiana (Rehder) Rehder, Arnolds Apfel (*M. baccata* × *M. floribunda*)

(Synonym *Malus floribunda* Van Houtte var. *arnoldiana* Rehder, *M. pulcherrima* (Asch. et Graebn.) Boyton var. *arnoldiana* Rehder)

Malus ×arnoldiana

Bis 8 m hoher Baum. Krone weit ausladend, bis 11 m breit. Zweige weit überhängend. Triebe anfangs behaart. Blätter 6–9 cm lang, elliptisch bis länglich-eiförmig, zugespitzt, an der Basis verschmälert bis abgerundet, unregelmäßig und fast doppelt gesägt, anfangs leicht behaart, später nur Blätter der Langtriebe unterseits behaart. Blüten etwa 4,5 cm breit, zu 4–6 in Trugdolden, in der Knospe karminrot, im Aufblühen außen phloxrosa, zuletzt fast

Malus ×arnoldiana

Malus ×arnoldiana

weiß. Kronblätter schmal eiförmig-elliptisch, bis 3 cm lang, Kelchblätter lanzettlich, 5 mm lang, dicht behaart, Griffel 3 (bis 4), im unteren Drittel behaart. Staubblätter 20. Blütenstiele 5–7,5 cm lang. Früchte eiförmig, 1,2–1,5 cm dick, mattrot, narbig, Stiel 3,5 cm lang, im September–Oktober reifend. Kelch hinfällig. (Etwa 1883 im Arnold Arboretum, Jamaica Plain, Massachusetts, USA, entstanden, 1908 benannt, ab 1912 in Europa in Kultur.)

M. ×arnoldiana gehört zu den besonders reich blühenden *Malus*-Hybriden. Die Blüten erinnern an die von *M. floribunda*, sind aber deutlich größer als diese. *M. ×arnoldiana* wird bei Eseltine (1933) als "one of the most beautiful of all flowering crab apples" beschrieben.

Malus ×astracanica Dum.-Cours., Astrachan-Apfel (*M. prunifolia* × *M. domestica*)

Bis 5 m hoher Baum oder Strauch, ähnlich *M. domestica*. Von dieser unterschieden durch gröber und schärfer gesägte Blätter, lang gestielte, hellrosa Blüten und lang gestielte, leuchtend rote, bereifte Früchte. (Seit 1700 in Europa bekannt, aber wohl aus Asien stammend.)

Malus ×atrosanguinea (Späth) C.K. Schneid., Karminroter Apfel (*M. halliana* × *M. toringo* var. *toringo*)

Mittelgroßer, 4,6–5,5 m hoher, meist mehrstämmiger, reich verzweigter Baum. Krone abgeflacht kugelig, bis 8 m breit. Zweige elegant und überhängend. Blätter elliptisch bis eiförmig, spitz bis zugespitzt, an der Basis abgerundet bis keilförmig, am Rand gesägt, oberseits glänzend dunkelgrün, unterseits schwach behaart, meist ungelappt, nur Blätter der Langtriebe gelegentlich jederseits mit einem basalen Lappen. Blüten zahlreich, zu 5–7 in Trugdolden, 2,5–4 cm breit, in der Knospe tief karminrot, im Verblühen rosa, Kronblätter außen dunkler als innen, Staubblätter 20, Griffel 3, in der unteren Hälfte leicht zottig behaart. Blütenstiele dünn, 2,5–3 cm lang. Sehr früh aufblühend. Kelchblätter bleibend, innen und außen leicht behaart. Früchte kugelig, 1,2–2,5 cm dick, meist nicht genabelt, glänzend rot oder gelb mit roter Backe, zahlreich, aber unauffällig. Mäßig schorfanfällig.

Sehr ähnlich *M. floribunda*, die Blüten im Verblühen aber nicht weiß, wie bei *M. floribunda*. (Vor 1889 im Arnold Arboretum, Jamaica Plain, Massachusetts, USA, entstanden. 1889 von der Baumschule Späth, Berlin, unter dem Namen *M. floribunda* atrosanguinea eingeführt.)

Malus ×dawsoniana Rehder, Dawsons Apfel (*M. fusca* × *M. domestica*)

Malus ×dawsoniana

Bis etwa 15 m hoher, reich verzweigter, kugelkroniger Baum, ähnlich *M. fusca*. Blätter 4–9 cm lang, elliptisch bis länglich-elliptisch, oft mit prächtiger Herbstfärbung. Blüten etwa 3,5 cm breit, in der Knospe hellrosa, aufgeblüht weiß, lang gestielt, erst im Mai aufblühend. Früchte länglich-ellipsoidisch, gelb bis gelbrot, 2,5–5 cm lang, essbar. Kelch bleibend. Weitgehend frei von Krankheiten.

M. ×dawsoniana hat ein natürliches Vorkommen im Willamette Valley in Oregon und tritt vereinzelt auch in Washington und dem südlichen British Columbia auf. Die sehr gesunde Hybride wird seit 1881 im Arnold Arboretum, Jamaica Plain, Massachusetts, USA, kultiviert und 1907 nach JACKSON THORTON DAWSON (1841–1916) benannt, der 43 Jahre lang als Superintendent im Arnold Arboretum gearbeitet hat.

Malus ×gloriosa LEMOINE
(*M. sieversii* var. *niedzwetzkyana* × *M. ×scheideckeri*)

Mittelgroßer Baum. Krone kugelig oder ausgebreitet. Blätter im Austrieb bronzerot. Blüten 4 cm breit, wenig zahlreich, in der Knospe purpurrot, aufgeblüht purpurn. Früchte 3 cm dick, braunrot oder rot. (Vor 1931 durch V. LEMOINE, Nancy, Frankreich, erzielt.)

'Echtermeyer' ('Oekonomierat Echtermeyer'). Hängeform, Wuchshöhe abhängig von der Veredlungshöhe. Zweige in weiten Bögen überhängend. Blätter eiförmig, zugespitzt, an der Basis keilförmig, unregelmäßig grob gesägt, an Langtrieben auch gelappt, im Austrieb

Malus ×gloriosa 'Echtermeyer'

Malus ×gloriosa 'Echtermeyer'

Malus ×gloriosa 'Echtermeyer'

braunrot, bald bronzegrün. Blüten in der Knospe karminrot, im Verblühen sehr hellrosa. Früchte rot, etwa 2,5 cm dick, Fruchtfleisch rötlich, Kelch bleibend. Schorfanfällig. (Baumschule L. Späth, Berlin, 1914)

Malus ×gloriosa 'Echtermeyer'

Malus ×hartwigii Koehne,
Hartwigs Apfel
(*M. halliana* × *M. baccata*)

Malus ×hartwigii

Malus ×hartwigii

Wuchs breit säulenförmig, Zweige dunkelbraun. Sehr gesund und reich blühend. Blätter 6–8 cm lang, eiförmig, spitz, an der Basis abgerundet, dunkelgrün. Blüten 3,5 cm breit, zu mehr als 8 in Trugdolden, in der Knospe dunkelrosa, aufgeblüht weiß mit rosa Hauch, Kronblätter zu 5–12, Blütenbecher rot, außen leicht behaart, innen kahl, Blütenstiele bis 4 cm lang, grünlich rosa, kahl. Früchte etwa 1,2 cm dick, kugelig bis birnenförmig, gelbgrün, sonnenseits leicht gerötet, bis in den Winter haftend, Kelch hinfällig. (In Zentralasien entstandene natürliche Hybride. Vor 1906 eingeführt. Benannt nach dem deutschen Gärtner Karl Gustav Hartwig (1871–1960), Lübeck, Vorwerker Baumschulen.)

Malus ×hartwigii

'Katherine'. Wuchs kompakt, vasenförmig, 3–4,5 m hoch. Blätter eiförmig-elliptisch, zugespitzt, Basis abgerundet bis keilförmig, am Rand gesägt, hellgrün. Blüten zahlreich, 5–5,5 cm breit, in der Knospe rosa, aufgeblüht hellrosa, im Verblühen weiß, mit 20–26 Kronblättern gefüllt. Früchte 0,8–1 cm dick, fein gerippt, leicht glänzend, gelb, rot bis rotbraun bereift, Fruchtstiele 1–2,2 cm lang, bis Mitte Oktober haftend. Kelch hinfällig. Mäßig schorfanfällig. (B.H. SLAVIN, Durand Eastman Park, Rochester, New York, USA, 1928) * NL 1996

Malus ×hartwigii 'Katherine'

Malus ×magdeburgensis Schoch,
Magdeburger Apfel
(*M. spectabilis* × *M. domestica*)

Malus ×magdeburgensis

Malus ×magdeburgensis

Malus ×magdeburgensis

Kleiner, rundkroniger Baum oder Strauch, ähnlich *M. spectabilis*. Blätter 6–8 cm lang, elliptisch oder schmal eiförmig, stumpf, an der Basis keilförmig, kurz gestielt, grün, am Rand grob gezähnt, unterseits behaart. Blüten zahlreich, in der Knospe leuchtend rot, aufgeblüht leuchtend rosa, Kronblätter (5–)10–15, Kelch und Blütenstiele behaart. Früchte kugelig, auf grüngelbem Grund rotbackig, Kelch hinfällig. Vor 1898 von JOHANN GOTTLIEB SCHOCH (1853–1905), Gartendirektor der Stadt Magdeburg, im Herrenkrug-Park, Magdeburg, gefunden und dort möglicherweise schon um 1850 vorhanden. War dort zwischenzeitlich verschwunden und wurde 2016 anlässlich der Jahrestagung der Deutschen Dendrologischen Gesellschaft neu gepflanzt.

Malus ×micromalus MAKINO
(*M. baccata* × *M. spectabilis*)

(Synonyme: *Pyrus micromalus* (MAKINO) MAKINO), *Malus domestica* BORKH. var. *micromalus* (MAKINO) LIKHONOS, *M. microcarpa* A. SAV. var. *kaido* (SIEBOLD) CARRIÈRE, *M. spectabilis* BORKH. var. *kaido* SIEBOLD, *M. spectabilis* BORKH. var. *micromalus* (MAKINO) KOIDZ.

Malus ×micromalus

Bis 5 m hoher, straff aufrecht wachsender Baum. Zweige dünn, purpur- oder dunkelbraun. Triebe nur anfangs behaart. Blätter schmal elliptisch oder elliptisch, 5–10 cm lang, 2–3,5 cm breit, spitz oder zugespitzt, an der Basis keilförmig, 2–3,5 cm lang gestielt. Blüten sehr zahlreich, etwa 4 cm breit, zu 4–7 in 4–6 cm breiten Trugdolden, rosa, nicht verblassend, Blütenbecher röhrenförmig, 5–7 mm lang, fein weiß behaart, Kelchblätter dreieckig-eiförmig oder dreieckig-lanzettlich, 5–8 mm lang, beiderseits fein behaart, Kronblätter etwa 1,5 cm lang,

Malus ×micromalus

Malus ×micromalus

Staubblätter 20, 8–10 mm lang, Griffel 5, länger als die Staubblätter, April–Mai. Früchte nahezu kugelig, 1,5–2 cm dick, an der Basis genabelt, gelbbraun, 2–3 cm lang gestielt, essbar, Kelch ± bleibend. Reifezeit August–September.

In China vor allem in den Provinzen Gansu, Guizhou, Hebei, Innere Mongolei, Shaanxi, Shandong, Shanxi, Yunnan und Zhejiang als Zierapfel, als Unterlage für *M. asiatica* und *M. domestica* und der genießbaren Früchte wegen kultiviert. Vor langer Zeit aus China nach Japan und Korea eingeführt. Kam vor 1856 aus Japan nach Europa.

Malus × moerlandsii DOORENBOS

(*M. toringo* var. *toringo* × *M.* ×*purpurea*)

Wuchs baumförmig, anfangs schmal aufrecht, nahezu säulenförmig, später aufgelockert und breiter werdend, reich belaubt. Blätter groß, an Langtrieben gelappt. Bis zum Sommer glänzend dunkel purpurn, ab August bläulich grün, reich blühend und fruchtend. Blüten zahlreich, dunkelrot bis rosa. Früchte 1,2(–2,5) cm dick, kugelig, sehr dunkel purpurrot, anfangs bereift, Kelch hinfällig. (Vor 1938 von S.G.A. DOORENBOS (1891–1980) im Zuiderpark Den Haag, Niederlande, erzielt.)

Malus ×moerlandsii

Malus ×moerlandsii

'Liset'. Wuchs baumfömig, 6–8 m hoch. Krone breit aufrecht, kompakt, im Alter ausladend, schon als junge Pflanze reich blühend. Triebe purpurn. Blätter eiförmig, 6–8 cm lang, im Austrieb glänzend dunkelpurpurn, später überwiegend dunkelgrün. Blüten 3–4 cm breit, purpurrot, nicht verblassend. Früchte zahlreich, 1,2–1,5 cm dick, abgeflacht kugelig, glänzend dunkel karminrot bis braunrot, bis Mitte Oktober haftend, Kelch hinfällig. Mäßig schorfanfällig. (vor 1938 entstanden, 1952 durch S.G.A. DOORENBOS, Den Haag, Niederlande, benannt) * NL 1996

Malus ×moerlandsii 'Liset'

Malus ×moerlandsii 'Liset'

Malus ×moerlandsii 'Liset'

'Profusion'. Wuchs baumförmig, bis 10 m hoch. Krone ausladend, bis 12 m breit. Blätter eiförmig-elliptisch, spitz, an der Basis abgerundet, im Austrieb purpurfarben bronze, später dunkelgrün mit roter Nervatur, unterseits leicht behaart, Blätter an Langtrieben gelegentlich dreilappig. Blüten sehr zahlreich, 4–5 cm breit, dunkelrot, im Verblühen violettrot, Kronblätter schmal eiförmig. April–Mai. Früchte 1–1,2 cm dick, abgeflacht kugelig, leicht kantig, dunkelpurpurn, im Oktober ochsenblutrot, oft leicht bereift, Kelch hinfällig. Schorfanfällig. (S.G.A. DOORENBOS, Den Haag, Niederlande, 1946)

Malus ×moerlandsii 'Profusion'

Malus ×moerlandsii 'Profusion'

Malus ×platycarpa REHDER,
Breitfrüchtiger Apfel
(*M. coronaria* × *M. domestica*)

(Synonyme: *Malus ×heterophylla* SPACH, *M. coronaria* (L.) MILL. var. *platycarpa* (REHDER) FIALA)

Malus ×platycarpa

Malus ×platycarpa

Malus ×platycarpa

Malus ×platycarpa

Bis 6 m hoher, locker aufgebauter Baum. Zweige abstehend bis überhängend, unbewehrt. Triebe anfangs filzig behaart, bald kahl. Blätter eiförmig bis elliptisch, an beiden Enden rundlich, Basis gelegentlich leicht herzförmig, 5–8 cm lang, fein scharf gesägt, an Langtrieben gelegentlich gelappt. Blüten 4 cm breit, in der Knospe rosa, aufgeblüht hellrosa bis weiß. Früchte 2,5–6 cm dick, abgeflacht kugelig, gelblich grün, wachsartig rot bereift, nach Quitten duftend, Stiel kahl, 4–5 cm lang, Kelch hinfällig. (im östlichen Nordamerika entstandene Naturhybride, seit 1832 bekannt)

Malus ×platycarpa

Malus ×purpurea (Barbier) Rehder,
Purpurroter Apfel
(*M. sieversii* var. *niedzwetzkyana* × *M.* ×*atrosanguinea*)

Malus ×purpurea

6–8 m hoher, breit aufrechter, locker verzweigter Baum oder Strauch, sehr früh aufblühend. Zweige schwarzrot. Blätter 8–10 cm lang, schmal elliptisch bis verkehrt eiförmig-elliptisch, zugespitzt, an der Basis meist keilförmig, am Rand kerbig gesägt, an starken Langtrieben zuweilen gelappt, im Austrieb glänzend dunkel purpurrot, später bronzefarben, oberseits kahl, glänzend, unterseits schwach behaart, gelegentlich einige Langtriebe mit 1 oder 2 seichten Lappen. Blüten 3–4 cm breit, zu 5–7 in etwa 4 cm breiten Trugdolden, 2,5 cm lang gestielt, im Aufblühen tief purpurrot, bald verblassend, 3–4 cm breit. Staubblätter 20, Griffel 4 oder 5. April–Mai. Früchte kugelig bis eiförmig, 1,5–2,5 cm dick, glänzend purpurrot, lang gestielt, Kelch bleibend. Sehr schorfanfällig. (Etwa 1900 in der Baumschule A. Barbier, Orleans, Frankreich, entstanden.)

'Aldenhamensis'. Wuchs baum- oder strauchförmig, 2,5–3 m hoch. Krone breit, locker verzweigt. Blätter im Austrieb purpurfarben, später bronzefarben purpurn. Blüten sehr zahlreich, 4–4,5 cm breit, purpurrot, mit 5–11 Kronblättern leicht gefüllt, April–Mai, oft mit Nachblüten im September–Oktober. Früchte abgeflacht kugelig, 1,5–2 cm dick, am oberen Ende gerippt, dunkel purpurrot bis kirschrot. Fruchtfleisch rötlich. Kelch bleibend. Schorfanfällig. (VICARY GIBBS (1853–1932), Aldenham, Herfordshire, Großbritannien, etwa 1920)

Malus ×purpurea 'Aldenhamensis'

Malus ×purpurea 'Aldenhamensis'

Malus ×purpurea 'Aldenhamensis'

'August Vaga'. Wuchs baum- oder strauchförmig, 4–6 m hoch, sehr frosthart. Krone abgeflacht kugelig, reich verzweigt, 3–4 m breit. Zweige dunkel purpurbraun. Blätter im Austrieb violett, bis zum Frühsommer dunkelgrün. Blüten purpurrosa, Kronblätter an der Basis weiß. Früchte klein, abgeflacht kugelig, dunkelrot, bis zum Frühjahr haftend, Fruchtfleisch ebenfalls dunkelrot, Kelch bleibend. Benannt nach dem estnischen Botaniker AUGUST VAGA (1893–1960). (Herkunft und Einführungsdatum unbekannt)

'Eleyi'. Wuchs baum- oder strauchförmig, 4–5 m hoch. Krone abgeflacht kugelig, reich verzweigt. Blüten sehr zahlreich, hell weinrot, 3–3,5 cm breit, April–Mai. Früchte eiförmig bis kugelig, 1,8–2 cm dick, tiefrot, lang gestielt, bis zum November haftend. Schorfanfällig. (CHARLES ELEY, East Bergholt, Suffolk, Großbritannien, vor 1920) * NL 1984

Malus ×purpurea 'Eleyi'

Malus ×purpurea 'Eleyi'

Malus ×purpurea 'Eleyi'

Malus ×purpurea 'Eleyi'

Malus ×purpurea 'Eleyi'

'Eleyi Compacta'. Wuchs strauchförmig, kompakt, kurztriebig, schon als junge Pflanze reich blühend. Blätter purpurrot. Blüten 3,5 cm breit, purpurrot. Früchte 1 cm dick, purpurrot. (Sämling von 'Eleyi', S.G.A. DOORENBOS, Den Haag, Niederlande, um 1950)

'Jadwiga'. Wuchs breit aufrecht, Äste überhängend. Blüten bis 7 cm breit, in der Knospe purpurbraun, aufgeblüht sattrosa. Früchte kegelförmig, 4–5 cm hoch, himbeerrot, saftig, Fruchtstiele 1,5 cm lang, Kelch bleibend. (Arboretum Kornik, Polen, 1938)

'Kornicensis'. Blüten 4 cm breit, in der Knospe dunkelrot, aufgeblüht hell purpurrot. Früchte 1,25 cm dick, dunkel purpurrot, auf der Schattenseite heller. (Arboretum, Kornik, Polen, vor 1939)

'Lemoinei'. Wuchs baum- oder strauchförmig. Blätter elliptisch bis eiförmig, spitz, an der Basis abgerundet, oft mit ein bis zwei basalen Lappen, anfangs dunkelpurpurn, später bronzefarben, zuletzt dunkelgrün. Blüten 3–5 cm breit, einfach bis leicht gefüllt, purpurn, kaum verblassend. Früchte ± kugelig, 1,2–1,5 cm dick, purpurrot oder rot, Kelch bleibend oder hinfällig, Fruchtstiele etwa 3 cm lang. Schorfresistent. Fruchtfleisch rosa oder rötlich. (Baumschule V. Lemoine, Nancy, Frankreich, 1922)

Malus ×purpurea 'Lemoinei'

'Sophia'. Blüten 4 cm breit, lang und dünn gestielt, in der etwas länglichen Knospe dunkelpurpurn aufgeblüht rosa. Früchte erbsengroß, kugelig, purpurrot, bläulich bereift. (Arboretum Kornik, Polen, 1918)

'Szafer'. Blütenknospen etwas länglich, Blüten bis 5,5 cm breit, blass lila mit rosa Anflug, 2,5 cm lang gestielt. Früchte kugelig, 1,2 cm dick, glänzend purpurrot. (Arboretum Kornik, Polen, 1938)

Malus ×purpurea 'Szafer'

'Wierdak'. Wuchs baum- oder strauchförmig. Blüten 5–6 cm breit, in der ausgesprochen länglichen Knospe tiefpurpurn, aufgeblüht lilarosa, Kronblätter schmal elliptisch, Blütenstiele 2–2,5 cm lang. Früchte kugelig bis etwas länglich, 1,5 cm dick, glänzend purpurrot. (Arboretum Kornik, Polen, 1938)

Malus ×purpurea 'Wierdack'

Malus ×robusta (Carrière) Rehder
(*M. baccata* × *M. prunifolia*)

(Synonyme: Malus cerasifera Zabel, *Pyrus ×robusta* (Carrière) M.F. Fay et Christenh.)

Wuchs baumförmig, im Alter bis 12 m hoch, die reich verzweigte Krone gleich breit. Äste und Zweige bei starkem Fruchtbehang übergeneigt. Kurztriebe dornig. Jungtriebe zottig behaart. Blätter 8–11 cm lang, eiförmig-elliptisch, zugespitzt, an der Basis abgerundet, am Rand fein gekerbt, grün, unterseits oft weich behaart. Blüten 3–4 cm breit, in der Knospe gelegentlich sehr hellrosa, aufgeblüht weiß, nach *Philadelphus* duftend, sehr früh aufblühend. Früchte kugelig oder ellipsoidisch, 1–3 cm dick, grünlich gelb, gelbrot bereift oder ganz rot, Kelch teilweise hinfällig, teilweise bleibend. Fruchtstiele 2,2 cm lang. Fruchtfleisch fest und saftig, wohlschmeckend. (1814 aus Sibirien in den Botanischen Garten Cambridge, Großbritannien, eingeführt.)

Malus ×robusta

Malus ×robusta

Malus ×robusta

Malus ×robusta

'Alexis'. Ähnlich 'Dolgo'. Blüten in der Knospe rosa, aufgeblüht weiß. Früchte 3 cm dick, hochrot bis dunkel karminrot, bläulich bereift. (1897 durch N.E. HANSSEN aus russischem Saatgut erzogen.)

'Dolgo'. Wuchs baumförmig, 9–12 m hoch. Krone ausladend. Blätter derb, groß, schmal eiförmig, spitz, an der Basis abgerundet bis keilförmig. Blüten 3,5–5 cm breit, in der Knospe hellrosa, aufgeblüht weiß, duftend. Nur in jedem zweiten Jahr reich blühend. Früchte eiförmig, 3 cm lang, blutrot bis tief violettrot, im Juli reifend, bis Mitte September haftend, Fruchtfleisch gelblich weiß, essbar, wohlschmeckend, Kelch bleibend. Leicht schorfanfällig. Wird in den USA 'Snow-White Crabapple' genannt. (1897 durch NIELS E. HANSEN aus Russland in die USA eingeführt, seit 1917 in Kultur.)

Malus ×robusta 'Dolgo'

Malus ×robusta 'Dolgo'

'Erecta'. Wuchs baumförmig, bis 12 m breit. Krone bis 7,5 m breit. Blätter eiförmig, kurz zugespitzt, an der Basis keilförmig, am Rand fein scharf gesägt. Blüten 4 cm breit, weiß, einfach bis halb gefüllt. Früchte gelblich, mit dunkel karminroter Backe, 2–2,5 cm lang gestielt, Kelch meist hinfällig. Fruchtfleisch weiß, erträglich duftend. (Herkunft und Einführungsdatum unbekannt)

'Joan'. Wuchs baum- oder strauchförmig, 4–5 m hoch. Blätter schmal verkehrt eiförmig, lang zugespitzt, an der Basis in den langen Stiel verschmälert, grün. Herbstfärbung gelb. Blüten 5 cm breit, in der Knospe sehr hellrosa, aufgeblüht weiß, April–Mai. Früchte abgeflacht kugelig, 3,5 cm dick, anfangs gelblich grün, zuletzt rot, etwa 4,5 cm lang gestielt, duftend, Kelch bleibend. Sehr gut zum Konservieren geeignet. Schorfanfällig. (JOHN DUNBAR (1859–1927), Rochester, USA, 1918)

Malus ×robusta 'Joan'

Malus ×robusta 'Joan'

Malus ×robusta 'Joan'

Malus ×robusta 'Joan'

'Persicifolia'. Pfirsichblättriger Zier-Apfel. Wuchs baum- oder strauchförmig, meist mehrstämmig. Krone kegelförmig. Blätter 7,5 cm lang, schmal, fein gesägt, leicht glänzend. Blüten sehr zahlreich, 4 cm breit, in der Knospe rosarot, aufgeblüht weiß. Früchte zahlreich, rot, an der Schattenseite gelegentlich gelbbraun oder braungrün, ellipsoidisch, 2 cm dick, oft bis zum Februar haftend. Fruchtfleisch weiß, kaum duftend, wirtschaftlich verwertbar. Resistent gegen Krankheiten. (Auslese aus einer Samensammlung des irischen Generalmajors WILLIAM BROOKE PURDON (1851–1950) im Jahr 1913 an der Straße Wutai Shan, nahe Beijing)

Malus ×robusta 'Persicifolia'

Malus ×scheideckeri SPÄTH ex ZABEL,

Scheideckers Apfel

(*M. floribunda* × *M. prunifolia*)

Malus ×scheideckeri

Malus ×scheideckeri

Malus ×scheideckeri

Malus ×scheideckeri

Bis 6 m hoher, straff aufrecht wachsender Baum. Krone schmal kegel- bis säulenförmig. Blätter 5–10 cm lang, etwa 5 cm breit, eiförmig, zugespitzt, an der Basis gestutzt, scharf grob gesägt, lebhaft grün, unterseits heller und anfangs auf den Nerven behaart. Blüten 3,5–4 cm breit, hellrosa, nicht verblassend, mit 10–14(– 20) Kronblättern gefüllt, Kronblätter elliptisch bis verkehrt eiförmig, Staubblätter 30–40, Griffel 5–10, an der Basis behaart, Kelchblätter innen und außen flaumig behaart. Mai. Früchte anfangs gelblich grün, reif orangegelb, 1,5–2 cm dick, leicht gerippt oder kantig, Kelch bleibend. Anfällig für Krankheiten. (Vor 1889 in der Baumschule Scheidecker, München, entstanden.)

'Hillieri' = *M. floribunda* 'Hillieri'

Malus ×soulardii (L.H. Bailey) Britt., Soulards Apfel

(*M. ioensis* × *M. domestica*)

Malus ×soulardii

Malus ×soulardii

Malus ×soulardii

Bis 7,5 m hoher, reich blühender Baum. Blätter breit elliptisch, 5–6 cm lang, unregelmäßig kerbig gesägt, leicht gelappt, derb, oberseits runzelig, unterseits dicht behaart. Blüten 3,5 cm breit, in der Knospe rosarot, aufgeblüht weiß, hellrosa überhaucht, an kurzen, steifen Stielen. Früchte abgeflacht kugelig, 5–6 cm dick, gelblich grün, rot bereift, Kelch hinfällig. (benannt nach James Gaston Soulard (1798–1878), Galena, Illinois, von ihm nach 1844 in Kultur gebracht)

'Mercer'. Wuchs baum- oder strauchförmig, Blätter anfällig für Krankheiten. Blüten in der Knospe hellrosa, aufgeblüht weißlich rosa. Früchte etwa 6,5 cm dick. (Etwa 1892 im Mercer County, Illinois, USA, gefunden.)

Malus ×soulardii 'Mercer'

'Redflesh'. Wuchs baum- oder strauchförmig, 5–7 m hoch. Krone ± kugelig, reich verzweigt. Blätter im Austrieb purpurfarben, zuletzt bronzegrün. Blüten sehr zahlreich, 4,5 cm breit, purpurrot bis hellrosa. Früchte etwa 5 cm lang, außen und innen rosarot, im September–Oktober reifend, essbar. (NIELS E. HANSEN, Brookings, South Dakota, USA, 1928)

Malus ×soulardii 'Redflesh'

Malus ×soulardii 'Redflesh'

Malus ×soulardii 'Redflesh'

'Wynema'. Wuchs schwach, baum- oder strauchförmig. Blätter oft gelappt. Blüten in der Knospe rosarot, aufgeblüht rosa. Früchte 5 cm dick, gelbgrün, rot gefleckt oder ganz rot. (ABNER BRANSON, nahe Oskaloosa, Indiana, USA, etwa 1920)

Malus ×soulardii 'Wynema'

Malus ×soulardii 'Wynema'

Malus ×sublobata (Zabel) Rehder

(*M. toringo* var. *toringo* × *M. prunifolia*)

Malus ×sublobata

Malus ×sublobata

Malus ×sublobata

Malus ×sublobata

Mittelgroßer, kegelförmiger Baum oder Strauch. Blätter 3,5–8 cm lang, schmal elliptisch bis länglich-elliptisch, kurz zugespitzt, an der Basis keilförmig, am Rand gesägt, einzelne Langtriebe an der Basis mit 1–2 Seitenlappen, anfangs beiderseits fein behaart, zuletzt nur noch unterseits. Blattstiel bis 4 cm lang. Blüten zahlreich, zu 3–6 in Büscheln, etwa 4 cm breit, in der Knospe rosarot, aufgeblüht weißlich hellrosa, 2,5 cm lang gestielt, Kronblätter länglich bis länglich-eiförmig, Kelchblätter zottig behaart, Staubblätter 20, Griffel 3–5. Früchte nahezu kugelig, 1,5–2 cm dick, gelblich, gelegentlich gelb mit rot oder orange, Kelch meist bleibend.

Der Ursprung der reich blühenden, blattgesunden Hybride ist unklar. Nach Alfred Rehder stammt sie vermutlich aus Saatgut, das C. S. Sargent 1892 aus Japan in das Arnold Arboretum, Jamaica Plain, Massachusetts, USA, gebracht hat. Eine Hybride aus dem gleichen Elternpaar sei schon vor 1878 von Hermann Zabel im Forstbotanischen Garten Hann. Münden kultiviert worden. Nach Jacobson (1996) ist sie vor 1916 in Aldam House, Großbritannien, spontan entstanden und dort als 'Cashmere' bezeichnet worden. (Van Eseltine 1933)

Malus ×zumi (MATSUM.) REHDER
(*M. mandshurica* × *M. toringo* var. *toringo*)

Malus ×zumi

(Synonym: *Malus sieboldii* var. *zumi* (MATSUM) ASAMI)

Bis etwa 8 m hoher, kegelförmiger Baum. Blätter 5–9 cm lang, eiförmig oder länglich, scharf zugespitzt, an der Basis abgerundet, scharf gesägt, an Langtrieben leicht gelappt, oberseits dunkelgrün, anfangs behaart, unterseits anfangs dicht behaart. Blüten 2,5–3 cm breit, in der Knospe rosa, aufgeblüht cremeweiß, Kronblätter elliptisch bis breit eiförmig, Staubblätter 20, Griffel 4 oder 5, im unteren Drittel oder Viertel leicht behaart, Kelchblätter außen leicht, innen stark zottig behaart. Mai. Früchte kugelig, 1,5 cm dick, rot, Kelch hinfällig. (1892 durch C.S. SARGENT aus Honshu, Japan, in das Arnold Arboretum, Jamaica Plain, Massachusetts, USA, gebracht.)

'Bob White'. Wuchs baumförmig, bis 8 m hoch. Krone ausladend, reich verzweigt. Sehr reich blühend und fruchtend. Blätter zierlich, weniger als 5 cm lang, scharf gesägt, an Langtrieben leicht gelappt, oberseits dunkelgrün, unterseits behaart. Blüten 2,5–3 cm breit, in der Knospe rosa, aufgeblüht reinweiß. Nur in jedem zweiten Jahr reich blühend. Früchte 0,8–1,2 cm dick, kugelig, hellgelb oder gelblich braun, nach Frosteinwirkung rot, 3,5 cm lang gestielt, bis zum Februar haftend. Resistent gegen Krankheiten. (Arnold Arboretum, Jamaica Plain, Massachusetts, USA, 1876)

Malus ×zumi 'Bob White'

Malus ×zumi 'Bob White'

Malus ×zumi 'Bob White'

'Calocarpa' = *M. toringo* var. *toringo* 'Calocarpa'

'Professor Sprenger'. Wuchs baum- oder strauchförmig, 5–7(–13) m hoch. Krone breit kegelförmig bis locker aufrecht, 3–4 m breit. Blätter eiförmig bis länglich, spitz, am Rand gewellt, grün. Herbstfärbung gelborange. Blüten zahlreich, 4–4,5 cm breit, in der Knospe dunkel violettrosa, aufgeblüht weiß. Früchte zahlreich, etwas länger als breit, kantig, 1,5–1,6 cm dick, im September orangegelb, später orangerot, 2,5–3 cm lang gestielt, bis zum Dezember haftend, Kelch hinfällig. Leicht schorfanfällig. (S.G.A. DOORENBOS, Den Haag, Niederlande, vor 1952) ** NL 1996

Malus ×zumi 'Professor Sprenger'

Malus ×zumi 'Professor Sprenger', Pollenspender für *Malus domestica* 'Cox Orange'

Malus ×zumi 'Professor Sprenger'

Malus ×zumi 'Professor Sprenger'

'Winter Gem'. Wuchs baumförmig, aufrecht, stark. Blätter breit eiförmig. Blüten 4 cm breit, in der Knospe elfenbeinfarben rosa, aufgeblüht weiß. Pollen hoch keimfähig. Früchte 1–1,2 cm dick, rot, lang gestielt. Leicht schorfanfällig. (PETE OVERDEVEST, Glen Mills, Pennsylvania, etwa 1988)

Malus ×zumi 'Professor Sprenger'

Zieräpfel mit Sortennamen

Zieräpfel (in den USA als „crab apple" bezeichnet) bestechen im Frühjahr, in den Monaten April bis Anfang Mai, durch ihre Blütenfülle in weiß, rosa, rot oder purpurn und haben im Herbst einen zweiten Höhepunkt, wenn die oft intensiv rot oder gelb gefärbten Früchte reifen. Sie bleiben oft bis weit in den Winter am Baum hängen und sind eine wichtige Winternahrung für Vögel und Säugetiere. Einige Sorten fallen im Herbst durch eine beachtliche Verfärbung ihrer Blätter auf.

In der Gartenkultur werden Zieräpfel häufig den Wildäpfeln vorgezogen, obwohl diese durch ihre Blütenfülle und den oft reichen Fruchtschmuck einen gleich hohen Gartenwert haben wie Zieräpfel.

In diesem Kapitel werden zwar zahlreiche Sorten beschrieben, bei weitem aber nicht alle. Allein in den USA sollen 400 bis 600 crab apple-Sorten in Kultur sein.

Sorten, die aus Kreuzungen zwischen Arten und/oder Sorten entstanden sind, werden gegenwärtig in der Regel nur noch mit Gattungs- und Sortennamen geschrieben, z. B. *Malus* 'Adams'. Nach dem Namen folgt in Klammern, soweit bekannt, die Abstammung der Sorte. Nach der Beschreibung der morphologischen Merkmale folgen in Klammern Angaben zum Ort der Entstehung und zum Jahr der Einführung in die Gartenkultur. Selektion, Benennung und Registrierung der Sorten sind nicht selten früher erfolgt.

Bei den in den Niederlanden geprüften Sorten wird der Gartenwert der Sorten in *** angegeben. Bei weitem sind nicht alle hier beschriebenen Sorten in den Niederlanden bonitiert worden.

Moderne Sortennamen bestehen häufig nur noch aus einer Aneinanderreihung kryptischer Buchstaben und Ziffern. So benannten Sorten werden phonetisch angenehm klingende Handelsnamen hinzugefügt, die in Kapitälchen gesetzt und den Sortennamen vorangestellt werden, die dann in Klammern stehen.

Einige amerikanische Sorten sind durch ein Plant Patent (PP) vor unerlaubtem Nachbau geschützt.

Die beschriebenen Sorten sind in der Winterhärtezone 5b ausreichend frosthart. In Kanada entstandene Sorten halten auch bis zur Winterhärtezone 4 oder 3 aus.

Angaben zur Resistenz gegen Krankheiten nach FIALA (1994), JACOBSEN (1996) und DIRR (1998), ausgenommen die in den Niederlanden bonitierten Sorten.

Zieräpfel werden wegen ihrer hoch attraktiven Blüten und Früchte nicht nur als Ziergehölze verwendet, sie sind auch von wirtschaftlicher Bedeutung. Apfelbäume sind wegen ihrer selbstunfruchtbaren Blüten auf Fremdbefruchtung angewiesen. Um diese sicherzustellen, werden in modernen Obstplantagen auch Zieräpfel als Befruchter eingesetzt. Es werden Zierapfelsorten verwendet, die sich durch eine Fülle an Blüten, eine lang anhaltende Blütezeit und hoch keimfällige Pollen auszeichnen. Zieräpfel machen dann 5 bis 10 % des Baumbestandes aus. In den Obstplantagen des Alten Landes werden als Pollenspender folgende Sorten eingesetzt: PERPETU ('Evereste'), 'Golden Hornet', *M. ×adstringens* 'Hopa' und *M. ×zumi* 'Professor Sprenger'.

Die Sorten PERPETU ('Evereste') und *×zumi* 'Professor Sprenger' dienen als Pollenspender für zahlreiche früh, mittel und spät blühende Sorten. 'Golden Hornet' dient als Pollenspender für mittelfrüh blühende Sorten, *M. ×adstringens* 'Hopa' für die sehr früh und früh blühenden Sorten 'Delbaresitivale', 'Gavensteiner', 'Boskoop' und 'Topaz' (KLOPP 2019).

Malus 'Abraham' (Abstammung unbekannt)
Wuchs strauchförmig oder kleiner Baum. Blätter eiförmig, lang zugespitzt, an Langtrieben gelegentlich gelappt, dunkelgrün, mit 3–4 cm langem Stiel. Blüten in der Knospe leicht rosa, aufgeblüht weiß. Früchte länglich eiförmig, 1–1,5 cm breit und 3–4 cm lang, unten schmaler, an die Hagebutten von *Rosa moyesii* erinnernd, leuchtend rot, etwa 1,5 cm lang gestielt, meist zu fünft zusammenstehend. Sehr reich fruchtend und dann auffallend, leichte Alternanz zeigend. Benannt nach ABRAHAM RAMMELOO, Direktor des Arboretums Kalmthout, Belgien. (JOSEF RUPRECHT, Wijk en Aalburg, Niederlande, ca. 2000)

Malus 'Abraham'

Malus 'Abraham'

Malus 'Adams' (Abstammung unbekannt) Wuchs baumförmig, 5–6 m hoch. Krone kugelig, bis 6 m breit, meist sparsam verzweigt. Jährlich sehr reich blühend und fruchtend. Blätter eiförmig, zugespitzt, anfangs leicht bronzefarben, später graugrün, anfangs dicht behaart. Herbstfärbung gelb bis orange. Blüten 4–5 cm breit, in der Knospe dunkel violett, aufgeblüht dunkel violettrot. Früchte ± kugelig, 1,5 cm dick, glänzend karmin- bis dunkelrot bereift, bis zum Oktober haftend, Kelch bleibend. Fruchtfleisch knackig, blutrot. Mäßig mehltauanfällig. (Adams Nursery Co. Westfield, Massachusetts, USA, 1959) * NL 1996

Malus 'Adams'

Malus 'Adams'

Malus 'Adirondack' (*M. halliana* × ?.)
Wuchs baum- oder strauchförmig, 3,5–5 m hoch. Krone steif aufrecht, unregelmäßig vasenförmig, reich verzweigt, 2 m breit. Zweige graubraun, mit prominenten Lentizellen. Blätter elliptisch, 9–15 cm lang, 3–4 cm breit, zugespitzt, dunkelgrün, anfangs behaart, zuletzt kahl, Stiel 2,5–4 cm lang. Blüten zahlreich, zu 5–7 in 7–11 cm breiten Trugdolden, 4–4,5 cm breit, in der Knospe dunkel karminrot, aufgeblüht wachsweiß mit Spuren von Rot. Früchte zahlreich, ± kugelig, 1,3–1,5 cm dick, zur Reife brillant orangerot, bis zum Dezember haftend. Kelch hinfällig. Resistent gegen Krankheiten. (National Arboretum, Washington DC., USA, 1987) ** NL 1996, AGM 2012

Malus 'Adirondack'

Malus 'Aldenhamensis' = *Malus* ×*purpurea* 'Aldenhamensis'

Malus 'Aldenham Purple' (vermutlich Abkömmling von *M. sieversii* var. *niedzwetzkyana*) Blüten lilarot. Früchte bis 6,5 cm dick, purpurrot. Krebsanfällig. (Vor 1925 entstanden.)

Malus 'Aldenham Purple'

'Almey' (*M. baccata* × *M. sieversii* var. *niedzwetzkyana*)
Wuchs baumförmig, 6–8 m hoch, Krone bis 9 m breit. Blätter im Austrieb purpurfarben, voll entfaltet bronzegrün, scharf gesägt. Blüten 4–4,5 cm breit, 3,5 cm lang gestielt, zu 5 bis 8 in Büscheln, in der Knospe tief purpurrot, aufgeblüht purpurrot, Kronblätter an der Basis sternförmig weiß. Früchte kugelig, gerippt, 1,8–2 cm dick, orange, karminrot oder purpurn bereift, Kelch hinfällig, Reifezeit September–Oktober, Fruchtfleisch goldgelb, hart, schlecht schmeckend. Anfällig für Krankheiten. (Morden Research Station, Manitoba, Kanada, 1945) * NL 1984

Malus 'Almey'

Malus 'Amberina' (*M.* CHRISTMAS HOLY × *M.* 'Kirk') PP 6942, 1989
Wuchs baum- oder strauchförmig, straff aufrecht, bis 3,5 m hoch. Krone etwa gleich breit. Zweige überhängend. Blätter im Herbst goldgelb. Blüten in der Knospe tiefrot, aufgeblüht cremeweiß. Früchte zahlreich, brillant orangerot. Leicht schorfanfällig. (Klehm Nursery, South Barrington, Illinois, USA, 1981)

Malus 'American Beauty' (*M.* ×*hartwigii* 'Katherine' × *M.* 'Almey') PP 2821, 1968
Wuchs baum- oder strauchförmig, 4,5–6 m hoch. Blätter stumpf gesägt, teilweise gelappt. im Austrieb bronzerot, später bronzegrün. Blüten 5–5,5 cm breit, weinrot, mit 15 Kronblättern leicht gefüllt. Früchte dunkelrot, 1,2 cm dick, Stiel 3,5 cm lang, behaart, Kelch bleibend oder hinfällig. Fruchtfleisch rot, streng riechend. Schorfresistent. (Princeton Nursery, New Jersey, Großbritannien, 1970)

Malus AMERICAN SPIRIT ('Amerspirzam') (Abstammung unbekannt)
Wuchs baumförmig, 4,5–5 m hoch. Krone gleich breit, abgerundet. Blätter schmal eiförmig, grün, im Herbst gelb. Blüten in der Knospe dunkelrot, im Aufblühen rot, zuletzt rosa. Früchte zahlreich, 0,7–1,2 cm dick, kugelig, glänzend rot, Kelch hinfällig. Hoch schorfresistent. (Milton Baron, East Lansing, Michigan, USA, 1989)

Malus 'Amisk' (*M. sieversii* var. *niedzwetzkyana* × ?)
Wuchs baum- oder strauchförmig. Blätter im Austrieb purpurrot, später grün. Blüten 5 cm breit, in der Knospe karminrot, aufgeblüht rosa. Nur in jedem zweiten Jahr reich blühend. Früchte hagebuttenähnlich, rot und gelb, 1,5 cm dick, Kelch bleibend. Anfällig für Krankheiten. (I. PRESTON, Dominion Agricultural Experiment Station, Ottawa, Kanada, 1920, benannt nach dem Lake Amisk in Nordost-Saskatchewan)

Malus 'Angel Choir' [(*M. baccata* 'Plena Alba' × *M.* ×*zumi*) × (*M.* ×*zumi* × *M.* 'Van Eseltine')]
Wuchs strauchförmig, aufrecht, bis 3,5 m hoch. Blüten gefüllt, in der Knospe hellrosa, aufgeblüht weiß, zahlreich entlang vorjähriger Triebe. Früchte etwa 1 cm dick, tiefrot. Resistent gegen Krankheiten. (J.L. FIALA, Falconskeape, nahe Medina, Ohio, USA, etwa 1983)

Malus 'Arrow' (*M. sieversii* var. *niedzwetzkyana* × ?)
Blüten 3–4 cm breit, in der Knospe tief purpurrot, aufgeblüht purpurrosa. Früchte 2,5–3 cm breit, matt purpurrot, stark bläulich bereift, bis zum Spätwinter haftend. Kelch hinfällig. Anfällig für Krankheiten. (I. PRESTON, Dominion Agricultural Experiment Station, Ottawa, Kanada,1930)

Malus 'Arrow'

Malus 'Artic Dawn' (*M. sieversii* var. *niedzwetzkyana* × ?)
Wuchs baumförmig. Zweige überhängend. Blüten 2 cm breit, in der Knospe rosa, aufgeblüht weiß, rosa getönt. Früchte purpurrot, etwa 1,2 cm dick, lange haftend. Resistent gegen Krankheiten. Besonders winterhart, aber nicht besonders attraktiv. (Morden Research Station, Manitoba, Kanada 1941)

Malus 'Autumn Glory' (*M. ×zumi* × *M. toringo* var. *toringo* 'Wooster')
Wuchs strauchförmig, bis 4,5 m hoch. Blätter derb, tiefgrün, im Herbst gelb. Blüten zahlreich, in der Knospe tiefrot, im Aufblühen cremefarben, zuletzt reinweiß, duftend. Früchte zahlreich, 0,9 cm dick, nahezu eiförmig, glänzend orangerot, duftend, Fruchtreife ab August, bis zum Dezember–Januar haftend. Resistent gegen Krankheiten. Besonders frosthart. (J.L. FIALA, Falconskeape, nahe Medina, Ohio, USA, 1984)

Malus 'Autumn Treasure'. (*M. toringo* var. *toringo* 'Wintergold' × *M.* 'Red Swan')
Hängeform, Wuchshöhe abhängig von der Veredlungshöhe. Krone 3 m breit. Blätter mittel- bis dunkelgrün. Blüten weiß. Früchte 0,6 cm dick, goldgelb, lange haftend. Resistent gegen Krankheiten. (Arnold Arboretum, Jamaica Plain, Massachusetts, USA, 1987/88)

Malus 'Ballerina' (*M.* 'Gemstone' × tetraploider Sämling von *M.* 'Silver Moon')
Wuchs schmal aufrecht bis säulenförmig, bis 5 m hoch. Krone bis 3,5 m breit. Blätter glänzend dunkelgrün. Blüten reinweiß, schalenförmig. Früchte 1–1,2 cm dick, glänzend gelb, bis in den Winter haftend. Sehr frosthart. Resistent gegen Krankheiten. (Arnold Arboretum, Jamaica Plain, Massachusetts, USA, 1987/88)

Malus 'Barbara Ann' (*M.* 'Dorothea' × ?)
Wuchs baumförmig, 6–8 m hoch. Krone kugelig. Blätter anfangs dunkel bronzefarben rot, später bronzegrün. Blüten 4–5 cm breit, mit 12–15 Kronblättern gefüllt, in der Knospe tief purpurrosa, im Verblühen hell purpurrosa. Früchte 1,2 cm dick, abgeflacht kugelig, purpurn oder purpurrot, unauffällig, Kelch bleibend. Schorfanfällig. (Arnold Arboretum, Jamaica Plain, Massachusetts, USA, 1964)

Malus 'Baskatong' (*M.* 'Simcoe' × *M.* 'Meach')
Wuchs baumförmig, bis 9 m hoch. Krone bis 9 m breit. Blätter tief purpurn, im Sommer dunkel bronzegrün, im Herbst rötlich. Blüten 4,5 cm breit, in der Knospe rötlich kastanienbraun, aufgeblüht hell purpurrot, im Zentrum weiß. Früchte 2,5 cm dick, dunkel purpurrot, mit rostfarbenen Flecken, essbar. Schorfresistent. (Dominion Agricultural Experiment Station Ottawa, Kanada, vor 1948)

Malus 'Baskatong'

Malus 'Baskatong'

Malus 'Beauty' (*M.* ×*robusta* × ?)
Wuchs baumförmig, etwa 10 m hoch. Krone anfangs säulenförmig. Blätter eiförmig, zugespitzt, an der Basis keilförmig, unterseits weiß behaart. Blüten 4,5–5 cm breit, in der Knospe elfenbeinfarben bis rosa getönt, aufgeblüht reinweiß, duftend. Nur in jedem zweiten Jahr reich blühend. Früchte zahlreich, 3 cm dick, abgeflacht kugelig, rosarot oder brillant rot, früh abfallend, essbar, Kelch hinfällig. Mäßig schorfanfällig. (Durch NIELS E. HANSEN, Brookings, South Dakota, USA, aus russischem Saatgut ausgelesen, 1929.)

Malus 'Behrens Crab' (Abstammung unbekannt)
Wuchs baum- oder strauchförmig. Blätter breit eiförmig, spitz, an der Basis keilförmig oder abgerundet, am Rand grob gesägt, lang gestielt. Blüten in der Knospe rosa, aufgeblüht weißlich rosa. Früchte gelb, abgeflacht kugelig, kantig, Kelch bleibend. (Herkunft und Einführungsdatum unbekannt)

Malus 'Behrens Crab'

Malus 'Beverly' (wahrscheinlich *M. floribunda* × ?)
Wuchs baumförmig, 3–6(–7,5) m hoch. Krone aufrecht-kugelig, 3–5 m breit. Blätter zierlich, weniger als 5 cm lang, schmal eiförmig, fein gesägt, dunkelgrün. Herbstfärbung gelb. Blüten zahlreich, in der Knospe rosa, aufgeblüht weiß. Nur in jedem zweiten Jahr reich blühend. Früchte sehr zahlreich, 1,2–1,9 cm dick, kugelig, leuchtendrot, lange haftend, Kelch meist hinfällig. Nur in jedem zweiten Jahr reich blühend. Schorfresistent. (Clavey Ravinia Nursery, (Illinois ?) USA, etwa 1940)

Malus 'Beverly'

Malus 'Blanche Ames' (*M. spectabilis* var. *riversii* × ?)
Wuchs baumförmig, 6–7,5 m hoch. Krone kugelig, reich verzweigt, Zweige dünn, leicht überhängend. Jährlich reich blühend. Blätter schmal eiförmig, zugespitzt, an der Basis keilförmig. Blüten 3,5 cm breit, in der Knospe sehr hellrosa, aufgeblüht weiß, mit 13–19(–23) schmalen Kronblättern gefüllt. Früchte birnenförmig, bis 1,2 cm dick, glänzend gelb, meist rot überdeckt, Kelch hinfällig, Fruchtstiele 5–6 cm lang, dünn. Schorfanfällig. (Arnold Arboretum, Jamaica Plain, Massachusetts, USA, 1947)

Malus 'Blanche Ames'

Malus 'Bob White' = *Malus ×zumi* 'Bob White'

Malus 'Bonfire' (*M.* Christmas Holly × *M.* 'Amberina')
Wuchs baumförmig, schmal aufrecht, bis 4,2 m hoch. Sehr reich blühend und fruchtend. Blätter mittel- bis dunkelgrün. Blüten in der Knospe rot, aufgeblüht weiß. Früchte brillant orangerot, früh ausgefärbt, bis in den Winter haftend. (Arnold Arboretum, Jamaica Plain, Massachusetts, USA, 1987/88)

Malus 'Brandy Magic' (Abstammung unbekannt)
Wuchs baum- oder strauchförmig, 4–6(–7) m hoch. Krone ausladend, 3–5 m breit, locker verzweigt. Blätter eiförmig bis länglich, im Austrieb bronzefarben, später dunkelgrün mit bronzefarbenem Schimmer. Herbstfärbung rotorange. Blüten 4 cm breit, halbgefüllt, dunkelrosa, intensiv duftend. Früchte abgeflacht kugelig, bis 4 cm dick, intensiv orangerot, auf der Schattenseite gelb, duftend. Früher Blatt- und Fruchtfall, mäßig schorfanfällig. (Herkunft und Einführungsdaten unbekannt)

Malus 'Brandy Magic'

Malus 'Brandy Magic'

Malus Brandy Wine ('Branzam') (*M.* 'Almey' × *M. ioensis* 'Klehm's Improved Bechtel')
Wuchs baumförmig, 7,5–9 m hoch. Krone anfangs vasenförmig, zuletzt kugelig, 6 m breit. Blätter sehr breit eiförmig, spitz, an der Basis abgerundet, grob gezähnt, grün, burgunderrot überlaufen, Herbstfärbung tief purpurrot oder rötlich braun. Blüten in der Knospe tief rosa-

rot, aufgeblüht rosarot, gefüllt, duftend. Früchte 2,5 cm dick, gelblich grün, z. T. rosa oder orange bereift, Fruchtstiele 3,5 cm lang, bis zum Oktober haftend, Kelch hinfällig. Resistent gegen Krankheiten. (Simpson Nursery, Vincennes, Indiana, USA, vor 1979)

Malus 'Bridal Crown' [(*M. baccata* 'Plena Alba' × *M. ×zumi*) × (*Malus toringo* var. *toringo* × *M.* 'Van Eseltine')]
Wuchs baum- oder strauchförmig, aufrecht, fein verzweigt, 3,5 m hoch. Krone gleich breit. Blätter dunkelgrün. Blüten reinweiß, stark gefüllt, in dichten Büscheln, wie eine Ansteckblume wirkend. Früchte 1 cm dick, rötlich. Resistent gegen Krankheiten. (J.L. FIALA, Falconskeape, nahe Medina, Ohio, USA, etwa 1983)

Malus 'Brockmanns Weihnachtsapfel' (Abstammung unbekannt)
Kleiner Baum mit rissiger Borke. Blätter bis 8 cm lang, 5 cm breit, dunkelgrün, gesägt, teilweise eingekerbt, häufig mit 2–4 Lappen, gesund, mit auffälliger gelb-oranger Herbstfärbung. Blüten ca. 3 cm breit, in der Knospe zartrosa, aufgeblüht weiß, Mitte April bis Anfang Mai blühend. Früchte 2–3 cm dick, rot, bis Ende Dezember haftend. Von W. BROCKMANN, Buxtehude, vor 1900 aufgrund der auffallenden Rinde, der Herbstfärbung, der ungewöhnlichen, häufig gelappten Blätter und der lange haftenden Früchte selektiert und ab ca. 2010 in den Handel gebracht.

Malus 'Brockmanns Weihnachtsapfel'

Malus 'Burgandy' (*M.* 'Van Eseltine' × *M.* 'Almey')
Wuchs baumförmig, schmal aufrecht. Krone anfangs vasenförmig, zuletzt ausgebreitet, reich verzweigt, bis 5,5 m hoch. Blätter den ganzen Sommer über rot. Blüten sehr zahlreich, dunkelrot (weitgehend ohne Anteile von Purpur), nach Trauben duftend. Früchte klein, kastanienbraun. Leicht schorfanfällig. (Simpson Nursery, Vincennes, Indiana, USA, etwa 1978)

Malus 'Butterball' (*M. toringo* var. *toringo* 'Calocarpa' × ?)
Wuchs baumförmig, 4–4,5 m hoch. Krone ausladend, locker verzweigt, 3–6 m breit. Zweige abstehend bis leicht überhängend. Blätter schmal eiförmig, hellgrün, leicht behaart. Herbstfärbung gelb bis gelborange, Früchte ± kugelig, 2–4 cm dick, auffallend orangegelb, sehr zahlreich, lange haftend, Kelch hinfällig, leicht anfällig für Krankheiten. (Washington Park Arboretum, USA, 1946 erzielt, 1956 benannt) AGM 2012

Malus 'Butterball'

Malus 'Butterball'

Malus 'Butterball'

Malus 'Butterball'

Malus 'Butterfly' (*M.* 'Dorothea' × *M. floribunda*)
Wuchs strauchförmig, 2,5–3 m hoch, reich verzweigt. Blätter mittelgrün. Blüten in der Knospe dunkelrosa, aufgeblüht hellrosa, Kronblätter schmal. Früchte 1 cm dick, leuchtend rot. Resistent gegen Krankheiten. (J.L. Fiala, Falconskeape, nahe Medina, Ohio, USA, etwa 1983)

Malus 'Callaway' (*M. toringo* var. *toringo*-Hybride)
Wuchs baum- oder strauchförmig, bis 4,5 m hoch. Krone bis 7,5 m breit. Zweige überhängend. Blätter groß, hellgrün. Blüten 2,5–4 cm breit, in der Knospe hellrosa, aufgeblüht weiß. Früchte zahlreich, 2–3 cm dick, hellrot, lange haftend, wirtschaftlich verwertbar. Resistent gegen Krankheiten. (Fred Galle, Callaway Gardens, 85 Meilen südlich von Atlanta, Georgia, USA, 1954)

Malus Camelot ('Camzam') (Abstammung unbekannt)
Wuchs strauchförmig, kompakt, langsam bis 3 m hoch. Krone kugelig, bis 2,5 m breit. Blätter derb, scharf gezähnt, im Austrieb burgunderrot, später dunkelgrün. Blüten 3,5–4 cm breit, in der Knospe dunkel purpurrot, aufgeblüht weiß, duftend, Kronblätter am Rand und auf der Rückseite sehr hellrosa. Früchte 1–1,5 cm lang, rot, im Frühherbst burgunderfarben, essbar, Kelch hinfällig. (Lake County Nursery, Perry, Ohio, USA, 1991)

Malus 'Canary' (Abstammung unbekannt)
Wuchs baumförmig, lockerkronig. Äste lang, abstehend. Blätter häufig tief gelappt, beiderseits bleibend behaart. Blüten zahlreich, 3 cm breit, in der Knospe rot, aufgeblüht weiß, Kronblätter sich überlappend. Früchte 0,8–1,1 cm dick, kanariengelb, Fruchtstiele etwa 2 cm lang. Resistent gegen Krankheiten. (Simpson Nursery, Vincennes, Indiana, USA, etwa 1990)

Malus 'Candymint Sargent' (*M. toringo* var. *sargentii* × ?)
Wuchs baum- oder strauchförmig, kompakt, etwa 4 m hoch, Äste waagerecht abstehend. Krone etwa 5 m breit. Blätter anfangs purpurn, weiß behaart, später dunkelgrün, bis 11 cm lang, 10 cm breit, derb, sehr scharf gezähnt und deutlich gelappt. Blüten in der Knospe karminrot, aufgeblüht rosa, Kronblätter am Rand rot, über eine lange Zeit attraktiv. Früchte dunkel purpurrot. (Simpson Nursery, Vincennes, Indiana, USA, vor 1989)

Malus CANTERBURY (*M.* 'Canterzam') (Abstammung unbekannt)
Wuchs strauchförmig, kompakt, rundkronig, bis 3,5 m hoch. Blätter dunkelgrün. Blüten in der Knospe tiefrosa, aufgeblüht hellrosa bis weiß. Früchte 0,8–1,2 cm dick, leuchtend rot, lange haftend. Resistent gegen Krankheiten. (Lake County Nursery, Perry, Ohio, USA, 1993)

Malus 'Cardinal's Robes' (*M. ×moerlandsii* 'Liset' × *M.* 'Amberina')
Wuchs baumförmig, rundkronig, bis 4,5 m hoch. Stammrinde kirschenähnlich. Blätter dunkel rötlich grün. Blüten in der Knospe orangerot, aufgeblüht hellrot. Früchte 1–1,3 cm dick, hellrot. Resistent gegen Krankheiten. (Arnold Arboretum, Jamaica Plain, Massachusetts, 1987/88)

Malus 'Carnival' (*M.* 'Serenade' × *M.* 'Amberina')
Wuchs baum- oder strauchförmig, bis 3,5 m hoch. Krone rundlich, 3 m breit. Blätter derb, dunkelgrün. Blüten in der Knospe rosarot, aufgeblüht weiß. Früchte 1 cm dick, goldgelb, orange und rot, bis zum Frost haftend. (J.F. FIALA, Falconsceape, nahe Medina, Ohio, USA, 1978)

Malus 'Centennial' (*M. ×robusta* 'Dolgo' × *M.* 'Wealthy')
Wuchs baumförmig, bis 8 m hoch. Blätter groß, dünn, scharf gezähnt. Blüten in der Knospe rosa, aufgeblüht weiß. Früchte eiförmig, 4,4–6 cm dick, lang gestielt, gelblich orange, rot gestreift, Kelch bleibend, im August–September reifend, wirtschaftlich verwertbar. Der Name der 1967 eingeführten Sorte bezieht sich auf den einhundertsten "Geburtstag" des Staates Minnesota, der 1858 als 32ster Staat der USA beitrat. Leicht schorfanfällig (Excelsior, Minnesota, 1957)

Malus CENTURIAN ('Centzam') (*M. toringo* var. *toringo* 'Calocarpa' × *M.* 'Almey').
Wuchs schmal aufrecht bis säulenförmig, etwa 5 m hoch. Krone 1–2 m breit. Blüten auch an vorjährigen Langtrieben. Blätter 7,5 cm lang, bis 4 cm breit, anfangs purpurn, später glänzend bronzegrün, Herbstfärbung attraktiv. Blüten 4–5 cm breit, in der Knospe rot, aufgeblüht rosarot. Früchte 1,2–1,5 cm dick, glänzend kirschrot, im August reifend, zwei Monate lang die Farbe haltend, Fruchtfleisch amberfarben, Kelch bleibend. Schorf- und mehltauresistent. (Lake County Nursery, Perry, Ohio, USA, 1979)

Malus 'Charlottae' = *Malus coronaria* 'Charlottae'
Malus 'Cheal's Crimson' = *Malus prunifolia* 'Cheal's Crimson'

Malus 'Cheal's Golden Gem'
(Abstammung unbekannt)
Wuchs baumförmig, aufrecht, bis 7,5 m hoch. Blüten in der Knospe rosarot, aufgeblüht weiß, 1,8–3 cm breit. Früchte kugelig, 1,5–2 cm dick, glänzend goldgelb, zahlreich, Kelch hinfällig. (J. Cheal & Sons, Sussex, Großbritannien, vor 1919)

Malus 'Cheal's Golden Gem'

Malus 'Cheal's Weeping'
(Abstammung unbekannt)
Hängeform, Wuchshöhe abhängig von der Veredelungshöhe, Blätter im Austrieb purpurrot, im Sommer bronzefarben grün, bis zum November haftend. Blüten lilarot, im Verblühen stark verblassend. Früchte 0,8 cm dick, dunkelrot, wenig zahlreich. (J. Cheal & Sons, Sussex, Großbritannien, ca. 1950)

Malus 'Cheal's Weeping'

Malus 'Cheal's Weeping'

Malus 'Cheal's Weeping'

Malus 'Chilko' (*M. sieversii* var. *niedzwetzkyana* × ?)
Wuchs baumförmig, breitkronig. Blätter im Austrieb purpurn. Blüten 4,5–5 cm breit, in der Knospe purpurrot, aufgeblüht purpurrosa. Nur in jedem zweiten Jahr reich blühend. Früchte 4–5 cm dick, karminrot, Fruchtfleisch purpurn, essbar, Anfang August reifend und bald abfallend, Kelch bleibend. Leicht schorfanfällig. (I. Preston, Dominion Agricultural Experiment Station, Ottawa, Kanada, 1930, benannt nach dem Lake Chilko im südwestlichen British Columbia)

Malus 'Chilco'

Malus Christmas Holly ('Chrishozam') (*M. ×zumi* × ?)
Wuchs strauchförmig, reich verzweigt, 3–4,5 m hoch. Zweige aufrecht bis weit abstehend. Blätter dunkelgrün, im Herbst gelb. Blüten sehr zahlreich, 3,5–4 cm breit, in der Knospe rot, aufgeblüht weiß. Früchte stechpalmenähnlich, 1 cm dick, leuchtend rot, lange haftend, jährlich reich fruchtend. Resistent gegen Krankheiten. (J.L. Fiala, Falconskeape, nahe Medina, Ohio, USA, vor 1983 registriert)

Malus Cinderella ('Cinzam') (Abstammung unbekannt)
Wuchs strauchförmig, bis 2,5 m hoch. Krone 1,5 m breit. Blätter tief gelappt, anfangs weinrot, später grün. Blüten sehr klein, in der Knospe rot, aufgeblüht weiß. Früchte 0,8 cm dick, gelb, bis zum Spätherbst haftend. Resistent gegen Krankheiten. (Lake County Nursery, Perry, Ohio, USA, 1991)

Malus Coccinella ('Courtarou') (Abstammung unbekannt)
Wuchs baumförmig, locker aufrecht, 4–6(–7) m hoch. Krone ausladend. Zweige bräunlich purpurn, hell punktiert. Blätter elliptisch bis breit eiförmig, kurz zugespitzt, scharf gezähnt, 7–8 cm lang, im Austrieb rötlich purpurn, später purpurgrün. Herbstfärbung orangerot. Blüten zahlreich, rötlich purpurn, Mai, mit

Malus Coccinella ('Courtarou')

der Laubentfaltung Früchte breit eiförmig, etwa 2 cm breit, 2,5 cm lang, purpurrot, bläulich bereift, schon Ende Juli ausgefärbt, bis zum Oktober haftend, Kelch bleibend, Fruchtstiele 3 cm lang. Resistent gegen Krankheiten. (SAPHO, Frankreich, vor 1997)

Malus COCCINELLA ('Courtarou')

Malus COCCINELLA ('Courtarou')

Malus COCCINELLA ('Courtarou')

Malus COCCINELLA ('Courtarou')

Malus 'Color Parade' (*M.* 'Serenade' × *M.* 'Coral Cascade')
Wuchs baum- oder strauchförmig, 3,5 m hoch, Krone gleich breit. Zweige elegant überhängend. Blätter dunkelgrün. Blüten sehr zahlreich, in der Knospe hellrot, aufgeblüht weiß. Früchte 1–1,3 cm dick, korallenrot, früh ausfärbend und bis zum Winter haftend. Resistent gegen Krankheiten. (Arnold Arboretum, Jamaica Plain, Massachusetts, USA, 1987/88)

Malus 'Comtesse de Paris' (Abstammung unbekannt)
Wuchs baum- oder strauchförmig, in 10 Jahren 4 m hoch und 3 m breit. Krone anfangs regelmäßig breit kegelförmig, reich verzweigt. Sehr reich blühend und fruchtend. Blätter eiförmig bis elliptisch, dunkelgrün. Blüten in der Knospe rosa, aufgeblüht reinweiß. Früchte zitronengelb, eiförmig, zum Kelchende hin verjüngt, lange haftend, Kelch bleibend. Resistent gegen Krankheiten. Wird als blattgesunde Alternative zu 'Golden Hornet' angeboten. (Hennebelle, Frankreich, vor 2012) AGM 2012

Malus 'Copper King' (*M.* 'Satin Cloud' × *M.* 'Shinto Shrine')
Wuchs strauchförmig, 3–3,5 m hoch, Krone abgerundet, 3–3,5 m breit. Blätter derb, dunkelgrün, im Herbst gelb bis orange. Blüten groß, weiß, würzig duftend. Früchte 1,2 cm dick, rötlich kupferfarben. Resistent gegen Krankheiten. (J.L. Fiala, Falconskeape nahe Medina, Ohio, USA, 1987)

Malus Coralburst ('Coralcole'). (*M.* 'Van Eseltine' × ?) PP 2983, 1970
Wuchs gedrungen, 5–6 m hoch. Krone eiförmig, 2–3 m breit. Blätter 5–10 cm lang, sehr schmal eiförmig, scharf gesägt, matt dunkel graugrün, stark behaart. Blüten zahlreich, 5 cm breit, in der Knospe korallenrot, aufgeblüht rosa, halbgefüllt. Früchte 1,5 cm dick, matt gelblich grün, braun gesprenkelt. Resistent gegen Krankheiten. (Cole Nursery, Painsville, Ohio, USA, 1968)

Malus 'Coral Cascade' (Abstammung unbekannt) PP 7142, 1990
Wuchs baum- oder strauchförmig, etwa 4,5 m hoch. Zweige übergeneigt bis hängend. Sehr reich blühend und mit einer ungewöhnlichen Fruchtfarbe. Blüten in der Knospe tief korallenrot, aufgeblüht rötlich weiß. Früchte 1,2 cm dick, eiförmig, korallenorange, bei Frostwetter dunkler werdend, bis zum Januar haftend. Resistent gegen Krankheiten. (Gardenview Horticular Park, Strongsville, Ohio, 1989)

Malus 'Coralene' [(*M.* 'Coral Cascade' × (*M.* 'Red Swan' × *M.* 'Coral Cascade')]
Wuchs baum- oder strauchförmig, bis 3,5 m hoch. Zweige elegant überhängend. Blätter mittelgrün. Blüten in der Knospe rosarot, aufgeblüht weiß. Früchte 0,6 cm dick, korallenrosa und kupferfarben, früh ausgefärbt und lange haftend. Resistent gegen Krankheiten. (Arnold Arboretum, Jamaica Plain, Massachusetts, USA, 1987/88)

Malus 'Cotton Candy' (*M.* 'Van Eseltine' × ?)
Wuchs strauchförmig, aufrecht bis abgerundet, langsam bis 3,5 m hoch und gleich breit. Blätter derb, tiefgrün. Blüten in der Knospe tiefrosa, aufgeblüht rosa, halbgefüllt. Früchte 1,2 cm dick, tiefgelb, bald braun und rasch abfallend. Leicht schorfanfällig. (Gardenview Horticultural Park, Strongsville, Ohio, USA, vor 1979)

Malus 'Cowichan' (*M. sieversii* var. *niedzwetzkyana* × ?)
Wuchs baumförmig, kräftig, breitkronig, bis 9 m hoch. Blätter mit attraktiver Herbstfärbung. Blüten 4,5 cm breit, in der Knospe hell rosarot, aufgeblüht rosa, im Verblühen hellrosa bis nahezu weiß. Hat die hellsten Blüten der Rosybloom-Sorten von I. Preston. Früchte 4,5 cm dick, karminrot bis rötlich purpurn, teilweise hellgelb bis elfenbeinfarben, Fruchtfleisch rosa, wirtschaftlich verwertbar. Schorfanfällig. (I. PRESTON, Dominion Agricultural Experiment Station, Ottawa, Kanada, 1930)

Malus 'Cowichan'

Malus 'Crimson Brilliant' (*M.* ×*purpurea* 'Eleyi' × ?) PP 939, 1950
Wuchs baum- oder strauchförmig. Blätter purpurn grün. Blüten 3,5 cm breit, sternförmig, in der Knospe tief purpurrot, aufgeblüht rosarot, die Basis der 5–10 Kronblätter sternförmig weiß. Nur in jedem zweiten Jahr reich blühend. Früchte 2 cm dick, dunkel purpurrot, leicht berostet. Anfällig für Krankheiten. (ARIE DEN BOER, Des Moines, Indiana, USA, 1952)

Malus 'Crimson Brillant'

Malus 'Crittenden' (Abstammung unbekannt)

Wuchs baumartig, gedrungen. Blätter schmal eiförmig, zugespitzt, an der Basis keilförmig, am Rand gesägt, Blattstiel rötlich. Blüten in der Knospe rosa, aufgeblüht weiß, rosa überhaucht. Früchte abgeflacht kugelig, kantig, rot, bereift, lang gestielt, sehr lange haftend, Kelch hinfällig. (1921 unter dem Namen „Pyrus malus Toringo“ aus Japan in Europa eingeführt.)

Malus 'Crittenden'

Malus 'Crittenden'

Malus 'Dark Rosaleen' (Abstammung unbekannt)
Wuchs baumförmig, 5–7 m hoch. Krone anfangs schlank aufrecht, später vasenförmig, 3–4 m breit. Blätter länglich-elliptisch, 6–8 cm lang, im Austrieb dunkel rotbraun, zuletzt rötlich

Malus 'Dark Rosaleen'

grün. Herbstfärbung auffallend orangerot. Blüten zahlreich, in der Knospe rosa, aufgeblüht weißlich rosa. Früchte sehr zahlreich, kugelig, 1 cm dick, dunkelrot, lange haftend. Schorfresistent. (Herkunft und Einführungsdatum unbekannt)

Malus 'Dark Rosaleen'

Malus 'Dartmouth' (*M.* 'Red Astrachan' × ?)
Wuchs baumfömig, offenkronig, bis 8 m hoch. Krone ausgebreitet-überhängend, bis 8 m breit. Blätter breit eiförmig, bis 11 cm lang, grün. Blüten 3,5 cm breit, in der Knospe rosa, aufgeblüht weiß. Früchte 4,5–5 cm breit, über einer gelben Grundfarbe glänzend tief karminrot, wirtschaftlich sehr gut verwertbar. (New Hampshire, USA, vor 1883)

Malus 'Dartmouth'

Malus 'David' (Abstammung unbekannt)
Wuchs baum- oder strauchförmig, 5–6 m hoch. Krone anfangs schmal, zuletzt kugelig, kompakt, bis 3,5 m breit. Blätter eiförmig, 5–8 cm lang, spitz, scharf gezähnt, grün. Herbstfärbung gelb bis orangerot. Blüten 5,5–6 cm breit, in der Knospe dunkelrosa, im Aufblühen dunkel violettrosa, aufgeblüht weiß. Früchte kugelig, 0,9–1,5 cm dick, scharlach- oder orangerot, 2,5–3,3 cm lang gestielt, bis Mitte Oktober haftend. Fruchtfleisch gelb, knackig. Mäßig schorfanfällig, neigt zur Alternanz. (ARIE DEN BOER, Des Moines, Iowa, USA, 1957) s NL 1996

***Malus* 'David'**

Malus 'De Klenge Renert' (*M.* 'Red Sentinel' × ?).
Wuchs strauchförmig oder kleiner Baum. Blätter eiförmig, spitz, anfangs bronzefarben, zuletzt hellgrün. Blüten zahlreich, 3–4 cm breit, in der Knospe hellrosa, aufgeblüht weiß. Früchte sehr zahlreich, kugelig mit 5 auffallenden Kanten, 3,5–4,5 cm dick, braungelb-orange, bis März haftend, Kelch bleibend, zu Alternanz neigend. Der Name bezieht sich auf die orange-braune Färbung der Früchte (luxemburgisch „De Klenge Renert" = Kleiner Fuchs, nach einem Roman des luxemburgischen Autors MICHEL RODANGE). (EIKE JABLONSKI, LTA Ettelbruck, Luxemburg, 2006)

Malus 'De Klenge Renert'

Malus 'De Klenge Renert'

Malus 'Dolgo' = *Malus ×robusta* 'Dolgo'

Malus 'Donald Wyman' (Abstammung unbekannt)
Wuchs baum- oder strauchförmig, 5–6 m hoch. Krone abgeflacht kugelig, bis 6 m breit. Blätter eiförmig, am Rand gesägt, dunkelgrün. Herbstfärbung gelb bis orangerot. Blüten zahlreich entlang der Zweige, 4–4,5 cm breit, in der Knospe violettrot, aufgeblüht weiß, nach der Laubentfaltung aufblühend. Früchte zahlreich, kugelig, 9–13 mm dick, rot, 2,2–2,9 cm lang gestielt, bis zum Februar in guter Kondition haftend. Mäßig schorfanfällig. (Arnold Arboretum, Jamaica Plain, Massachusetts, USA 1970) ** NL 1996

Malus 'Dorothea'

Malus 'Dorothea' (*M. halliana* 'Parkmanii' × *M. ×arnoldiana*)
Wuchs baumförmig, bis 7,5 m hoch. Krone gleich breit. Blätter breit eiförmig, kurz zugespitzt, an der Basis abgerundet, am Rand fein scharf gesägt, grün. Blüten zahlreich, 4,5–5 cm breit, in der Knospe tief karminrot, aufgeblüht rosa, nicht verblassend, mit 10–16(–19) Kronblättern gefüllt, Kelchblätter tiefrot. Früchte 1,2–1,5 cm dick, gelb, rosa bereift, Kelch bleibend oder hinfällig. Schorfanfällig. (Arnold Arboretum, Jamaica Plain, Massachusetts, USA, 1948, benannt nach der Tochter von DONALD WYMAN)

Malus 'Dorothea'

Malus 'Doubloons' [(*M.* 'Spring Song' × (*M.* 'Dorothea' × *M. toringo* var. *toringo* 'Wintergold')] PP 7216, 1990
Wuchs strauchförmig, bis 3,5 m hoch. Krone kugelig, bis 3,5 m breit. Reich blühend und fruchtend. Zweige purpurn. Blätter derb, tiefgrün, an Langtrieben gelegentlich gelappt. Blüten 3,5 cm breit, zahlreich, in dichten Büscheln, in der Knospe leuchtend rot, aufgeblüht weiß, mit 10–15 Kronblättern gefüllt, spät aufblühend. Früchte zahlreich, kugelig, 1–1,5 cm dick, goldgelb, später tiefer goldgelb oder beige oder gelb und butterfarben bereift, Kelch hinfällig. Leicht schorfanfällig. (J.L. FIALA, Falconskeape, nahe Medina, Ohio, USA, 1986)

Malus 'Echtermeyer' = *Malus ×gloriosa* 'Echtermeyer'

Malus 'Egret' [(*M.* 'Van Eseltine' × *M.* 'Serenade') × (*M. toringo* var. *toringo* Nr. 768 × *M.* 'Red Jade')]
Hängeform, Wuchshöhe abhängig von der Veredlungshöhe. Zweige dünn, bis zum Boden überhängend. Einzige Hängeform mit gefüllten Blüten. Blätter 6,5 cm lang, derb, glänzend dunkelgrün. Blüten in der Knospe tief rosarot, aufgeblüht rosaweiß, halb- bis vollgefüllt. Früchte 1 cm dick, kugelig, rot. Resistent gegen Krankheiten. (J.L. FIALA, Falconskeape, nahe Medina, Ohio, USA, etwa 1983)

Malus 'Eleyi' = *Malus ×purpurea* 'Eleyi'

Malus 'Elise Rathke' (*M. sieversii* var. *niedzwetzkyana* × *M. ×scheideckeri*)
Hängeform. Wuchshöhe abhängig von der Veredlungshöhe. Krone schirmförmig. Zweige steif, überhängend. Blätter unregelmäßig eiförmig, kahnförmig aufgebogen, zugespitzt, an der Basis abgerundet, am Rand grob gekerbt, oberseits glänzend dunkelgrün, unterseits behaart. Blüten 5 cm breit, reinweiß. Nur in jedem zweiten Jahr reich blühend. Früchte hoch gebaut, 5–7 cm hoch, grün, rotbackig. Sehr schorfanfällig. (1874 durch L.A. DÖRING, Elbing, Deutschland, ausgelesen, 1884 durch F. RATHKE, Praust, Polen, eingeführt)

Malus 'Elise Rathke'

Malus 'Ellen Gerhart' (*M. toringo* var. *toringo* 'Calocarpa' × *M.* 'Van Eseltine')
Mittelgroßer Baum. Blätter wie bei *M. toringo* var. *toringo*. Blüten einfach und gefüllt, hellrosa. Früchte 1,2–1,5 cm dick, glänzend brillant rot. Rostresistent. (Simpson Nursery, Vincennes, Indiana, etwa 1955)

Malus 'Elise Rathke'

Malus 'Elise Rathke'

Malus 'Esel Brockman' (Abstammung unbekannt)
Wuchs baum- oder strauchförmig. Blätter schmal eiförmig, im Austrieb leicht kupferfarben, später dunkelgrün. Blüten zahlreich, in der Knospe rot, aufgeblüht rosaweiß, gefüllt. Früchte 1 cm dick, abgeflacht kugelig, glänzend rot, Kelch hinfällig. (Herkunft unbekannt)

Malus 'Esel Brockman'

Malus 'Evelyn' (*M. ioensis* × *M.* ×*purpurea*)
Wuchs baumförmig, 6–8(–10) m hoch. Blätter lanzettlich, lang zugespitzt, an der Basis in den langen Stiel verschmälert, an Langtrieben gelappt, im Austrieb rötlich purpurn, zuletzt bronzegrün, stark behaart. Herbstfärbung auffallend orangerot. Blüten zahlreich, 2,5–3 cm breit, in der Knospe tief rosarot, aufgeblüht rosarot bis tiefrosa, süß duftend, kurz gestielt, Kelch wollig behaart. Früchte kugelig, 2,5–3 cm dick, gelblich grün, rot bereift, mit zahlreichen hellbraunen Lentizellen, bis zum Oktober haftend, Kelch bleibend. Fruchtfleisch weiß, saftig, sauer, adstringierend. Anfällig für Schorf und Feuerbrand. (Arie den Boer, Des Moines, Iowa, USA, 1953)

Malus Excalibur ('Excacam') (Abstammung unbekannt)
Wuchs strauchförmig, aufrecht, kompakt, bis 3 m hoch. Krone bis 2,5 m breit. Zweige mit zahlreichen Kurztrieben. Blätter grün, tief gelappt. Blüten in der Knospe rot, aufgeblüht weiß. Früchte 0,8 cm dick, hell goldgelb, lange haftend. Schorfresistent. (Lake County Nursery, Perry, Ohio, USA 1991)

Malus 'Exzellent Thiel' = *Malus floribunda* 'Exzellent Thiel'

Malus 'Ferril's Crimson'

Malus 'Ferril's Crimson'
(Abstammung unbekannt)
Wuchs baumförmig. Blätter dunkelgrün, scharf gezähnt, im Sommer schmutzig braun. Blüten 3,5 cm breit, sehr dunkelrot, ähnlich denen von 'Royalty', 'Profusion' und 'Liset', aber später aufblühend, größer, weniger zahlreich und die Basis der Kronblätter intensiver weiß gefärbt. Früchte wenig zahlreich, 1–1,5 cm dick, sehr dunkelrot, bereift, duftend, bis Ende September haftend, Fruchtstiele 4 cm lang. Schorfanfällig. (Ferril's Nursery, Salem, Oregon, USA, 1953)

Malus 'Fiesta' (*M. toringo* var. *toringo* 'Wintergold' × *M.* CHRISTMAS HOLLY)
Wuchs baumförmig, bis 4,5 m hoch. Zweige überhängend. Blätter dunkelgrün. Blüten in der Knospe rot, aufgeblüht weiß, in Kaskaden entlang der Zweige. Früchte 1 cm dick, hell korallenrot bis goldorange. Resistent gegen Krankheiten. (Arnold Arboretum, Jamaica Plain, Massachusetts, USA 1987/88)

Malus 'Firebelle' (*M.* CHRISTMAS HOLLY × *M.* 'Amberina')
Wuchs baum- oder strauchförmig, rundkronig, bis 3,6 m hoch. Blätter dunkelgrün. Blüten in der Knospe rot, aufgeblüht weiß, in dichten Büscheln zusammenstehend. Früchte 1 cm dick, hellrot, bis zum Winter haftend. Resistent gegen Krankheiten. (Arnold Arboretum, Jamaica Plain, Massachusetts, USA 1987/88)

Malus 'Firebrand' (*M.* 'Redbird' × *M.* 'Amberina')
Wuchs baumförmig, rundkronig, bis 4,5 m hoch. Blätter dunkelgrün. Blüten in der Knospe rot, aufgeblüht weiß. Früchte sehr zahlreich, 0,6 cm dick, brillant orangerot. Resistent gegen Krankheiten. (Arnold Arboretum, Jamaica Plain, Massachusetts, USA 1987/88)

Malus 'Fireburst' (*M. toringo* var. *toringo* 'Wintergold' × *M.* CHRISTMAS HOLLY)
Wuchs baumförmig, bis 4,5 m hoch. Zweige leicht überhängend. Blätter dunkelgrün. Blüten in der Knospe kirschrot, aufgeblüht weiß. Früchte 0,6 cm dick, auffallend leuchtend rot. Resistent gegen Krankheiten. (Arnold Arboretum, Jamaica Plain, Massachusetts, USA 1987/88)

Malus 'Firedance' [(*M. toringo* var. *toringo* 'Wooster' × *M.* 'Red Jade') × (*M.* 'Molten Lava')]
Hängeform. Wuchshöhe abhängig von der Veredlungshöhe. Krone bis 3 m breit, reich verzweigt. Blätter mittelgrün. Blüten in der Knospe rot, aufgeblüht weiß. Früchte 1 cm dick, auffallend leuchtend rot. Leicht schorfanfällig. (J.L. FIALA, Falconskeape, nahe Medina, Ohio, USA, etwa 1983)

Malus 'Flame' (Abstammung unbekannt)
Wuchs baumförmig, 6–8 m hoch. Blüten 3,5 cm breit, in der Knospe rosa, aufgeblüht weiß. Nur in jedem zweiten Jahr reich blühend. Früchte 2–2,5 cm dick, ± kugelig, tiefrot, auf der Schattenseite gelblich. Kelch bleibend. Anfällig für Schorf und Feuerbrand. (Minnesota Fruit Breeding Farm, Excelsior, Minnesota, USA, etwa 1920)

Malus 'Flexilis' (Abstammung und Herkunft unbekannt)
Wuchs baum- oder strauchförmig. Blätter eiförmig, lang zugespitzt. Blüten in der Knospe rosarot, aufgeblüht weißlich rosa, lang gestielt. Früchte klein, ± kugelig, etwas höher als breit, Kelch hinfällig. War in den 1940er-Jahren im Institut für Obstzüchtung Müncheburg und Naumburg/Saale in Kultur.

Malus 'Flexilis'

Malus 'Flexilis'

Malus 'Florence'. (Abstammung unbekannt)
Wuchs baum- oder strauchförmig. Blüten 4 cm breit, in der Knospe rosa, aufgeblüht weiß. Früchte 4–5 cm dick, gelblich weiß, rosarot überhaucht. Sehr gut wirtschaftlich verwertbar. (Minnesota Fruit Breeding Farm, etwa 1886, eingeführt etwa 1903 durch Stark Nursery, Louisiana, Montana, USA)

Malus 'Fontana' (Abstammung unbekannt)
Hängeform. Wuchs abhängig von der Veredlungshöhe. Krone schirmförmig. Zweige überhängend. Blätter glänzend dunkelgrün, im Herbst leuchtend gelbgrün. Blüten zahlreich, weiß, im Zentrum hellrosa, April–Mai. Früchte leuchtend hellrot. (Baumschule Heino und Uwe Behrens, Edewecht, 2002)

Malus 'Fontana'

Malus FOX FIRE ('Fozam') (Abstammung unbekannt)
Wuchs strauchförmig, 3–3,5 m hoch. Krone gleich breit. Blätter eiförmig, dunkelgrün. Blüten in der Knospe rosa, aufgeblüht schneeweiß, zahlreich. Früchte 1,3 cm dick, feuerrot mit goldgelber Backe. (Lake County Nursery, Perry, Ohio, USA, etwa 1990)

Malus 'Fryderyk Chopin' (Abstammung unbekannt)
Triebe kahl, purpurn. Blätter anfangs rot bis rotbraun, bald grün. Blüten bis 6,5 cm breit, rosa, die 3,2 cm langen Kronblätter sind deckend, Kelchblätter purpurn, Stiele 3–4 cm lang. Früchte 2,7 cm lang, 2,4 cm breit, purpurn, Kelch meist hinfällig, Fruchtfleisch ± gerötet. (Arboretum Kornik, Polen, vor 1977)

Malus 'Garry' (*M. sieversii* var. *niedzwetzkyana* × ?)
Wuchs baumförmig, dünntriebig, 6–8 m hoch. Blätter breit eiförmig, im Austrieb rötlich, bei der Entfaltung behaart, später dunkelgrün mit rötlicher Nervatur, kahl. Blüten 4,5–5 cm breit, in der Knospe kastanienbraun, aufgeblüht tief rosarot. Früchte kugelig, 1,5–2,2 cm dick, anfangs dunkel purpurn, dick wachsartig bereift, zuletzt kirschrot, bis in den Winter haftend, Fruchtfleisch gelb, rosa gefleckt, duftend, Kelch bleibend, Fruchtstiele 4,5 cm lang. Mäßig bis stark schorfanfällig. (Morden Research Station, Manitoba, Kanada, 1962)

Malus 'Gibb's Golden Gage' (Abstammung unbekannt)
Wuchs baumförmig, rundkronig, bis 6 m hoch. Blüten in der Knospe rosa, aufgeblüht weiß. Früchte zahlreich, 2,5 cm dick, gelb, wachsartig bereift, sehr lange haftend. Resistent gegen Krankheiten. (Hon. VICARY GIBBS, Aldenham, Hertfordshire, Großbritannien, 1923)

Malus 'Golden Dream' (*M. toringo* var. *toringo* 'Wintergold' × *M. toringo* var. *toringo* 'Wooster')
Wuchs baum- oder strauchförmig, rundkronig, bis 3,5 m hoch und breit. Blätter glänzend grün. Blüten sehr zahlreich, in der Knospe karminrot, aufgeblüht weiß. Früchte 0,8–1,1 cm dick, kugelig, auffallend tief goldgelb, bis in den Winter haftend. Resistent gegen Krankheiten. (J.L. FIALA, Falconskeape, nahe Medina, Ohio, USA, 1987)

Malus 'Golden Galaxy' (*M.* CENTURION × *M.* 'Gypsy Gold')
Wuchs baum- oder strauchförmig, aufrecht-fächerförmig, bis 3,5 m hoch. Blätter mittelgrün. Blüten sehr zahlreich, in der Knospe hellrosa, aufgeblüht weiß. Früchte 1,2 cm dick, tief goldgelb, bis in den Winter hinein haftend. Resistent gegen Krankheiten. (J.L. FIALA, Falconskeape, nahe Medina, Ohio, USA, 1987)

Malus 'Golden Hornet' (*M. toringo* var. *toringo* × ?)
Wuchs baum- oder strauchförmig, breit aufrecht, 4–5(–8)m hoch. Krone unregelmäßig eiförmig, 3–5 m breit. Jährlich reich blühend. Blätter eiförmig, stumpf, am Rand gesägt, grün. Blüten 4,5–5 cm breit, in der Knospe dunkel violettrosa, im Aufblühen hellviolett, voll entfaltet weiß, April–Mai. Früchte sehr zahlreich, kugelig, 2,2–2,5 cm dick, orangegelb, bis Anfang November haftend, Kelch bleibend. Leicht schorfanfällig. Wird in Apfelplantagen als Befruchtersorte eingesetzt. (J. Waterer & Sons, Bagshot, Großbritannien, 1949) ** NL 1996

Malus 'Golden Hornet'

Malus 'Golden Hornet'

Malus 'Golden Hornet'

Malus 'Golden Hornet'

Malus 'Golden Vlies' (Abstammung unbekannt)
Blätter schmal eiförmig bis lanzettlich, an Langtrieben auch gelappt, derb, glänzend dunkelgrün. Früchte grünlich gelb bis gelb, kugelig, lang gestielt, Kelch hinfällig. (Herkunft und Einführung unbekannt)

Malus 'Golden Vlies'

Malus 'Goldfinch' (vermutlich Sämling von *M. baccata*)
Blüten weiß, 3,5 cm breit. Früchte gelb, 1 cm dick. Schorfanfällig. (Swarthmoore College, Pennsylvania, USA, 1953)

Malus GOLDEN RAINDROPS = *Malus transitoria* GOLDEN RAINDROPS

Malus 'Goldilocks' (*M.* 'Tetragold' × *M.* 'Coral Cascade')
Wuchs baum- oder strauchförmig, bis 4,5 m hoch und gleich breit. Zweige überhängend. Blätter dunkelgrün. Blüten sehr zahlreich, an kaskadenförmig überhängenden Zweigen, in der Knospe rot, aufgeblüht weiß. Früchte 0,6–1 cm dick, tiefgelb, an der Schattenseite goldgelb. Leicht schorfanfällig. (J.L. FIALA, Falconskeape, nahe Medina, Ohio, USA, 1987)

Malus 'Gorgeous' (*M. toringo* var. *toringo* × *M. halliana*)
Wuchs baum- oder strauchförmig, 5–7,5 m hoch. Krone unregelmäßig kugelig, reich verzweigt. Blätter 10–12 cm lang, schmal eiförmig, lang zugespitzt, am Rand gesägt, an der Basis allmählich in den langen Stiel verschmälert, grün. Blüten 4–5 cm breit, in der Knospe violettrosa, aufgeblüht weiß. Früchte kugelig, 1,8–2,5 cm dick, glänzend rot, anfangs stark bereift, 2–2,5 cm lang gestielt, Kelch bleibend, Fruchtfleisch gelb, sehr schmackhaft. Mäßig schorfanfällig. Gelegentlich unter dem Namen 'Striped Beauty' in Kultur. (H.R. WRIGHT, Auckland, Neuseeland, vor 1925) * NL 1996

Malus 'Gorgeous'

Malus 'Gorgeous'

Malus 'Gorgeous'

Malus 'Green Star' (Abstammung unbekannt)
Wuchs baumförmig, 5–6 m hoch. Krone unregelmäßig kegelförmig. Blätter schmal eiförmig, lang zugespitzt, dunkelgrün. Blüten sehr zahlreich, in der Knospe violettrosa, im Aufblühen hellrosa, voll entfaltet weiß, April–Mai. Früchte klein, kugelig, gelb oder gelblich grün, Kelch hinfällig. Leicht schorfanfällig. (Boomkwekerij M. van den Oever, Haaren, Niederlande, vor 1970)

Malus 'Green Star'

Malus 'Green Star'

Malus 'Gremmel' (Abstammung unbekannt)
Wuchs baumförmig, gesund belaubt. Zweige dunkelbraun, mit einigen kleinen, hellen Lentizellen. Blätter eiförmig, spitz oder stumpf, an der Basis keilförmig, am Rand grob gesägt. Blüten in der Knospe rosa, aufgeblüht weiß, hellrosa überhaucht. Früchte klein, ± kugelig, orangerot, zahlreich und gesund, Kelch hinfällig. (Herkunft und Einführungsjahr unbekannt)

Malus 'Gremmel'

Malus 'Gremmel'

Malus 'Gremmel'

Malus 'Guiding Star' (Abstammung unbekannt)
Wuchs baumförmig, bis 9 m hoch. Krone schmal kegelförmig. Blüten 5–5,5 cm breit, mit 14–18 Kronblättern gefüllt, in der Knospe rosarot, aufgeblüht weiß, duftend. Früchte 1,5 cm dick, gelb, rot gefleckt. Schorfanfällig, moderat mehltauanfällig. (ARIE DEN BOER, Des Moines, Iowa, USA, 1963)

Malus GUINEVERE ('Guinzam') (Abstammung unbekannt) PP 7773, 1992
Wuchs strauchförmig, rundkronig, bis 3 m hoch und breit. Blätter mittelgrün, mit einem burgunderfarbenen Oberton. Blüten in der Knospe tief karminrot, aufgeblüht weiß, malvenfarben getönt. Früchte 0,8–1,2 cm dick, kirschrot, lange haftend. Resistent gegen Krankheiten. (Lake County Nursery, Perry, Ohio, USA, 1991)

Malus 'Gwendolyn' (*M. floribunda* × ?)
Wuchs baum- oder strauchförmig, Krone ± kugelig. Blätter eiförmig, lang zugespitzt, lang gestielt. Blüten 3,5 cm breit, in der Knospe violettrosa, aufgeblüht weiß, duftend. Früchte zahlreich, kugelig, orangerot, Kelch bleibend. Resistent gegen Krankheiten. (ARIE DEN BOER, Des Moines, Iowa, USA, 1944)

Malus 'Gwendolyn'

Malus 'Gwendolyn'

Malus 'Gwendolyn'

Malus 'Gypsy Dancer' (*M.* 'Gypsy Gold' × *M.* 'Amberina')
Wuchs baumförmig, bis 4,2 m hoch. Zweige abstehend. Blätter dunkelgrün. Blüten in der Knospe hellrot, aufgeblüht weiß. Früchte 1–1,3 cm dick, brillant in roten, orangeroten, korallenroten und gelben Farben, lange haftend. Resistent gegen Krankheiten. (Arnold Arboretum, Jamaica Plain, Massachusetts, USA, 1987/88)

Malus HAMLET ('Hamzam') (Abstammung unbekannt)
Wuchs strauchförmig, rundkronig, bis 3 m hoch und breit. Blätter dunkelgrün, weinrot überhaucht. Blüten in der Knospe tief scharlachrot, aufgeblüht rosarot, duftend. Früchte 0,8–1,2 cm dick, leuchtend rot. Leicht schorfanfällig. (Lake County Nursery, Perry, Ohio, USA, 1991)

Malus 'Harry Baker' (Abstammung unbekannt)
Wuchs baumförmig, bis 10 m hoch. Blätter eiförmig, im Austrieb purpurfarben, im Sommer matt dunkelgrün, rot geadert, im Herbst bronzefarben. Blüten tiefrosa. Früchte bis 4 cm dick, abgeflacht kugelig, dunkelrot, Anfang September reifend, wirtschaftlich gut verwertbar. (Benannt nach HARRY BAKER, in den 1980er-Jahren „Fruit Officer" der Royal Horticultural Society, Wisley, Großbritannien.)

Malus HARVEST GOLD ('Hargozam') (Abstammung unbekannt)
Wuchs baumförmig, bis 6 m hoch, Krone bis 4,5 m breit. Blätter dunkelgrün, oft gelappt. Blüten in der Knospe rosa, aufgeblüht weiß. Früchte 1,8 cm dick, grünlich gelb bis goldgelb, bis Mitte Dezember haftend. Exzellent schorfresistent. (Lake County Nursery, Perry, Ohio, USA, vor 1984)

Malus 'Helen' (*M.* ×*purpurea* 'Eleyi' × ?)
Wuchs strauchförmig. Zweige waagerecht abstehend. Blätter schmal eiförmig-elliptisch, zugespitzt, hellrot, im Farbton abweichend von allen anderen rotblättrigen Sorten. Blüten 4–5 cm breit, purpurn. Früchte 2 cm dick, purpurrot. Leicht schorfanfällig. (ARIE DEN BOER, Des Moines, Indiana, USA, etwa 1939)

Malus 'Henningii' (Abstammung unbekannt)
Wuchs breit aufrecht, 7–8 m hoch. Krone 4–5 m breit. Blätter breit elliptisch, 5–9 cm lang, 3–5 cm breit, glänzend dunkelgrün. Blüten sehr zahlreich, weiß. Früchte rot, 0,6 cm dick. Resistent gegen Krankheiten. (J. F. Schmidt & Sons, Boring, Oregon, USA, vor 1975)

Malus 'Henrietta Crosby' (*M.* ×*arnoldiana* × *M. sieversii* var. *niedzwetzkyana*)
Wuchs baum- oder strauchförmig. Blüten tief magenta, im Verblühen rosa, ähnlich denen von *M.* ×*purpurea* 'Eley', Kronblätter aber etwas dunkler. Früchte zahlreich, ± kugelig, etwa 3 cm dick, dunkelrot, bereift, Fruchtfleisch rosa, streng riechend, Kelch warzig. Anfällig für Krankheiten. (Arnold Arboretum, Jamaica Plain, Massachusetts, USA, 1939, benannt nach Mrs. S.V. R. CROSBY)

Malus 'Henry F. DuPont'

Malus 'Henry F. DuPont' (*M ×arnoldiana* × *M. ×purpurea* 'Eleyi' oder Sämling von *M.* 'Henrietta Crosby')
Wuchs baumförmig, bis etwa 8 m hoch. Krone ausladend, bis 9 m breit. Blätter breit bis schmal eiförmig, zugespitzt, an der Basis abgerundet, im Austrieb rot, rasch vergrünend. Blüten zahlreich, 4,5 cm breit, in der Knospe rötlich purpurn, dann rosa, im Verblühen nahezu lavendelfarben, Kronblätter 5–10. Früchte 1,2–1,5 cm dick, länglich, mattrot, lange haftend. Leicht schorfanfällig. (Arnold Arboretum, Jamaica Plain, Massachusetts, USA, 1946, zu Ehren von HENRY F. DU PONT (1880–1969) benannt)

Malus 'Henry F. DuPont'

Malus 'Henry Kohankie' (selektiert aus *M. toringo* var. *toringo*-Sämlingen aus japanischem Saatgut)
Wuchs baumförmig, breitkronig, bis 6 m hoch. Blätter breit eiförmig, spitz bis stumpf, an der Basis abgerundet, grob gezähnt, dunkelgrün. Blüten 3,5 cm breit, in der Knospe hellrosa, aufgeblüht weiß. Früchte ellipsoidisch, 3,5–4 cm lang, 2–3 cm breit, glänzend karminrot, grünlich gelb bereift, Ende Oktober reifend, den Winter hindurch haftend, Fruchtfleisch hell orange, essbar, Kelch bleibend. Resistent gegen Krankheiten. (Henry Kohankie & Son Nursery, Painesville, Ohio, USA, 1965 registriert)

Malus 'Herkenrode' (*M. toringo* var. *toringo* × ?)
Wuchs baumförmig, in 10 Jahren 4 m hoch. Krone unregelmäßig breit eiförmig bis kugelig, reich blühend und fruchtend. Blätter breit eiförmig, teilweise gelappt, im Austrieb bronzegrün, zum Sommer hin vergrünend. Blüten hellrosa. Früchte dunkelrot, klein, kugelig. (Benannt nach der Abtei Herkenrode in der Nähe der Stadt Hasselt, Belgien; vor 1997 eingeführt.)

Malus 'Herkenrode'

Malus 'Herkenrode'

Malus 'Herkenrode'

Malus 'Hillieri' = *Malus floribunda* 'Hillieri'
Malus 'Hopa' = *Malus ×adstringens* 'Hopa'

Malus 'Hyslop' (Abstammung unbekannt)
Wuchs baumförmig, 6–7 m hoch. Krone abgeflacht kugelig, reich verzweigt, Zweige leicht überhängend. Blätter eiförmig, am Rand gewellt, grün. Blüten zahlreich, 3,5 cm breit, weiß, Mai. Früchte kugelig, etwa 4 cm dick, in der Grundfarbe grünlich gelb, teilweise brillant rot oder purpurrot, stark bereift, Kelch bleibend, Fruchtfleisch gelb, saftig, herb säuerlich. Anfällig für Krankheiten. (In den USA entstanden und dort seit 1869 in Kultur.)

Malus 'Hyslop'

Malus 'Hyslop'

Malus 'Indian Magic' (*M. toringo* var. *toringo* 'Calocarpa' × *M. 'Almey'*)
Wuchs baum- oder strauchförmig, 4–5 m hoch. Krone abgeflacht kugelig, locker verzweigt, 2–3 m breit, Zweige überhängend. Blätter eiförmig, zugespitzt, im Austrieb bronzegrün, zuletzt grün, am Rand grob gesägt, an Langtrieben oft gelappt. Herbstfärbung rot. Blüten 4,5 cm breit, in der Knospe dunkel violett, aufgeblüht violettrosa. Früchte bis 1,5 cm lang, 1,3 cm breit, glänzend rot bis orangerot, bei Frosteinwirkung braun werdend und bis zum Frühjahr haftend, Kelch hinfällig. Mäßig schorfanfällig. (Simpson Nursery, Vincennes, Indiana, USA, 1975) * NL 1996

Malus 'Indian Magic'

Malus 'Indian Summer' (*M. ×zumi* × *M.* 'Almey')
Wuchs baumförmig, 5–6 m hoch. Krone bis 6 m breit, locker verzweigt, schon als junge Pflanze reich blühend. Blätter im Austrieb purpurn, später grün, stumpf gesägt, Herbstfärbung attraktiv. Blüten in der Knospe dunkelrot, aufgeblüht rosarot. Früchte 1,5–2 cm lang, glänzend leuchtend rot, Fruchtfleisch gelblich rosa, bis zum Dezember haftend. Besonders frosthart. Resistent gegen Krankheiten. (Simpson Nursery, Vincennes, Indiana, USA, etwa 1955)

Malus 'Indian Magic'

Malus 'Irene' (*M.* ×*purpurea* 'Eleyi' × ?)
Wuchs strauchförmig, breitkronig, etwa 3,5 m hoch, sehr reich blühend. Blätter eiförmig-elliptisch, stumpf bis spitz, fein gesägt, rötlich. Blüten purpurn, 4–5 cm breit, Griffel häufig 4 statt 3. Früchte 3 cm lang, 2,5 cm breit, angenehm duftend, dunkel purpurn, Fruchtfleisch rot. Anfällig für Krankheiten. (Arie den Boer, Des Moines, Iowa, USA, 1951)

Malus 'Irene'

Malus Ivanhoe ('Ivazam') (*M. toringo* var. *sargentii* × *M.* 'Royalty')
Wuchs strauchförmig, rundkronig, bis 3,5 m hoch und breit, Blätter burgunderrot, silbrig behaart. Blüten scharlachrot. Früchte 1,2 cm dick, dunkelrot. Resistent gegen Krankheiten. (Lake County Nursery, Perry, Ohio, USA, 1991)

Malus Ivory Spear (JFS-KW@ ! SMX') (Abstammung unbekannt)
Wuchs straff aufrecht, säulenförmig, etwa 5 m hoch. Krone etwa 2 m breit, reich verzweigt, reich blühend und fruchtend. Blätter dunkelgrün. Blüten in der Knospe hellrosa, aufgeblüht weiß. Früchte klein, abgeflacht kugelig, leuchtend kirschrot, lange haftend, Kelch hinfällig. Rost- und mehltauresistent. (F.S. Schmidt & Sons, Boring, Oregon, USA)

Malus 'Jay Darling' = *Malus* ×*purpurea* 'Eleyi'

Malus Jelly King ('Mattfru') (Abstammung unbekannt)
Wuchs strauchförmig, kompakt, anfangs straff aufrecht, 3–4 m hoch, Krone 2–3 m breit. Schon als junge Pflanze reich blühend und fruchtend. Blätter dunkelgrün. Blüten reinweiß. Früchte orangerosa, abgeflacht kugelig, 3 cm dick, bis zum Dezember haftend, Kelch bleibend. Gut zur Herstellung von Marmelade geeignet. Resistent gegen Krankheiten. (Waimea Nurseries, Neuseeland, vor 2012) AGM 2012

Malus 'Jewelberry' (vermutlich *M. ×zumi*-Abkömmling)
Wuchs strauchförmig, etwa 2,5 m hoch. Krone 3,6 m breit, reich verzweigt. Blätter grün, oft tief gelappt. Blüten klein, in der Knospe rot, aufgeblüht hellrosa, im Verblühen weiß. Früchte 1,2 cm dick, glänzend leuchtend rot, kurz gestielt, mit unschönen braunen Narben, bis zum Dezember haftend. Resistent gegen Krankheiten. (D.F. DAYTON, Universität von Illinois, Urbana, 1954)

Malus 'Joan' = *Malus ×robusta* 'Joan'

Malus 'John Downie' (Abstammung unbekannt)
Wuchs aufrecht, baumförmig, 4–5(–9) m hoch, Krone geschlossen kegelförmig, 3–5 m breit. Blätter eiförmig, spitz, am Rand gewellt, glänzend grün. Blüten 6–6,5 cm breit, in der Knospe violettrosa, aufgeblüht weiß. Nur in jedem zweiten Jahr reich blühend. Früchte eiförmig, 3–4 cm lang, 2–3 cm breit, orangegelb, scharlachrot bereift, 2,3–3 cm lang gestielt, bis Mitte Oktober haftend, Kelch bleibend. Sehr gut zum Konservieren geeignet. Mäßig schorfanfällig. (EDWARD HOMES, Whittingdon Nursery, Lichfield, Staffordshire, Großbritannien, 1875, benannt nach dem schottischen Gärtner JOHN DOWNIE) s NL 1996

Malus 'John Downie'

Malus 'John Downie'

Malus 'Justynia' (Abstammung unbekannt)
Ähnlich 'John Downie'. Blüten bis 6 cm breit, weiß, Kronblätter schmaler als die von 'John Downie'. Früchte etwa 2,5 cm dick, fast so breit wie lang. (Seit 1963 in Polen in Kultur und nach der Mutter Chopins, JUSTYNA KRYZANNOWKA, benannt.)

Malus 'Katherine' = *Malus ×hartwigii* 'Katherine'
Malus 'Kelsey' = *Malus ×astringens* 'Kelsey'

Malus 'Kerr' (*M. ×robusta* 'Doldo' × *M.* 'Haraldson')
Blüten in der Knospe zartrosa, aufgeblüht weiß. Früchte eiförmig, 5–6 cm dick, dunkel purpurrot, wirtschaftlich gut verwertbar. (Morden Research Station, Manitoba, Kanada, 1952)

Malus 'Kerr'

Malus 'Kibele' (Abstammung unbekannt)
Wuchs strauchförmig, kompakt, bis 2,5 m hoch. Blätter anfangs purpurrot, später rötlich grün, teilweise gelappt. Blüten in der Knospe rot, aufgeblüht rosarot. Früchte 0,9–1,2 cm dick, dunkel burgunderrot, Kelch hinfällig, Fruchtstiele 3,2 cm lang, Fruchtfleisch rot. Leicht schorfanfällig, moderat anfällig für Feuerbrand. (Vor 1949 südlich von Springfield, Ohio, USA entstanden.)

Malus KING ARTHUR ('Kinarzam') (Abstammung unbekannt)
Wuchs strauchförmig, rundkronig, bis 3,5 m hoch. Krone bis 3 m breit. Blätter dunkelgrün. Blüten in der Knospe pastellrosa, aufgeblüht weiß. Früchte 0,8–1,2 cm dick, glänzend rot. Schorfresistent. (Lake County Nursery, Perry, Ohio, USA, 1991)

Malus 'Kingsmere' (*M. toringo* var. *toringo* × *M. sieversii* var. *niedzwetzkyana*)
Wuchs baumförmig, ähnlich *M. domestica*. Blätter eiförmig, spitz, an der Basis abgerundet, purpurn oder bronzefarben, im Austrieb bläulich oder lavendelfarben überhaucht. Blüten 5,5 cm breit, in der Knospe tief karminrot, aufgeblüht purpurrosa, jährlich reich blühend. Früchte 3 cm dick, karminrot oder purpurbraun, an der Schattenseite grünlich braun, essbar, gut zum Konservieren geeignet. Leicht schorfanfällig. Nach ARIE DEN BOER „one of the loveliest of all Canadian hybrids". (I. Preston, Dominion Agricultural Experiment Station, Ottawa, Kanada, 1930, benannt nach dem Lake Kingsmere in Ontario)

Malus 'Kingsmere'

Malus 'Klehm's Improved Bechtel' = *Malus ioensis* 'Klehm's Improved Bechtel'
Malus 'Kola' = *Malus coronaria* 'Kola'

Malus 'Koi' (*M. hupehensis* × *M.* 'Redbird')
Wuchs baumförmig, bis 4,2 m hoch. Krone fächerförmig. Blätter mittelgrün. Blüten in der Knospe rosarot, aufgeblüht weiß. Früchte 1–1,3 cm dick, hell orangerot, bis in den Winter haftend. Resistent gegen Krankheiten. (Arnold Arboretum, Jamaica Plain, Massachusetts, USA, 1987/88)

Malus 'Lady Northcliff' = *Malus baccata* 'Lady Northcliff'

Malus LANCELOT ('Lanzam') (Abstammung unbekannt) PP 8056, 1992
Wuchs strauchförmig, aufrecht, dicht belaubt, langsam bis 3 m hoch. Krone bis 2,5 m breit. Blätter frischgrün, anfangs behaart. Blüten 2,5–3 cm breit, in der Knospe rot, aufgeblüht weiß, langsam aufblühend. Früchte 0,8–1,2 cm lang, gelblich grün bis goldgelb, Kelch hinfällig. Schorfresistent. (Lake County Nursery, Perry, Ohio, USA, 1991)

Malus 'Laura' (Abstammung unbekannt)
Wuchs säulenförmig, in 10 Jahren 3 m hoch, 1 m breit. Blätter im Austrieb purpurn, zum Sommer hin vergrünend. Blüten in der Knospe dunkelrot, aufgeblüht außen dunkelrosa, innen hellrosa. Früchte abgeflacht kugelig, hell purpurrot, bereift, Kelch hinfällig, Fruchtfleisch rot, des hohen Pektingehaltes wegen gut zur Herstellung von Marmelade geeignet. Resistent gegen Krankheiten. (HUGH ERMAN, Großbritannien, Ende des 20. Jahrhunderts) AGM 2012

Malus 'Lemoinei' = *Malus ×purpurea* 'Lemoinei'

Malus 'Leprechaun' (*M.* CHRISTMAS HOLLY × *M.* 'Kirk')
Wuchs strauchförmig, langsam bis 3 m hoch. Krone 2,5 m breit. Blätter derb, dunkelgrün. Blüten in der Knospe rot, aufgeblüht weiß. Früchte zahlreich, 0,5–0,8 cm dick, kugelig, leuchtend rot, bis zum Dezember haftend. Leicht schorfanfällig. (J.L. FIALA, Falconskeape, nahe Medina, Ohio, USA, etwa 1983)

Malus 'Limelight' [(*M. toringo* var. *toringo* 'Wintergold' × *M.* 'Golden Candles') × *M.* 'Golden Dream']
Wuchs baumförmig, rundkronig, bis 4,8 m hoch. Blätter derb, dunkelgrün. Blüten in der Knospe hell rötlich, aufgeblüht weiß. Früchte 1,3 cm dick, 1,9 cm lang, auffallend leuchtend gelbgrün. Resistent gegen Krankheiten. (Arnold Arboretum, Jamaica Plain, Massachusetts, USA, 1987/88)

Malus 'Lisa' (*M. ioensis* 'Sämling Nr. 2' × ?)
Wuchs baum- oder strauchförmig, schwachwüchsig. Blätter im Austrieb purpurn. Blüten in der Knospe rot oder karminrot, aufgeblüht rosarot bis hell karminrot, 2,7 cm breit. Früchte 2,5 cm dick, ± kugelig, auf gelblich grünem Grund sonnenseits hell karminrot, Kelch bleibend. (ARIE DEN BOER, Des Moines, Iowa, USA)

Malus 'Lisa'

Malus 'Lisa'

Malus 'Liset' = *Malus ×moerlandsii* 'Liset'

Malus 'Little Troll' (*M.* 'Molten Lava' × *M.* 'Leprechaun')
Hängeform, fein verzweigt, Wuchshöhe abhängig von der Veredlungshöhe. Blätter dunkelgrün. Blüten zahlreich, in Kaskaden entlang der Zweige, in der Knospe brillant rot, aufgeblüht weiß. Früchte 1,2 cm dick, leuchtend orangerot, Kelch hinfällig, bis Oktober haftend. Resistent gegen Krankheiten. (J.L. FIALA, Falconskeape, nahe Medina, Ohio, USA, 1975)

Malus 'Louisa' (*M. ×purpurea* 'Lemoinei' × *M. toringo* var. *toringo*)
Hängeform, Wuchshöhe abhängig von der Veredlungshöhe. Krone schirmförmig, bis 4,5 m breit. Zweige dünn, bis zum Boden herabhängend. Blätter glänzend dunkelgrün. Blüten 3,2–3,8 cm breit, in der Knospe rot, aufgeblüht rosa, Kronblätter weit abstehend, Staubblätter lang, rötlich. Früchte 0,9–1,2 cm dick, schief, zitronengelb, orangerot bereift. Schorf- und mehltauresistent. (POLLY HILL, Martha's Vineyard, Massachusetts, USA, 1962)

Malus 'Lullaby' (*M. toringo* var. *toringo* 'Wooster' × *M.* 'Red Jade')
Hängeform, schwachwüchsig, Wuchshöhe abhängig von der Veredlungshöhe. Zierlicher verzweigt als 'Red Jade'. Blätter schmal eiförmig, tiefgrün. Blüten groß, halbgefüllt, in der

Knospe rot, aufgeblüht korallenrosa, weiß getönt, Kronblätter gekräuselt. Früchte goldorange. Resistent gegen Krankheiten. (J.L. FIALA, Falconskeape, nahe Medina, Ohio, USA, 1980)

Malus MADONNA ('Mazam') (Abstammung unbekannt) PP 6672, 1989
Wuchs baumförmig, schmal aufrecht, 6–7 m hoch. Krone bis 3 m breit, kompakt. Junge Zweige rot. Blätter im Austrieb bronzefarben, zuletzt dunkelgrün. Blüten 6–7,5 cm breit, sehr zahlreich, in der Knospe rosarot, aufgeblüht weiß, mit 10–15 Kronblättern halbgefüllt, früh aufblühend und lange haltbar, nach Jasmin oder Gardenien duftend. Früchte etwa 1,2 cm dick, abgeflacht kugelig, goldgelb, rot bereift, Kelch bleibend. Schorfanfällig. (J.L. FIALA, Falconskeape, nahe Medina, Ohio, USA, 1987)

Malus 'Makamik' (*M. sieversii* var. *niedzwetzkyana* × ?)
Wuchs baumförmig, 5–7(–10) m hoch. Krone kugelig, 5–7 m breit, Zweige übergeneigt. Blätter breit eiförmig, kurz zugespitzt, Basis abgerundet, am Rand gewellt, anfangs bronzefarben, zuletzt grün. Herbstfärbung bronzerot. Blüten 4,5–5 cm breit, in der Knospe tiefviolett, im Aufblühen dunkel violettrosa, im Verblühen violettrosa, im Zentrum weiß. Früchte nahezu kugelig, 2–2,5 cm dick, violettrot, mit zahlreichen auffallenden Lentizellen, Stiel 3–3,5 cm lang, dünn, rot, Kelch bleibend, Reifezeit September–Oktober. Sehr leicht schorfanfällig. Von Miss PRESTON als ihre beste Rosybloom-Sorte bezeichnet. (Dominion Agricultural Experiment Station, Ottawa, Kanada, 1930, benannt nach dem Lake Makamik im westlichen Quebec) * NL 1996

Malus 'Makamik'

Malus 'Makamik'

Malus 'Mandarin Magic' (*M.* 'Shaker Gold' × *M.* 'Coral Cascade')
Wuchs baumförmig, breitkronig, bis 4,8 m hoch. Blätter sehr dunkelgrün. Blüten in der Knospe rötlich rosa, aufgeblüht weiß. Früchte 1,3 cm breit, 1,9 cm lang, leuchtend rot und gelb mit orangefarbenen Backen, lange haftend. Resistent gegen Krankheiten. (Arnold Arboretum, Jamaica Plain, Massachusetts, USA, 1987/88)

Malus 'Maria' [(*M. ×purpurea* 'Lemoinei' × *M.* 'Red Jade') × (*M. ×moerlandsii* 'Liset' × *M.* 'Red Jade')]
Wuchs baumförmig. Krone 4,5 m breit. Zweige elegant und locker überhängend. Blätter derb, anfangs glänzend rot, später bronzefarben, zuletzt glänzend grün. Blüten zahlreich, in der Knospe tief orangerot, aufgeblüht leuchtendrot, im Verblühen hellrot, duftend. Früchte zahlreich, 1,2 cm dick, tief purpurrot. Resistent gegen Krankheiten. (J.L. Fiala, Falconskeape, nahe Medina, Ohio, USA, etwa 1983)

Malus Marilee ('Jarmine') (Abstammung unbekannt) PP 14377
Wuchs baumförmig, anfangs schmal aufrecht, später schmal trichterförmig, 6–7,5 m hoch. Krone 1,8–2,4 m breit. Blüten groß, leicht gefüllt, in der Knospe rosa, aufgeblüht weiß, zartrosa überhaucht. Praktisch kein Fruchtansatz. (benannt nach Marvin Jarmin)

Malus 'Marshall Oyama' (Abstammung unbekannt)
Wuchs baumförmig, schmal aufrecht. Krone anfangs säulenförmig, zuletzt breit kegelförmig. Blätter eiförmig-elliptisch, zugespitzt, Basis abgerundet, am Rand scharf gesägt, grün. Blüten 3,5 cm breit, in der Knospe purpurrosa, aufgeblüht weiß, hellrosa überhaucht. Früchte etwa 3,5 cm dick, etwas länger als breit, über einer gelben Grundfarbe karmin- oder violettrot, auf der Schattenseite oft nur gelb, Kelch bleibend. Mäßig schorfanfällig. (Vermutlich 1930 aus Japan durch das Boyce Thompson Institute, Yonkers, New York, eingeführt.)

Malus 'Marshall Oyama'

Malus 'Mary Potter' (*M. toringo* var. *sargentii* 'Rosea' × *M.* ×*atrosanguinea*)
Wuchs baum- oder strauchförmig, 3–4(–6) m hoch. Krone bis 5,5 m breit. Zweige leicht überhängend. Blätter 5–7,5 cm lang, elliptisch bis verkehrt eiförmig, zugespitzt, an Langtrieben gelegentlich gelappt, dunkelgrün. Blüten sehr zahlreich, 2,5–3 cm breit, in der Knospe rosarot, aufgeblüht weiß, duftend. Früchte zahlreich, kugelig, 1–1,3 cm dick, rot bis braunrot, bereift, 2,5–3 cm lang gestielt, lange haftend, Kelch hinfällig. Leicht anfällig für Schorf und Feuerbrand. (Arnold Arboretum, Jamaica Plain, Massachusetts, USA, 1947. Benannt nach der Tochter von CHARLES S. SARGENT, dem ersten Direktor des Arboretums) s NL 1996

Malus 'Matador' (*M.* 'Seafoam' × *M.* 'Amberina')
Wuchs baumförmig, bis 4,2 m hoch. Zweige weit abstehend. Blätter dunkelgrün. Blüten in der Knospe leuchtend rot, aufgeblüht reinweiß. Früchte 0,6 cm dick, brillant rot, lange haftend. Resistent gegen Krankheiten. (Arnold Arboretum, Jamaica Plain, Massachusetts, USA, 1987/88)

Malus 'Maysong' (*M.* 'Silver Moon' × unbekannter, oktoploider *Malus*-Sämling)
Wuchs baumförmig, anfangs schmal aufrecht, später vasenförmig, bis 6 m hoch. Blätter derb, tiefgrün. Blüten groß, zahlreich an diesjährigen Trieben, in der Knospe blass rosaweiß, aufgeblüht weiß. Früchte 1–1,3 cm dick, mattrot. Resistent gegen Krankheiten. (J.L. FIALA, Falconskeape, nahe Medina, Ohio, USA, 1987)

Malus 'McTudosh' (Abstammung unbekannt)
Wuchs baumförmig, breit aufrecht. Blätter breit eiförmig, spitz, an der Basis abgerundet bis herzförmig, kurz gestielt. Blüten in der Knospe hellrosa, aufgeblüht weiß, zartrosa überhaucht. Früchte angeflacht kugelig, auf gelbem Grund rot, Kelch hinfällig. (Herkunft und Einführungsjahr unbekannt)

Malus 'McTudosh'

Malus 'Miyama' (Abstammung unbekannt)
Wuchs strauchförmig, 3–4 m hoch. Krone breit aufrecht, kompakt. Blätter eiförmig, zugespitzt, am Rand gesägt, hell graugrün. Blüten sehr zahlreich, 3–4 cm breit, in der Knospe dunkel violettrosa, aufgeblüht rahmweiß. Früchte zahlreich, kugelig, 1,2–1,7 cm dick, violettrosa, 4–4,5 cm lang gestielt, Kelch hinfällig, bis Anfang Oktober haftend. Mäßig schorfanfällig. (Vor 1979 als *M. sieboldii* 'Miyama' aus Japan eingeführt.) s NL 1996

Malus 'Mokum' (M. 'John Downie' × M. 'Lisa')
Wuchs baumförmig, 6–8 m hoch. Krone eiförmig, locker verzweigt. Junge Zweige purpurbraun. Blätter verkehrt eiförmig, zugespitzt, bronzefarben bis purpurn grün. Blüten 3–4 cm breit, in der Knospe dunkelviolett, aufgeblüht violettrosa. Früchte kugelig bis länglich, 1,2–1,8 cm dick, rot bis violettrot, bis Ende November haftend. Leicht schorfanfällig, mehltauresistent. (Boomkwekerij H. Wansing, Haarlo, Niederlande, 1996) * NL 1996

Malus 'Mokum'

Malus MOLTEN LAVA ('Molazam') [(*M.* 'Red Jade' × *M. toringo* var. *toringo* 'Calocarpa') × (*M.* CHRISTMAS HOLLY × *M.* 'Red Jade')]
Hängeform, etwa 4,5 m hoch. Krone bis 6 m breit, Zweige etwas steif überhängend. Zweigrinde im Winter auffallend gelb. Blätter grün, im Herbst leuchtend gelb. Blüten 3,5 cm breit, in der Knospe rosarot, aufgeblüht weiß. Früchte zahlreich, etwa 0,8 cm dick, glänzend orangerot, lange haftend, Kelch bleibend. Leicht schorfanfällig. Weniger frosthart als andere Sorten. (J.L. FIALA, Falconskeape, nahe Medina, Ohio, USA, 1980)

Malus 'Montreal Beauty' (Abstammung unbekannt)
Wuchs baum- oder strauchförmig. Blüten 5 cm breit, in der Knospe rosa, aufgeblüht weiß. Früchte gelblich grün, meist rot bereift. Schorfanfällig. (Vor 1833 in Quebec, Kanada, entstanden, durch ROBERT CLEGHORN in der Gegend von Montreal in den Handel gebracht. Einer der ersten in Kanada entstandenen Zieräpfel.)

Malus 'Montreal Beauty'

Malus 'Moonglow' (*M. toringo* var. *toringo* 'Wintergold' × *M.* CHRISTMAS HOLLY)
Wuchs baum- oder strauchförmig, rundkronig, bis 3,5 m hoch. Zweige überhängend. Blätter eiförmig, oft gelappt, dunkelgrün. Blüten sehr zahlreich, in der Knospe tief korallenrot, aufgeblüht weiß. Früchte 0,8 cm dick, limonenfarben mit rosa Fleck, zuletzt hell zitronenfarben, korallenrosa gefleckt, früh ausgefärbt, lange haftend. Resistent gegen Krankheiten. (J.L. FIALA, Falconskeape, nahe Medina, Ohio, USA, vor 1998)

Malus 'Mount Arbor Special' (*M. ×adstringens* 'Hopa' × ?)
Wuchs baum- oder strauchförmig, unregelmäßig. Blätter brillant rötlich purpurn. Blüten sternförmig, 2,5 cm breit, in der Knospe karminrot, im Verblühen matt rötlich rosa. Früchte 2 cm dick, rötlich purpurn, rostfarben gepunktet, rasch abfallend. Resistent gegen Krankheiten. (Mount Arbor Nursery, Shenandoah, Iowa, USA, etwa 1938)

Malus 'Naragansett' (*Malus*-Hybride Nr. 28 × *M. toringo* var. *toringo* 'Wintergold')
Wuchs baum- oder strauchförmig, breitkronig, bis 4 m hoch. Blätter derb, dunkelgrün. Blüten 3–4 cm breit, in der Knospe karminrot, im Aufblühen hellrot, zuletzt weiß, rosafarben überhaucht. Früchte 1–1,5 cm lang, 1,5–2 cm breit, glänzend kirschrot bis rot, lange haftend, Fruchtstiele 2–2,5 cm lang. Resistent gegen Krankheiten. (U.S. National Arboretum, Washington D.C., USA, 1986)

Malus 'Neville Copeman' (*M. ×purpurea* 'Eleyi' × ?)
Wuchs baum- oder strauchförmig, 4–5 m hoch. Krone anfangs aufrecht, später ausladend. Junge Zweige purpurbraun. Blätter im Austrieb purpurfarben bronzebraun, zuletzt purpurn grün. Blüten zahlreich, 2,5 cm breit, in der Knospe rot, im Aufblühen purpurn violettrosa, im Verblühen hellviolett. Früchte ± kugelig, etwas länger als breit, 3–3,5 cm dick, orangerot bis glänzend karminrot, Kelch bleibend. (T.N.S. COPEMAN, Roydon Hall, Norfolk, Großbritannien, 1954)

Malus 'Neville Copeman'

Malus 'Neville Copeman'

Malus 'Nicoline' (*M. toringo* var. *toringo* × *M.* ×*purpurea*)
Kleiner, sparsam verzweigter Baum. Blätter breit eiförmig, stumpf, an der Basis leicht herzförmig, den ganzen Sommer hindurch purpurgrün. Blüten in der Knospe rosa, aufgeblüht rosaweiß. Früchte abgeflacht kugelig, purpurrot, Kelch hinfällig. Schorfanfällig. (S.G.A. Doorenbos, Den Haag, Niederlande)

Malus 'Nipissing' = *Malus* ×*adstringens* 'Nipissing'
Malus 'Oekonomierat Echtermeyer' = *Malus* ×*gloriosa* 'Echtermeyer'

Malus 'Okanagan' (Abstammung unbekannt)
Wuchs baum- oder strauchförmig. Blätter breit eiförmig, am Rand grob gesägt, lang gestielt, glänzend dunkelgrün, Blattstiel und Nervatur purpurrot. Blüten hellrosa. Früchte stark abgeflacht kugelig, grün, bereift, Kelch bleibend. (Benannt nach dem Okanagan Valley, nahe Kelowna, British Columbia.)

Malus 'Okanagan'

Malus 'Opporto' (*M. sieversii* var. *niedzwetzkyana* × ?)
Wuchs strauchig, Krone locker verzweigt, Zweige leicht überhängend. Blätter anfangs purpurrot, später dunkel rötlich grün. Blüten matt tiefpurpurn, sich kaum vom Laub abhebend. Früchte 1,5–2 cm dick, kugelig, purpurrot, Kelch hinfällig. Sehr schorfanfällig. (In Großbritannien entstanden)

Malus 'Opporto'

Malus 'Orange Crush' (*M.* ×*moerlandsii* 'Liset' × *M.* 'Red Swan')
Wuchs baum- oder strauchförmig. Krone ausgebreitet, reich verzweigt. Sehr reich blühend und fruchtend. Blätter dunkel purpurgrün. Blüten 3,5–4 cm breit, in der Knospe leuchtend orangerosa, aufgeblüht orangekarminrot. Früchte 1,6 cm lang, 1 cm breit, zu 3–5, tief kastanienbraun, lange haftend. (Falconskeape Gardens, Medina, Ohio, USA 1983, eingeführt 1990)

Malus 'Ormiston Roy' (Abstammung unbekannt)
Wuchs baum- oder strauchförmig, 4–6 m hoch, anfangs aufrecht, Krone später ausladend. Borke orangefarben, tief gefurcht. Blätter 5–7,5 cm lang, eiförmig, dunkelgrün. Herbstfärbung gelb. Blüten zahlreich, 4 cm breit, in der Knospe rosarot, im Aufblühen hellrosa, zuletzt weiß. Früchte zahlreich, kugelig, 0,7–1,1 cm dick, orangegelb, violettrot bereift, bis in den Winter hinein haftend. Leicht schorfanfällig. (Von William Ormiston Roy (1874–1959) vor 1933 in Des Moines gefunden. Benannt und eingeführt durch Arie den Boer, Des Moines, Iowa, USA, 1954.) * NL 1996

Malus 'Ormiston Roy'

Malus 'Ormiston Roy'

Malus 'Ormiston Roy'

Malus 'Osman' = *Malus ×adstringens* 'Osman'

Malus 'Pagoda' (*M.* 'Red Swan' × *M.* 'Autumn Glory')
Hängeform, Wuchshöhe abhängig von der Veredlungshöhe, Krone abgerundet, bis 3,6 m breit. Zweige elegant und locker überhängend. Blätter derb, lanzettlich, dunkelgrün, im Herbst goldgelb. Blüten in der Knospe hell karminrot, aufgeblüht weiß. Früchte 1,1 cm dick, brillant orangerot, fest, lange haftend. Resistent gegen Krankheiten. (J.L. FIALA, Falconskeape, nahe Medina, Ohio, USA, 1970)

Malus 'Patricia' (*M. ×adstringens* 'Hopa' × ?)
Wuchs baumförmig, rundkronig, kompakt, bis 5 m hoch. Blätter größer als bei *×adstringens* 'Hopa', dunkler grün, oft leicht bronzefarben. Blüten 4–5 cm breit, in der Knospe purpurrot, aufgeblüht purpurn, Kronblätter an der Basis weiß. Früchte 4–5 cm dick, dunkelrot, Fruchtfleisch saftig, rötlich. Schorfanfällig. (ARIE DEN BOER, Des Moines, Iowa, USA, 1953)

Malus 'Paul Hauber' (Abstammung unbekannt)
Wuchs baumförmig, bis 7 m hoch, breit aufrecht, im Alter leicht überhängend. Krone bis 5 m breit. Zweige braunrot, in hellen Lentizellen. Blätter im Austrieb glänzend rot, später dunkelgrün. Blüten zahlreich, in der Knospe rot, aufgeblüht rosa, die breit eiförmigen Kronblätter dunkler geadert. Früchte länglich oder ellipsoidisch, dunkelrot, Kelch bleibend. (Herkunft und Einführungsdatum unbekannt)

Malus 'Paul Hauber'

Malus 'Peachblow' = *Malus floribunda* 'Peachblow'

Malus PERPETU ('Evereste')

Malus PERPETU ('Evereste')
(Abstammung unbekannt)
Wuchs strauch- oder baumförmig, 3–4,5 m hoch. Krone 3–4 m breit, kegelförmig, locker verzweigt. Blätter 6,5–8 cm lang, eiförmig, spitz, am Rand kerbig gesägt, mattgrün, bis tief in den Herbst haftend. Blüten zahlreich, 5,5–6 cm breit, in der Knospe dunkel violettrosa, im Aufblühen hell violettrosa, aufgeblüht weiß, Blütenstiele 2,5–3 cm lang, anfangs sonnenseits karminrot. Früchte zahlreich, kugelig bis abgeflacht kugelig, 2–2,5 cm dick, orangerot bis rot, Stiel grün bis rot, 3 cm lang, bis zum Januar haftend, Kelch bleibend. Gering anfällig für Mehltau und Schorf. Sehr guter Pollenspender. Nach der GALK-Straßenbaumliste 2018 „geeignet mit Einschränkungen". (INRA, Frankreich, 1978) *** NL 1996, AGM 1993

Malus PERPETU ('Evereste')

Malus PERPETU ('Evereste')

Malus PERPETU ('Evereste')

Malus PERPETU ('Evereste')

Malus PERPETU ('Evereste'), Pollenspender für *Malus domestica* 'Cox Orange'

Malus 'Peter Pan' [*M. toringo* var. *toringo* 'Wooster' × (*M. ×zumi* × *M. ×micromalus*)]
Wuchs baumförmig, bis 4,2 m hoch. Krone gleich breit, abgerundet. Blätter mittelgrün, Blüten sehr zahlreich, in der Knospe hellrot, aufgeblüht weiß. Früchte 0,6 cm dick, leuchtend rot, lange haftend. Hochresistent gegen Krankheiten. (Arnold Arboretum, Jamaica Plain, Massachusetts, USA, 1987/88)

Malus 'Pink Beauty' (*M. baccata* × *M. sieversii* var. *niedzwetzkyana*)
Wuchs baumförmig, breitkronig, bis 7,5 m hoch. Blätter im Austrieb rötlich, später bläulich grün, im Herbst prächtig gelborange. Blüten rein hellrosa (ohne Anteile von Magenta), nicht verblassend. Früchte 2–2,5 cm dick, dunkelrot, auffallend hell punktiert, Kelch bleibend, Fruchtstiele dünn, 2–2,5 cm lang, Fruchtfleisch rot. Leicht bis stark schorfanfällig. (Morden Research Station, Manitoba, Kanada, vor 1945)

Malus 'Pink Cascade' (Abstammung unbekannt)
Hängeform, Wuchshöhe abhängig von der Veredlungshöhe, Krone anfangs nur etwa 2 m breit, zuletzt bis etwa 4,5 m breit. Zweige elegant und locker überhängend. Blätter groß, anfangs bronzefarben, zuletzt grün. Blüten in der Knospe hellrosa, aufgeblüht pastellfarben rosa. Früchte wenig zahlreich, 2,5–3 cm dick, leuchtend rot, Kelch hinfällig. Leicht schorfanfällig. (W.L. Kerr, Sutherland, Saskatchewan, Kanada, 1969)

Malus 'Pink Perfection' (*M. ×hartwigii* 'Katherine' × *M.* 'Almey') PP 2912, 1969
Wuchs baum- oder strauchförmig, starktriebig, 4,5–6 m hoch, anfangs aufrecht. Krone eiförmig bis kugelig. Blätter derb, schmal, lang zugespitzt, scharf gesägt, grün. Blüten 5–6 cm breit, in der Knospe tief karminrot, aufgeblüht reinrosa, mit 15–20 Kronblättern gefüllt. Früchte 1,2 cm dick, orangegelb, sonnenseits rosa bereift, wie die dicken Fruchtstiele behaart, Kelch bleibend oder hinfällig. Leicht schorfanfällig. (Princeton Nursery, New Jersey, Großbritannien, 1970)

Malus Pink Princess ('Parrsi') (*M. toringo* var. *sargentii* × ?)
Wuchs strauchförmig, etwa 2,5 m hoch. Krone 3,6 m breit. Zweige abstehend, teilweise überhängend. Blätter an Langtrieben gelappt, anfangs purpurn, später grün, im Herbst gelb, beiderseits kurz weiß behaart. Blüten in der Knospe purpurn, aufgeblüht rosa. Früchte 0,6–1,1 cm dick, purpurn, Kelch hinfällig. Resistent gegen Krankheiten. (J.F. Schmidt & Sons, Oregon, USA, vor 1988)

Malus 'Pink Satin' (Abstammung unbekannt)
Wuchs baumförmig, aufrecht, anfangs sparsam verzweigt. Blätter derb, eiförmig bis breit eiförmig, spitz, an der Basis keil- bis herzförmig, an Langtrieben leicht gelappt, mittel- bis dunkelgrün. Blüten zahlreich, 3,5 cm breit, in der Knospe dunkel rötlich purpurn, aufgeblüht reinrosa, Blütenkelch und -stiele weiß behaart. Früchte 1–1,7 cm dick, auffallend rot, lange haftend, Kelch hinfällig, Fruchtfleisch knackig, gelb. Resistent gegen Krankheiten. (Simpson Nursery, Vincennes, Indiana, 1980er-Jahre)

Malus 'Pink Spires' (Abstammung unbekannt)
Wuchs baumförmig, regelmäßig schmal aufrecht, 7–8 m hoch. Krone bis 6 m breit. Blätter anfangs purpurrot, im Sommer bronzegrün, im Herbst auffallend orangerot. Blüten früh aufblühend, in der Knospe dunkel lavendelfarben, aufgeblüht rosa. Früchte 1,2 cm dick, purpurrot, lange haftend. Leicht bis stark schorfanfällig. Besonders frosthart. (W.L. KERR, Sutherland, Saskatchewan, Kanada, etwa 1996)

Malus POM'ZAI ('Courtabri') (Abstammung unbekannt)
Wuchs strauchförmig, kompakt, 1,5–2 m hoch. Krone ± kugelig bis domförmig, sehr reich verzweigt. Reich blühend und fruchtend. Blätter schmal eiförmig, lang zugespitzt, grün. Blüten zahlreich, in der Knospe rosarot, aufgeblüht weiß. Früchte kugelig, 1–1,2 m dick, orangegelb bis orangerot, sehr lange haftend, Kelch bleibend. Resistent gegen Krankheiten. (SAPHO, Frankreich, etwa 1990)

Malus POM'ZAI ('Courtabri')

Malus POM'ZAI ('Courtabri')

Malus POM'ZAI ('Courtabri')

Malus 'Prairifire'

Malus 'Prairie Maid' (*M. toringo* var. *toringo* 'Calocarpa' × *M.* 'Van Eseltine')
Wuchs baumförmig, kompakt. Krone breit abgerundet. Blätter im Austrieb rostfarben kupfrig, silbrig behaart, an Langtrieben deutlich gelappt. Blüten 2,5–3,5 cm breit, zahlreich, in der Knospe rötlich purpurn, aufgeblüht tiefrosa, im Verblühen weißlich. Früchte 1,2 cm dick, orangerot, Kelch hinfällig. Resistent gegen Krankheiten. (Simpson Nursery, Vincennes, Indiana, vor 1988)

Malus 'Prairifire' [(*M. toringo* var. *toringo* 'Calocarpa' × *M. sieversii* var. *niedzwetzkyana*) × *M.* ×*moerlandsii* 'Liset')]
Wuchs baumförmig, 5–6 m hoch. Krone abgeflacht kugelig, bis 6 m breit. Reich blühend und fruchtend. Zweige tief purpurn, Blätter eiförmig, zugespitzt, im Austrieb tief purpurrot, später purpurn grün bis tiefgrün. Herbstfärbung orange. Blüten 3,8–4 cm breit, dunkel purpurrot, nicht verblassend, spät aufblühend, zu 4–7 in Trugdolden, Stiel 3–3,5 cm lang. Früchte 1–1,2 cm dick, abgeflacht kugelig, purpurrot, Kelch hinfällig. Leicht schorfanfällig. In den USA besonders populär. (Daniel F. Dayton, University of Illinois, Urbana, USA, 1982)

Malus 'Prairifire'

Malus 'Prince Georges' = *Malus ioensis* 'Prince Georges'
Malus 'Princeton Cardinal' = *Malus hupehensis* 'Cardinal'
Malus 'Professor Sprenger' = *Malus ×zumi* 'Professor Sprenger'
Malus 'Profusion' = *Malus ×moerlandsii* 'Profusion'

Malus 'Purple Prince' [(*M.* 'Jay Darling Red' × *M. ×moerlandsii* 'Liset') × *M.* 'Gemstone')] PP 8478, 1993
Wuchs baumförmig, bis 6 m hoch. Krone kugelig, bis 6 m breit. Stammrinde kirschenähnlich. Blätter bis 12 cm lang, an Langtrieben gelegentlich dreilappig, im Austrieb purpurn, behaart, dann tief purpurgrün, zuletzt bronzegrün. Blüten 3–4 cm breit, sehr zahlreich, in der Knospe blutrot, aufgeblüht magentarot, im Verblühen rosa. Früchte kugelig, 1–1,2 cm dick, bläulich purpurn, blau bereift, den ganzen Winter hindurch haftend, Kelch bleibend. Fruchtfleisch rot. Resistent gegen Krankheiten. (J.F. Fiala, Falconskeape, nahe Medina, Ohio, USA, 1992)

Malus 'Purple Prince'

Malus 'Purple Prince'

Malus 'Purple Prince'

Malus 'Purple Wave' (*M.* 'Joy Darling' × ?)
Wuchs baum- oder strauchförmig, bis 5,5 m hoch. Blätter breit eiförmig bis verkehrt eiförmig, kurz zugespitzt, an der Basis abgerundet bis keilförmig, sehr dunkel purpurn grün, scharf gezähnt, unterseits bleibend weiß behaart. Blüten 4 cm breit, dunkel purpurrot, Kronblätter gelegentlich zu 6–7, an der Basis weiß, Kelchblätter behaart. Früchte 2 cm lang, dunkelpurpur, Kelch bleibend. Fruchtfleisch blutrot, gut zum Konservieren geeignet. Anfällig für Krankheiten. (ARIE DEN BOER, Des Moines, Iowa, USA, 1953)

Malus 'Purple Wave'

Malus 'Purpurroter Cousinot'

Malus 'Purpurroter Cousinot' (Abstammung unbekannt)
Wuchs baumförmig, meist als Halb- oder Hochstamm gezogen. Äste bei starkem Fruchtbehang überhängend. Blätter dunkelgrün. Früchte 6–8 cm dick, hochgebaut, auf grünlich gelbem oder gelbem Grund anfangs rot geflammt, zur Vollreife großflächig intensiv rot und durch Lentizellen leicht punktiert, Kelch hinfällig. Reifezeit Oktober, bis zum Frühjahr lagerfähig, deshalb oft als Weihnachtsapfel bezeichnet und der attraktiven Farbe wegen oft in weihnachtlichen Dekorationen verwendet. Fruchtfleisch weiß bis hellgelb, z. T. rot geadert, erfrischend aromatisch schmeckend. Die unter diesem Namen kultivierte Sorte ist nicht identisch mit der verschollenen, historischen Sorte, die von dem Arzt und Begründer der Pomologie August Friedrich Adrian Diel (1756–1839) 1813 als 'Englische Büschelrenette' und 1828 als 'Purpurroter Wintercousinot' beschrieben worden ist. Sie ist vielmehr in den 1920er-Jahren aus dem Reisermuttergarten Magdeburg verbreitet worden. Eher ein Tafelapfel, aber mit den kleinen, lange haftenden, hochrot gefärbten Früchten auch als Zierapfel zu empfehlen.

Malus 'Radiant' (*M.* × *adstringens* 'Hopa' × ?)
Wuchs baum- oder strauchförmig, 4,5–6(–9) m hoch. Krone breit aufrecht. Blätter breit eiförmig bis verkehrt eiförmig, scharf gesägt, anfangs rötlich purpurn, später bronzegrün, bis zum Herbst so bleibend. Blüten 2,5 cm breit, in der Knospe tiefrot, aufgeblüht rosarot. Früchte hagebuttenähnlich, 1,2 cm breit, 1,8 cm lang, kirschrot, bis zum Oktober haftend, Kelch bleibend. Stark schorfanfällig. (University of Minnesota, USA, etwa 1940 selektiert, 1957/58 eingeführt)

Malus 'Radiant'

Malus 'Ralph Shay' (*M.* 'Wolf River' × *M. toringo* var. *toringo* 'Calocarpa')
Wuchs baumförmig, rundkronig, bis 6 m hoch und gleich breit. Zweige durch reichen Fruchtbehang überhängend. Blätter dunkelgrün, an Langtrieben gelappt. Blüten weiß, groß. Früchte 3 cm dick, brillant rot, ab Mitte September gefärbt und länger die Farbe haltend als die meisten anderen Zierapfel-Sorten, Kelch ± bleibend. Fruchtfleisch knackig, gelb, wirtschaftlich verwertbar. Moderat schorfanfällig. (Simpson Nursery, Vincennes, Indiana, USA, etwa 1976)

Malus 'Red Barron' (Abstammung unbekannt)
Wuchs baumförmig, 5,5–7 m hoch. Krone anfangs schmal vasen- bis schmal eiförmig, 2,5 m breit, zuletzt bis 6 m breit. Blätter im Austrieb purpurrot, rasch bronzegrün mit purpurner Nervatur, im Herbst rot. Blüten 3,5–4 cm breit. In der Knospe dunkelrot, aufgeblüht rosa. Früchte ± kugelig, 1,5 cm dick, gerippt, glänzend dunkel- bis hellrot, Fruchtstiele 2,5 cm lang, rot, schwach behaart, Kelch hinfällig. Fruchtfleisch rosa oder rot, streng riechend. Leicht bis stark schorfanfällig. (Arnold Arboretum, Jamaica Plain, Massachusetts, USA, 1947)

Malus 'Red Jade' (*M. floribunda* 'Exzellenz Thiel' × ?) PP 1497, 1956
Hängeform. Wuchshöhe abhängig von der Veredlungshöhe. Krone schirmförmig, 3–4 m breit. Zweige dünn, locker überhängend. Blätter 3–5 cm lang, glänzend lebhaft grün. Blüten sehr zahlreich, 4–5 cm breit, in der Knospe lachsrosa, aufgeblüht reinweiß. Früchte zahlreich, eiförmig, 1,2–1,5 cm dick, glänzend rot, bis in den Winter haftend, jährlich reich fruchtend, Kelch hinfällig. Mehltauresistent, leicht schorfanfällig. (Brooklyn Botanic Garden, New York, USA, 1953) s NL 1996.

Malus 'Red Jade'

Malus 'Red Jade'

Malus 'Red Jade'

Malus Red Jewel ('Jewelcole')

Malus Red Jewel ('Jewelcole') (möglicherweise Abkömmling von *M.* ×*zumi*) PP 3267, 1972
Wuchs baum- oder strauchförmig, 4–6 m hoch, früh austreibend. Krone kegelförmig, kompakt, im Alter trichterförmig, 3–4 m breit. Äste waagerecht abstehend. Blätter frischgrün, sehr lange haftend, beiderseits bleibend behaart, an Langtrieben gelegentlich gelappt. Blüten sehr zahlreich, 2,5 cm breit, in der Knospe rosa, aufgeblüht weiß. Früchte zahlreich, 1–3 cm dick, kugelig, brillant kirschrot, sehr lange haftend und die Farbe behaltend. Schorfanfällig. (Cole Nursery, Cirleville, Oho, USA, 1972)

Malus Red Jewel ('Jewelcole')

Malus RED OBELISK ('D.V.P. Obel') (Abstammung unbekannt)
Wuchs baumförmig, 5–6 m hoch. Krone säulenförmig. Junge Zweige purpurbraun. Blätter anfangs bronzefarben, im Sommer dunkelgrün. Blüten zahlreich, bis 6 cm breit, in der Knospe hellrosa, aufgeblüht reinweiß. Früchte birnenförmig, lang gestielt, glänzend rot, bis zum November haftend, Kelch bleibend. Schorfresistent. (Belgien, Amt für Pflanzengenetik und Veredlung)

Malus RED OBELISK ('D.V.P. Obel')

Malus Red Obelisk ('D.V.P. Obel')

Malus 'Red Peacock' [(*M.* 'Molten Lava' × (*M.* 'Ludwick' × *M. ×zumi*)] PP 7022, 1989
Wuchs strauchförmig, bis 3,5 m hoch. Krone 4 m breit. Zweige leicht überhängend. Blätter dunkelgrün. Sehr reich blühend und fruchtend. Blüten in der Knospe hellrot, aufgeblüht hellrosa oder weiß, Kronblätter gekräuselt. Früchte 1–1,2 cm dick, glänzend orangerot, lang haftend. Leicht schorfanfällig. (J.L. FIALA, Falconskeape, nahe Medina, Ohio, USA, 1969)

Malus 'Red River' (*M.* × *robusta* 'Dolgo' × *M.* 'Delicious')
Wuchs baumförmig. Blüten 5 cm breit, rosa. Früchte 4,5–5 cm lang, glänzend rot, spät reifend, sehr schmackhaft. (A.F. YEAGER, Fargo, North Dakota, 1934)

Malus 'Red Sentinel' (Abstammung unbekannt)
Wuchs baumförmig, 5–6 m hoch. Krone anfangs kegelförmig, zuletzt ausladend, 3–3,5 m breit. Zweige bei reichem Fruchtbehang überhängend. Blätter eiförmig, spitz, anfangs bronzefarben, zuletzt hellgrün. Blüten zahlreich, 4–5 cm breit, in der Knospe hellviolett, aufgeblüht weiß, rosa überhaucht. Früchte sehr zahlreich, kugelig, 1,8–2,8 cm dick, leuchtend violettrot, auf der Schattenseite etwas heller bis gelborange, leicht bereift, bis zum Januar–Februar haftend, erst im Januar die Farbe verlierend, Kelch hinfällig oder bleibend. Leicht schorfanfällig. Nach der GALK-Straßenbaumliste als Stadtstraßenbaum „geeignet mit Einschränkungen". (Norcutt, Neuseeland, vor 1959) ** NL 1996, AGM 1993

Malus 'Red Sentinel'

Malus 'Red Sentinel'

Malus 'Red Sentinel'

Malus 'Red Sentinel'

Malus 'Red Silver' = *Malus ×adstringens* 'Red Silver'

Malus 'Red Splendor' (*M.* 'Red Silver' × ?)
Wuchs baum- oder strauchförmig, 5–7 m hoch. Krone kugelig, reich verzweigt, bis 6 m breit. Blätter eiförmig, zugespitzt, im Austrieb bronzefarben, später glänzend hellgrün. Blüten zahlreich, 4–4,5 cm breit, in der Knospe tiefviolett, aufgeblüht dunkel violettrosa, 3,5–4 cm lang gestielt. Früchte kugelig, leicht spitz zulaufend, 1,5–1,8 cm dick, matt bräunlich violett, Mitte August reifend, bis zum Dezember haftend, Kelch hinfällig. Leicht bis stark schorf- und rostanfällig. (Bergeson Nursery, Fertile, Minnesota, USA, 1958) * NL 1996

Malus 'Red Splendor'

Malus 'Red Swan' [(*M.* Molten Lava) × (*M.* 'Red Jade' × *M. ×purpurea* 'Lemoinei')] PP 6974, 1989
Hängeform, Wuchshöhe abhängig von der Veredlungshöhe, fein verzweigt. Blätter zierlich, derb, dunkelgrün, im Herbst goldgelb. Blüten etwa 4 cm breit, glockig, hängend, in der Knospe tief orangerot, aufgeblüht hellrosa. Früchte 1–1,2 cm dick, ellipsoidisch, leuchtend rot, lange haftend. (Klehm Nursery, South Barrington, Illinois, USA, 1967)

Malus 'Red Tip' (*M. ioensis* 'Elk River' × *M. sieversii* var. *niedzwetzkyana*)
Wuchs baumförmig, kräftig. Junge Blätter mit roten Spitzen, Herbstfärbung orange. Blüten 4 cm breit, einfarbig dunkelrot. Früchte 3,5–5 cm dick, gelblich grün, rot bereift. Mäßig schorfanfällig. (NIELS E. HANSEN, Brookings, South Dakota, USA, 1919)

Malus 'Red Tip'

Malus 'Red Tip'

Malus 'Red Top' (Abstammung unbekannt)
Wuchs baum- oder strauchförmig, anfangs straff aufrecht, bis 5 m hoch, Krone bis 3 m breit. Blätter im Austrieb kupferfarben rötlich, rasch vergrünend. Blüten rosarot. Früchte ± kugelig, hochrot, lange haftend. Schorfresistent. (Waimea Nurseries, Neuseeland, Einführungsdatum unbekannt)

Malus REDBIRD ('Rebrizam') [(*M. toringo* var. *toringo* 'Wooster') × (*M.* CHRISTMAS HOLLY × *M.* ×*zumi* Nr. 678)]
Wuchs baumförmig, schmal aufrecht, bis etwa 4,5 m hoch. Krone 3,5 m breit. Blätter dunkelgrün. Blüten sehr zahlreich, in der Knospe brillant rot, aufgeblüht reinweiß. Früchte 1–1,5 cm dick, zahlreich, hellrot, ab Anfang August gefärbt, bis Ende November haftend. Resistent gegen Krankheiten. (J.F. FIALA, Falconskeape nahe Medina, Ohio, USA, 1983)

Malus 'Redfield' (*M.* 'Wolf River' × *M. sieversii* var. *niedzwetzkyana*)
Wuchs baumförmig, ähnlich wie Kulturäpfel. Blätter matt dunkelpurpurn, schmal eiförmig, spitz oder zugespitzt, an der Basis keilförmig. Blüten 3,5 cm breit, rosarot, Kelchblätter weiß, wollig behaart, Kronblätter schmal. Früchte 7–8 cm dick, ± kugelig, rot, Fruchtfleisch rot, wirtschaftlich verwertbar. Schorfanfällig. (Research Station, Geneva, New York, 1924)

Malus 'Redflesh' = *Malus* ×*soulardii* 'Red Flesh'

Malus 'Robinson' (Abstammung unbekannt)
Wuchs baum- oder strauchförmig, bis 7,5 m hoch. Krone gleich breit. Blätter eiförmig, lang zugespitzt, an Langtrieben gelegentlich gelappt, im Austrieb dunkel purpurn, zuletzt bronzefarben dunkelgrün, unterseits fein weiß behaart. Blüten zahlreich, in der Knospe karminrot, aufgeblüht tiefrosa. Früchte kugelig, 1–1,5 cm dick, glänzend dunkelrot, bereift, etwa 3,5 cm lang gestielt, Fruchtfleisch rot, Kelch hinfällig. Resistent gegen Krankheiten. (C.M. Hobbys Nursery, Indianapolis, Indiana, USA, vor 1970)

Malus 'Robinson'

Malus 'Rosehip' (Abstammung unbekannt)
Wuchs baum- oder strauchförmig, breit aufrecht, 4–6 m hoch, reich blühend und fruchtend. Krone 3–4 m breit. Blätter mittel- bis dunkelgrün. Blüten in der Knospe rosarot, aufgeblüht weiß, Kronblätter rundlich. Früchte groß, kugelig, glänzend dunkelrot, Fruchtfleisch rot, mit hohem Pektinanteil, wirtschaftlich verwertbar, Kelch bleibend, hagebuttenähnlich. Resistent gegen Krankheiten. (Herkunft und Einführungsdatum unbekannt)

Malus 'Rosseau' (*M. sieversii* var. *niedzwetzkyana* × ?)
Bis 12 m hoher, kugelkroniger Baum. Blätter im Austrieb bronzegrün, im Herbst leuchtend rot. Blüten 3,5–4 cm breit, in der Knospe rötlich kastanienbraun, aufgeblüht rosarot, Kronblätter an der Basis weiß, jährlich reich blühend. Früchte 2,5 cm dick, leuchtend rot, bis zum Spätherbst haftend. Schorfanfällig. (I. PRESTON, Dominion Agricultural Experiment Station, Ottawa, Kanada, 1930)

Malus „Rosybloom“
„Rosybloom“ ist ein Sammelbegriff für Sorten mit ± rötlichen Blättern und rosa oder purpurnen Blüten. Es handelt sich um Sorten mit Erbgut des Kirgisischen Blut-Apfels, *M. sieversii* var. *niedzwetzkyana*. Die ersten 33 Sorten sind 1920/21 von ISABELLA PRESTON von der Ottawa Agricultural Experiment Station, Ottawa, benannt worden. Dazu gehören Sorten wie 'Amisk', 'Makamik', 'Simco', 'Scugog' und 'Wabiscaw'. Später ist diese Bezeichnung auch von W.R. LESLIE, Morden, Manitoba, Kanada, verwendet worden. Aus 1700 Sämlingen wurden die besten ausgelesen und mit Sortennamen bezeichnet, die aus Buchstaben und Nummer bestehen, wie z. B. 'MR 421' (= *M.* 'Pink Beauty'). Gegenwärtig gehören mehr als 50 Sorten zu dieser Gruppe.

Malus 'Royalty' (Vermutlich *M.* 'Rudolph' × ?))
Wuchs baumförmig, bis 8 m hoch. Krone breit aufrecht, ausladend, bis 12 breit. Blätter elliptisch, kahl, scharf gezähnt, im Austrieb glänzend rotbraun, später dunkel grünlich rot, im Herbst braunrot. Blüten 3,5–4 cm breit, purpurrosa, oft vom Laub verdeckt. Früchte etwa 1,5 cm dick, kugelig, dunkelrot, bereift. Mäßig schorfanfällig. (W.L. KERR, Sutherland, Saskatchewan, Kanada, 1962)

Malus 'Royalty'

Malus 'Royalty'

Malus 'Royal Beauty' (Abstammung unbekannt)
Hängeform, Wuchshöhe abhängig von der Veredlungshöhe, etwa 3,5 m hoch. Krone gleich breit. Zweige elegant überhängend, rötlich purpurn. Blätter im Austrieb rötlich purpurn, im Sommer dunkelgrün. Blüten rötlich purpurn. Früchte kugelig, 0,9–1,1 cm dick, kirschrot. (Herkunft unbekannt, vor 1980 entstanden)

Malus **'Royal Beauty'**

Malus ROYAL RAINDROPS ('JFS-KW5') (*M. transitoria* GOLDEN RAINDROPS × ?)
Wuchs baumförmig, breit aufrecht, Stammverlängerung meist durchgehend, bis 6 m hoch. Krone erst im Alter gleich breit. Zweige kastanienbraun, mit zahlreichen hellen Lentizellen. Blätter eiförmig, drei- oder fünflappig, zugespitzt, an der Basis keilförmig, derb, violettrot, im Sommer oberseits matt purpurgrün, unterseits rötlich purpurn, im Herbst bronzefarben oder lilaorangefarben. Blüten hell rosarot. Früchte unauffällig, tiefpurpurn, kugelig, 6–8 mm dick, lang gestielt, lange haftend, Kelch hinfällig. Zier-Apfel mit einem ungewöhnlichen Blattschnitt. Sehr hitze-, kälte- und trockenresistent. (J.F. Schmidt & Sons, Boring, Oregon, vor 2019)

Malus **ROYAL RAINDROPS ('JFS-KW5'), Blüten und Früchte**

Malus Royal Raindrops ('JFS-KW5')

Malus 'Royal Ruby' (*M.* 'Van Eseltine' × *M.* 'Almey') PP 3052, 1971
Wuchs baumförmig, 5–6 m hoch. Krone vasenförmig, 3–4 m breit. Blätter elliptisch, bis 9 cm lang, anfangs bronzefarben, später glänzend dunkelgrün. Blüten etwa 4 cm breit, in der Knospe tief kastanienbraun, aufgeblüht rosarot, mit 15–25 Kronblättern gefüllt. Früchte birnenförmig, 1,5–2 cm dick, wenig zahlreich, dunkelrot. Anfällig für Krankheiten. (Cole Nursery, Painesville, Ohio, USA 1969)

Malus 'Royal Splendor' (*M.* 'Red Swan' × *M.* 'Autumn Glory')
Hängeform, Wuchshöhe abhängig von der Veredlungshöhe. Krone 3,6–4,2 m breit. Zweige ± stark überhängend. Blätter grün. Blüten in Kaskaden entlang der Zweige, in der Knospe karminrot, aufgeblüht weiß. Früchte 1,2 cm dick, brillant rot, lange haftend. Resistent gegen Krankheiten. (J.L. FIALA, Falconskeape, nahe Medina, Ohio, USA, 1976)

Malus RUBY TEARS ('Baileares') (Abstammung unbekannt) PP 22001
Hängeform, Wuchshöhe abhängig von der Veredlungshöhe. Krone schirmförmig, 3,5–4,5 m breit. Äste kaskadenförmig überhängend. Reich blühend und fruchtend. Blätter lanzettlich, leicht gelappt, im Austrieb bronzefarben, später rötlich grün. Blüten in der Knospe rot, aufgeblüht rosa. Früchte kugelig, 1,2–1,5 cm dick, purpurrot. (Bailey Nursery, St. Paul, Minnesota, USA)

Malus 'Rudolph' (vermutlich eine *M. baccata*-Hybride)
Wuchs baumförmig, 5–6 m hoch. Krone schmal kegelförmig, aufrecht, 4–5 m breit. Blätter eiförmig, anfangs tief bronzerot, später dunkel bronzegrün, Rand gewellt. Blüten zahlreich, 4,5–5 cm breit, in der Knospe tiefviolett, aufgeblüht violettrosa. Früchte etwas länger als breit, 1,5–1,8 cm dick, gelb, orangegelb gefleckt, bis Anfang Oktober haftend, Fruchtstiele 3–4 cm lang, rot, Kelch hinfällig. Mäßig schorfanfällig. Nach der GALK-Straßenbaumliste „geeignet mit Einschränkungen". (F.L. SKINNER, Dropmore, Manitoba, Kanada, 1954) ** NL 1996

Malus 'Rudolph'

Malus 'Rudolph'

Malus 'Scugog' (*M. sieversii* var. *niedzwetzkyana* × ?)
Wuchs baum- oder strauchförmig. Blätter bronzegrün. Blüten 4,5–5 cm breit, purpurrot, rasch verblassend, Kronblätter an der Basis weiß. Nur in jedem zweiten Jahr reich blühend. Früchte bis 4,5 cm dick, bräunlich purpurn, Fruchtfleisch rot, essbar. Anfällig für Krankheiten. (I. Preston, Dominion Agricultural Experiment Station, Ottawa, Kanada, 1930, benannt nach dem Lake Scugog in Südost-Ontario)

Malus 'Seafoam' (*M. ×gloriosa* 'Echtermeyer' × *M. toringo* var. *toringo* ?)
Wuchs aufrecht-überhängend. Blätter tief eingeschnitten, grün. Blüten 4–5 cm breit, in der Knospe rosarot bis karminrot, aufgeblüht weiß, rosa überhaucht. Früchte 1,2–1,5 cm dick, gelb. (A. den Boer, Des Moines, Iowa, USA, 1952 benannt)

Malus 'Selkirk' (*M. baccata* × *M. sieversii* var. *niedzwetzkyana*)
Wuchs baumförmig, 7,5–9 m hoch. Krone anfangs vasenförmig, später ausladend, bis 8 m breit. Schon als junge Pflanze reich blühend. Blätter im Austrieb glänzend rötlich grün, dann dunkel grünlich bronze, zuletzt dunkelgrün, am Rand stumpf oder kaum gesägt. Blüten 4–5,5 cm breit, tief purpurrot, Staubblätter auffallend lang, Kronblätter rundlich. Früchte zahlreich, 2–2,5 cm dick, gerippt, leuchtend kirschrot, 3 cm lang gestielt, Kelch bleibend. Fruchtfleisch rosa oder rot. Schorf- und mehltauanfällig. (Morden Research Station, Manitoba, Kanada, 1962, benannt nach Lord Thomas Douglas Selkirk (1771–1820))

Malus 'Selkirk'

Malus 'Sensation' (*M.* 'Serenade' × M. 'Amberina')
Wuchs strauchförmig, bis 3,5 m hoch. Krone gleich breit. Zweige leicht überhängend. Blätter dunkelgrün. Blüten sehr zahlreich, in der Knospe karminrot, aufgeblüht weiß. Früchte 1,2 cm dick, orangefarben, rotbackig, lange haftend. Resistent gegen Krankheiten. (J.L. Fiala, Falconskeape, nahe Medina, Ohio, USA, vor 1990)

Malus 'Sentinel' (Abstammung unbekannt)
Wuchs baumförmig, schmal aufrecht, bis 5 m hoch. Krone 3–3,5 m breit. Blätter dunkelgrün, im Herbst gelb. Blüten zahlreich, in der Knospe rot, aufgeblüht hellrosa bis weiß. Früchte auffallend glänzend dunkelrot, 1,2 cm dick, lange haftend, Fruchtstiele etwa 2,7 cm lang, Fruchtfleisch gelb. Leicht schorfanfällig. (J.L. Fiala, Falconskeape, nahe Medina, Ohio, USA, 1978)

Malus 'Serenade' [(*M. toringoides* × *M. ×zumi*) × (*M. ×zumi* 'Golden Candles' × *M. ×zumi*)]
Wuchs strauchförmig, bis 3,5 m hoch. Krone gleich breit. Zweige leicht überhängend. Blätter derb, dunkelgrün. Blüten in der Knospe tiefrosa, aufgeblüht hell bläulich weiß. Früchte sehr zahlreich, ellipsoidisch, 1,2 cm lang, hellgelb, tief goldfarben orange bereift, nach Frosteinwirkung orange oder goldfarben orange gefärbt. Resistent gegen Krankheiten. (J.L. Fiala, Falconskeape, nahe Medina, Ohio, USA, etwa 1983)

Malus 'Silver Moon' (Abstammung unbekannt)
Wuchs baumförmig, kompakt, schmal aufrecht bis eiförmig, bis 6 m hoch. Krone bis 3,5 m breit. Blätter grün, scharf gezähnt. Blüten 3,7 cm breit, in der Knospe rosa, aufgeblüht schneeweiß, erst nach der Laubentfaltung aufblühend, eine der am spätesten blühenden Zierapfel-Sorten. Früchte rötlich oder dunkel purpurrot, 0,9–1,2 cm dick, lange haftend, aber nicht besonders attraktiv. Resistent gegen Krankheiten. (Simpson Nursery, Vincennes, Indiana, USA, 1968–69)

Malus 'Simcoe' = *M. ×adstringens* 'Simcoe'

Malus 'Sinai Fire' (*M.* 'Red Swan' × *M.* 'Amberina')
Hängeform, Wuchshöhe abhängig von der Veredlungshöhe. Krone bis 3,6 m breit. Zweige stark überhängend. Blätter länglich, derb, frischgrün, Blüten groß, in Kaskaden entlang der Zweige, in der Knospe brillant rot, aufgeblüht weiß. Früchte 0,6–1 cm dick, brillant orangerot, wachsartig bereift, früh ausgefärbt, lange haftend. Resistent gegen Krankheiten. (Arnold Arboretum, Jamaica Plain, Massachusetts, USA, 1987/88)

Malus Sir Galahad ('Sirgazam') (*M. sieversii* var. *niedzwetzkyana* × ?)
Wuchs strauchförmig, rundkronig, bis 3 m hoch. Krone 2,4 m breit. Blätter derb, glänzend dunkelgrün. Blüten in der Knospe pastellfarben rosa, aufgeblüht weiß. Nur in jedem zweiten Jahr reich blühend. Früchte 1,2 cm dick, goldgelb, zum Winter hin rot verfärbt. Resistent gegen Krankheiten. (Lake County Nursery, Perry, Ohio, USA 1993)

Malus 'Sissipuk' = *Malus ×adstringens* 'Sissipuk'

Malus 'Snowcloud' (*M. ×hartwigii* 'Katherine' × *M.* 'Almey') PP 2913, 1969
Wuchs baumförmig, 5–6 m hoch. Krone anfangs kegelförmig, zuletzt ausladend, 4–5 m breit, Zweige leicht überhängend. Blätter schmal eiförmig, dunkelgrün, anfangs leicht behaart. Blüten zahlreich, 5–7,5 cm breit, in der Knospe tief rosa, aufgeblüht reinweiß, mit 13–15 Kronblättern gefüllt, April–Mai. Früchte 1,3 cm dick, gelb, rosa bereift, 3 cm lang gestielt, Kelch bleibend. Anfällig für Krankheiten. (Princeton Nursery, New Jersey, USA, 1970)

Malus 'Snowdrift' = *Malus baccata* 'Snowdrift'
Malus 'Snow White' = *Malus ×robusta* 'Dolgo'

Malus 'Snow Magic' (*M.* 'Snowdrift' × *M.* 'Gorgeous')
Wuchs baumförmig, kompakt, breit aufrecht, bis 6 m hoch. Junge Zweige kirschfarben orange. Blätter grün. Blüten in der Knospe rosa, aufgeblüht weiß. Früchte 1 cm dick, dunkelrot, bis zum Winter haftend. Leicht schorfanfällig. (Willoway Nursery, Avon, Ohio, USA, 1979)

Malus SPARKLING SPRIDE ('FJS-KW207') (Abstammung unbekannt)
Wuchs strauchförmig, etwa 3,5 m hoch, Krone gleich breit, kugelig, kompakt, reich verzweigt. Blätter hellgrün. Blüten in der Knospe rosa, aufgeblüht weiß. Früchte kugelig, 3 cm dick, goldgelb bis orangefarben, sehr lang haftend, Kelch hinfällig. Rost- und mehltauresistent. (F.J. Schmidt & Sons, Boring, Oregon, USA)

Malus 'Spring Snow' (vermutlich Sämling von *M. ×robusta* 'Dolgo') PP 2667, 1966
Wuchs baumförmig, 6–7,5 m hoch. Krone anfangs schmal eiförmig, später eiförmig, reich verzweigt. Blätter dunkelgrün. Blüten sehr zahlreich, reinweiß, duftend, nahezu steril. Früchte wenig zahlreich, 2–2,5 cm dick, gelb, rötlich bereift, Kelch meist hinfällig. Schorfanfällig. In den USA eine besonders populäre Sorte. (Inter-State Nursery, Hamburg, Iowa, USA, 1966)

Malus 'Stenström' (in einer Aussaat von *M. toringo* var. *sargentii* entdeckt)
Wuchs baum- oder strauchförmig, 4–5 m hoch. Krone gleich breit. Blätter schmal eiförmig, an Langtrieben oft gelappt, im Austrieb lilarot, im Sommer vergrünend. Blüten in der Knospe rot, aufgeblüht rosarot, spät aufblühend. Früchte glänzend purpurrot, kugelig, etwa 1 cm dick, lang gestielt, Kelch hinfällig. Rost- und mehltauresistent, virusfrei, stadtklimatauglich. Gehört in Schweden zum E-Planta-Sortiment (Elitepflanzen). Sorten von E-Planta-Gehölzen sind für alle Klimazonen Schwedens geeignet. (SVEN STENSTRÖM, Ölands Plantskola, Schweden, 1950er-Jahre)

Malus 'Strathmore' (Rosybloom-Sämling)
Wuchs baumförmig, bis 6(–10) m hoch. Krone schmal kegel- bis vasenförmig, 1,5–2,5 m breit. Blätter im Austrieb rötlich, im Herbst auffallend rot und scharlachrot. Blüten 4–5 cm breit, rosa. Früchte etwa 1,2 cm lang, unregelmäßig eiförmig, glänzend tiefrot, nicht bereift, 3 cm lang gestielt, Fruchtfleisch rosa. Anfällig für Krankheiten. (Morden Research Station, Manitoba, Kanada, vor 1949)

Malus 'Strawberry Parfait' (*M. hupehensis* × *M. ×atrosanguinea*) PP 4632, 1981
Wuchs baumförmig, offen vasenförmig, 6–7,5 m hoch. Blätter derb, anfangs purpurn, zuletzt glänzend dunkelgrün, fein und scharf gezähnt. Blüten zahlreich, duftend, in der Knospe rot, aufgeblüht rosa, Kronblätter am Rand rot. Früchte 1,2–1,9 cm dick, gelb mit roter Bereifung oder glänzend orangerot, Kelch groß, bleibend. Resistent gegen Krankheiten. (Princeton Nursery, New Jersey, USA, 1982)

Malus 'Street Parade' = *Malus baccata* 'Street Parade'

Malus 'Striped Beauty' (Abstammung unbekannt)
Blüten in der Knospe rosa, aufgeblüht weiß, 2–2,5 cm breit. Früchte 2,5 cm dick, auffallend gelb und rot gestreift. (H.R. WRIGHT, Auckland, Neuseeland, 1930)

Malus 'Striped Beauty'

Malus 'Striped Beauty'

Malus SUGAR TYME ('Sutyzam') (Abstammung unbekannt) PP 7062, 1989
Wuchs baumförmig, 4–6 m hoch. Krone eiförmig, 4,5 m breit. Blätter schmal eiförmig, scharf gesägt, frischgrün. Blüten 2,5 cm breit, in der Knospe rosa, aufgeblüht schneeweiß. Früchte kugelig, 0,6–1,2 cm dick, dunkelrot, bereift, Fruchtstiele 2,5 cm lang, rot, Kelch bleibend. Fruchtfleisch gelb, den Winter hindurch haftend. Leicht schorfanfällig. (MILTON BARON, East Lansing, Minnesota, USA, etwa 1983)

Malus SUGAR TYME ('Sutyzam')

Malus SUGAR TYME ('Sutyzam')

Malus 'Sundog' (*M. baccata* × *M. sieversii* var. *niedzwetzkyana*)
Wuchs baumförmig, anfangs säulenförmig, später breit vasenförmig, sehr reich blühend und fruchtend. Blätter breit eiförmig, 12 cm lang, 7,5 cm breit, im Austrieb rot, im Sommer dunkelgrün. Blüten in der Knospe rot, aufgeblüht sehr hellrosa. Früchte 2,5 cm lang, glänzend tief scharlachrot, lang gestielt, bis zum Oktober haftend. Leicht schorfanfällig. (Morden Research Station, Manitoba, Kanada, 1939)

Malus 'Sun Rival' (Synonym *M.* ×*scheideckeri* 'Sun Rival')
Hängeform, Wuchshöhe abhängig von der Veredlungshöhe. Krone schirmförmig, in 10 Jahren 3 m breit. Reich blühend und fruchtend. Blätter mittelgrün, im Herbst tiefgelb. Blüten in der Knospe rot, aufgeblüht sehr hell weißlich rosa, sehr lang gestielt, duftend. Früchte leuchtend kirschrot, abgeflacht kugelig, lange haftend, Kelch hinfällig. Resistent gegen Krankheiten. (Jill Doherty, Großbritannien, vor 2012) AGM 2012

Malus 'Tanner' (vermutlich eine *M. baccata*-Hybride)
Wuchs baumförmig, kompakt, bis 6 m hoch. Blüten 4–5 cm breit, in der Knospe tiefrot, aufgeblüht perl- oder cremeweiß, duftend. Früchte 1,5 cm dick, orangerot oder rot, lange haftend. (J.A. Tanner, Palo, Iowa, USA, vor 1931)

Malus 'Tea Time' (tetraploide *M. hupehensis*-Selektion)
Wuchs baumförmig, bis 7,5 m hoch. Krone vasenförmig. Blätter dunkelgrün. Blüten in der Knospe blassrosa, aufgeblüht weiß. Früchte 0,6 cm dick, hell gelbgrün mit roter Backe, lange haftend. Resistent gegen Krankheiten. (Arnold Arboretum, Jamaica Plain, Massachusetts, USA, 1987/88)

Malus 'Teobel' (Abstammung unbekannt)
Wuchs baum- oder strauchförmig, 4–5 m hoch. Blätter eiförmig, grün. Blüten zahlreich, 3 cm breit, gefüllt, in der Knospe sehr hellrosa, aufgeblüht weiß, in der Mitte gelb, April–Mai. Früchte kugelig, 0,8–1 cm dick, gelbgrün bis orangegelb, bis Ende Oktober haftend. Leicht schorfanfällig. (G. Arends, Opheusen, Niederlande, 1984) s NL 1996

Malus 'Thunderchild' (Abstammung unbekannt)
Wuchs baumförmig, kompakt, aufrecht-abstehend, bis 6 m hoch. Blätter tief purpurrot, später sehr dunkel bronzegrün. Blüten in der Knospe tiefrot, aufgeblüht rosa, im Verblühen weiß. Früchte wenig zahlreich, 1,2–1,5 cm dick, dunkelrot, lange haftend. Sehr frosthart. Moderat schorfanfällig. (P.H. Wright, Saskatoon, Saskatchewan, Kanada, 1977)

Malus 'Timiskaming' = *Malus* ×*adstringens* 'Timiskaming'
Malus 'Transcendent' = *Malus* ×*adstringens* 'Transcendent'

Malus 'Tremon Weeper'.
(Abstammung unbekannt)
Wuchs überhängend, fein verzweigt. Blüte in der Knospe rosa, aufgeblüht weiß, 2,5-3 cm. Blatt bis 7 cm lang, Blattrand leicht gesägt, Blattstiel 2-3 cm. Früchte klein, gelb bis gelborange, 1–2 cm dick, kugelig. Als Sämling eines von GERD KRÜSSMANN im Rombergpark, Dortmund, ausgelesenen Apfels mit breitem, hängendem Wuchs, der unbenannt blieb. Der Name setzt sich zusammen aus dem latinisierten Namen für Dortmund, Tremonia, und der englischen Bezeichnung für „hängend". Von E. JABLONSKI, LTA Ettelbruck, Luxemburg, um 2005 selektiert und in den Handel gebracht.

Malus 'Tremon Weeper'

Malus 'Vanguard' (*M. ×adstringens* 'Hopa' × ?)
Wuchs baumförmig, langsam bis etwa 6 m hoch. Krone anfangs vasenförmig, später ausgebreitet und bis 6 m breit. Blätter sehr groß, eiförmig, spitz, an der Basis keilförmig, lang gestielt, im Austrieb dunkel bronzerot, später bronzefarben grün. Blüten 3,5–5 cm breit, in der Knospe karminrot, aufgeblüht lilarosa. Früchte 2,2 cm lang, leuchtend rot, Fruchtstiele 3,5–4 cm lang, Kelch hinfällig. Anfällig für Krankheiten. (Universität von Minnesota, USA, 1963)

Malus 'Vanguard'

Malus 'Van Eseltine' (*M. ×arnoldiana × M. spectabilis*) Wuchs baumförmig, 5–6 m hoch. Krone anfangs streng säulenförmig, zuletzt unregelmäßig vasenförmig, 3–4 m breit. Blätter schmal eiförmig, spitz, am Rand gewellt, glänzend dunkelgrün. Blüten in der Knospe dunkel violettrot, aufgeblüht lilarosa, mit 13–19 Kronblättern dicht gefüllt. Früchte 1,2–1,7 cm dick, kugelig, unten abgeflacht, gelbgrün bis rotbraun, wenig auffallend, Fruchtstiele bis 5 cm lang. Mäßig schorfanfällig. (New York Agriculture Experimental Station, New York, USA, 1943, benannt nach Glen Parker van Eseltine (1888–1938)) s* NL 1996

Malus 'Van Eseltine', Blüten in knospigem Zustand

Malus 'Van Eseltine'

Malus 'Van Eseltine'

Malus 'Van Eseltine'

Malus VELVET PILLAR ('Velvetcole') (Abstammung unbekannt) PP 4758, 1981
Wuchs baumförmig, langsam bis 6 m hoch, schmal aufrecht. Krone bis 3,5 m breit. Blätter im Austrieb purpurn, im Sommer vergrünend, scharf gezähnt. Blüten 3,5–4 cm breit, in der Knospe rosa, aufgeblüht hellrosa, 3,2 cm lang gestielt. Früchte wenig zahlreich, 1,2 cm dick, rötlich. Sehr schorfanfällig. (Cole Nursery, Painesville, Ohio, USA, 1981)

Malus 'Volcano' (*M. ×zumi* '243' × *M. toringo* var. *toringo* 'Wooster')
Wuchs strauchförmig, bis 3 m hoch, reich blühend und fruchtend. Blätter derb, grün. Blüten in der Knospe rot, aufgeblüht bläulich weiß. Früchte 1–1,2 cm dick, sehr zahlreich, leuchtend orangerot, lange haftend. Nach amerikanischen Beobachtungen besonders gerne von Vögeln verzehrt. Leicht schorfanfällig. (J.L. Fiala, Falconskeape, nahe Medina, Ohio, USA, etwa 1983)

Malus 'Wabiskaw' = *Malus ×adstringens* 'Wabiskaw'

Malus WEEPING CANDIED APPLE ('Weepcanzam') (Abstammung unbekannt) PP 4038, 1977
Wuchs strauchförmig, 3–4 m hoch. Krone breit. Zweige unregelmäßig abstehend bis überhängend. Blätter derb, scharf gesägt, anfangs braunrot, später dunkelgrün mit einem rötlichen Oberton. Blüten 2,5 cm breit, in der Knospe tief rosarot, aufgeblüht weißlich rosa, Rückseite der Kronblätter tief rosarot. Früchte 1 cm dick, kirschrot, 3,5 cm lang gestielt, bis zum Februar–März haftend. Fruchtfleisch adstringierend. Resistent gegen Krankheiten. (Lake County Nursery, Perry, Ohio, USA, vor 1978)

Malus 'Whitney' (Abstammung unbekannt)
Wuchs baumförmig, 5–7 m hoch. Krone schmal kegelförmig, reich verzweigt. Blätter derb, breit elliptisch, glänzend hellgrün. Blüten 5,5 cm breit, rosaweiß. Früchte 5–6 cm dick, wachsgelb, oft ganzflächig dunkelrot gestreift, essbar. Resistent gegen Krankheiten. (ALEXIS RANDOLPH WHITNEY, Franklin Grove, Illinois, USA, vor 1869)

Malus WHITE ANGEL ('Inglis') (vermutlich Sämling von *M. toringo* var. *toringo*)
Wuchs baumförmig, 6,5–8 m hoch. Krone anfangs vasenförmig, später ausladend, bis 6,5 m breit. Sehr reich blühend und fruchtend. Blätter derb, glänzend frischgrün. Blüten 3,5 cm breit, in der Knospe rosarot, aufgeblüht weiß, duftend, lang gestielt. Früchte 1,2–2 cm dick, narbig, glänzend rot, bis zum Frühjahr haftend. Fruchtfleisch gelb. Leicht schorf- und rostanfällig. (LOUIS BENO, Youngstone, Ohio, USA, 1962)

Malus WHITE ANGEL ('Inglis')

Malus 'White Candle' (*M.* 'Van Eseltine' × *M.* 'Almey')
Wuchs baumförmig, kompakt, steif aufrecht, langsam bis 6 m hoch. Krone bis 2,5 m breit. Blätter stumpf gezähnt, dunkelgrün, bis zum Spätherbst haftend. Blüten 6–7,5 cm breit, halb gefüllt, in der Knospe rot, aufgeblüht hellrosa bis nahezu weiß. Früchte wenig zahlreich, 1,5–1,8 cm dick, rot, Fruchtstiele 4 cm lang, rot, Kelch hinfällig. Leicht schorfanfällig. (Inter-State Nursery, Hamburg, Iowa, USA, 1969–70)

Malus WHITE CASCADE ('Cascole') (*M. ×zumi* × ?) PP 3644, 1974
Hängeform. Wuchshöhe abhängig von der Veredlungshöhe. Krone schirmförmig, 4–5 m breit. Zweige überhängend. Blätter schmal elliptisch, scharf gesägt, glänzend dunkelgrün, behaart. Blüten zahlreich, in der Knospe rosa, aufgeblüht weiß, Kelchblätter purpurrot. Früchte 1–1,2 cm dick, anfangs grün, beigefarben bereift, zur Reife gelblich bis rostbraun. Leicht schorfanfällig. (Cole Nursery, Painesville, Ohio, USA, 1974)

Malus 'Wildfire' [(*M.* 'Coral Cascade' × *M. ×moerlandsii* 'Liset') × *M.* 'Red Swan']
Wuchs baumförmig, bis 4,8 m hoch. Zweige stark überhängend. Blätter dunkel rötlich grün. Blüten in der Knospe hellrot, aufgeblüht rosa. Früchte 0,6–1,3 cm dick, brillant rot, lange haftend. Resistent gegen Krankheiten. (Arnold Arboretum, Jamaica Plain, Massachusetts, USA, 1987/88)

Malus 'William Sim' (Abstammung unbekannt)
Wuchs baum- oder strauchförmig, bis 4,5 m hoch. Krone bis 6 m breit. Blüten zahlreich, 4,5 cm breit, in der Knospe elfenbeinfarben, aufgeblüht weiß, ähnlich denen von *M. baccata*, Blütenstiele und Kelch grün, Blütenbecher aber tiefrot. Früchte 2–3,5 cm dick, eiförmig, glänzend rot. Moderat schorfanfällig. (WILLIAM SIM, Cliftondale, Massachusetts, USA, vor 1931)

Malus 'William Sim'

Malus 'Wintergold' = *Malus toringo* var. *toringo* 'Wintergold'

Malus 'Wisley Crab' (*M. domestica*-Hybride)
Wuchs baum- oder strauchförmig. Blätter eiförmig, 10 cm lang, im Austrieb bronzefarben, zuletzt dunkelgrün. Blüten in der Knospe dunkel purpurrot, aufgeblüht purpurrosa, reich an Pollen, deshalb gut als Pollenspender einsetzbar. Früchte konisch, kantig, 7 cm lang, dunkelrot, Fruchtfleisch rot, wirtschaftlich verwertbar. (Herkunft unbekannt)

***Malus* 'Wisley Crab'**

Malus 'Woven Gold' [*M. toringo* var. *toringo* 'Wintergold' × (*M.* White Cascade × *M.* 'Peter Pan')]
Wuchs baum- oder strauchförmig, bis 3,6 m hoch, Zweige überhängend. Blätter dunkelgrün. Blüten in der Knospe karminrot, aufgeblüht weiß. Früchte leuchtend goldgelb, lange haftend. Resistent gegen Krankheiten. (Arnold Arboretum, Jamaica Plain, Massachusetts, USA, 1987/88)

Malus 'Yellow Siberian' (Synonym: *M. baccata* 'Yellow Siberian', *M.* ×*robusta* 'Yellow Siberian')
Wuchs baumförmig. Krone offen eiförmig, ausgebreitet. Blätter eiförmig oder elliptisch, dunkelgrün, im Herbst gelb. Blüten in der Knospe tiefrot, aufgeblüht rosarot, duftend. Früchte kugelig, glänzend goldgelb, wirtschaftlich verwertbar, Kelch bleibend. (vor 1826 entstanden)

Malus 'Yellow Siberian'

Malus 'Yellow Siberian'

Malus 'Zita' (Abstammung unbekannt)
Wuchs baum- oder strauchförmig. Blüten in der Knospe karminrot, aufgeblüht rot, im Verblühen matt malvenfarben. Früchte ± kugelig, 4 cm dick, rot, Kelch hinfällig. (E. Hansen, 1933)

Malus 'Zita'

Malus 'Zita'

Bezugsquellen (Datenstand April 2020):

Wild- und Zieräpfel werden von jeder Garten-Baumschule und jedem gut sortierten Garten-Center angeboten, wenn auch meist mit einer geringen Auswahl an Arten und Sorten.

Zu Anschriften und geographischer Lage der 170 deutschen Garten-Baumschulen kann man sich unter der E-Mail-Adresse info@maxigruen.de informieren.

Die E-Mail-Adresse service@olerum.de bietet Kontakt zu Online-Garten-Shops des Verbandes Deutscher Garten-Center.

Eine größere Auswahl an Wild- und Zieräpfeln bieten die hier genannten, überregional agierenden Baumschulen an.

Deutschland

Bruns Pflanzen Export GmbH & Co. KG
Johann-Bruns-Allee 1, 26160 Bad Zwischenahn
E-Mail: info@bruns.de, Tel.: 04403/6010
Großbaumschule mit einem bebilderten Katalog, Spezialist für Solitärgehölze

Dehner Gartencenter GmbH & Co. KG
Donauwörther Str. 35, 86641 Rain
E-Mail: service@dehner.de, Tel. 09090/ 775331
Gartencenter (119 Märkte in Deutschland) und Online-Shop

Herrenkamper Gärten
Herrenkamp 1, 27254 Siedenburg
E-Mail: info@herrenkampergaerten.de, Tel. 04272/963163

Pflanzenhandel Lorenz von Ehren
Maldfeldstr. 4, 21077 Hamburg,
E-Mail: LvE@LvE.de, Tel. 040/76108-0
Großbaumschule mit einem bebilderten Katalog, Spezialist für Solitärgehölze

Pflanzenhandel Huben GmbH
Schriesheimer Fußweg 7, 68526 Ladenburg
E-Mail: Contact@huben.de, Tel. 06203/92800

Pflanzen-Kölle Gartencenter GmbH & Co. KG
Im Neckargarten 4, 74078 Heilbronn
E-Mail: info@pfanzenkoelle.de, Tel. 07131/15950
Baumschule mit 12 Gartencentern in Deutschland

Pflanzenhandel Lappen
Herrenpfad 14, 41334 Nettetal
E-Mail: info@lappen.de, Tel. 02157/818-0
Überregional agierende Großbaumschule

Wilhelm Ley
Baumschulenweg 20, 53340 Meckenheim
E-Mail: info@Ley-Baumschulen.de, Tel.02225/9144-0
Großbaumschule mit einem bebilderten Katalog

H-Lorberg Baumschulen KG
Zachower Str. 4, 14669 Ketzin
E-Mail: lorberg@lorberg.com, Tel. 033233/84-0
Standort Baden-Baden:
Im Heitzenacker 3, 76532 Baden-Baden
E-Mail: baden-baden@lorberg.com, Tel. 07221/99648-0
Großbaumschule, Spezialist für Solitär- und Formgehölze

Sämann Pflanzenkontor GmbH
Spittelwiesenweg 42, 02625 Bautzen,
E-Mail: info@sämann-baumschulen.de, Tel. 03591/2186-0
Sortimentsbaumschule mit einem ausführlichen, bebilderten Katalog

Baumschule Paul Schwieters
Schlee 8, 48720 Rosendahl
E-Mail: Schwieters.Paul@t-online.de, Tel. 02566/4444
Baumschule mit einem großen Sortiment an seltenen Gehölzarten und -sorten

Van den Berk
Kerkpad 38, 47608 Geldern
E-Mail: geldern@vdberk.de, Tel. 02831/9746960
Großbaumschule mit Hauptsitz in den Niederlanden

Wörlein Baumschulen und Belladris Gartencenter
Baumschulweg 9, 86911 Dießen am Ammersee
E-Mail: info@woerlein.de, Tel. 08807/92100
Baumschule mit Online-Pflanzenkatalog

Verband der GartenBaumschulen BdB e.V. (GBV)
GBV MaxiGruen GmbH
Dieker Str. 68, 42781 Haan
E-Mail: info@maxigruen.de, Tel. 02129/93210
170 Mitglieder in Deutschland

Olerum.de, Online-Garten-Shop des Verbandes Deutscher Garten-Center e.V.
VGD Service GmbH & Co KG
Robert-Koch-Str. 20, 53501 Grafschaft-Gelsdorf
E-Mail: service@olerum.de, verband@garten-center.de, Tel. 02225/7032121

Niederlande

Mark Bulk
Rjineveld 115, NL–2771 XV Boskoop
E-Mail: info@bulk-boskoop.nl
Baumschule mit einem großen Gehölzsortiment

Österreich

Praskac Pflanzenhandel GmbH
Praskacstr. 101, A–3430 Tulln an der Donau
E-Mail: office@prascac.at
Baumschule mit einem Vollsortiment an Bäumen und Sträuchern.

Schweiz

Hauenstein AG
Landstr. 42, CH-8197 Rafz
E-Mail: info@hauenstein-rafz.ch
Größte Baumschule der Schweiz mit Stammsitz in Rafz, drei Gartencentern, einem Schaugarten mit dem Restaurant Botanica in Rafz und "Hauensteins Pflanzenbuch"

Zulauf AG
Degerfeldstr. 4, CH–5107 Schinznach-Dorf
E-Mail: info@zulauf.ch
Baumschule mit angrenzendem Gartencenter und einem breiten Gehölzsortiment

Gesellschaften

Deutsche Dendrologische Gesellschaft.
Geschäftsfüher: Dr. Mirko Liesebach
Hugo-Schilling-Weg 5, 22926 Ahrensburg
E-Mail: ddg-web@web.de

Beschriebene Malus-Arten

Blütenfarben der Zier-Apfel-Sorten

Angegeben wird die Farbe der voll entfalteten Blüten, die im knospigen Zustand häufig anders gefärbt sind.

Sorte	weiß	rosa	violett od. purpurrosa	rot/ rosarot	purpur od. violettrot	Blüten +- stark gefüllt	Seite
'Abraham'	x						377
'Adams'					x		379
'Adirondack'	x						380
'Aldenhamensis' (*M. ×purpurea*)					x		338
'Aldenham Purple'			x				381
'Alexis' (*M. ×robusta*)	x						350
'Almey'					x		381
'Amberina'	x						382
'American Beauty'				x			382
AMERICAN SPIRIT		x					382
'Amisk'		x					382
'Andreas Bärtels' (*M. baccata*)	x						156
'Angel Choir'	x						382
'Arie Mauritz' (*M. hupehensis*)		x					191
'Arrow'			x				382
'Aspiration' (*M. baccata*)	x						158
'Artic Dawn'	x						383
'Asimb' (*M. ioensis*)		x					302
'August Vaga' (*M. ×purpurea*)			x				340
'Autumn Glory'	x						383
'Autumn Treasure'	x						383
'Ballerina'	x						383
'Barbara Ann'			x				383
'Baskatong'					x		383
'Beauty'	x						384
'Behrens Crab'		x					276
'Belmonte' (*M. tschnonoskii*)	x						385

Sorte	weiß	rosa	violett od. purpurrosa	rot/ rosarot	purpur od. violettrot	Blüten +- stark gefüllt	Seite
'Beverly'	x						385
BLANCO (*M. ioensis*)	x						302
'Blanche Ames'	x						386
'Bob White' (*M. ×zumi)*	x						370
'Bonfire'	x						386
'Boone Park' (*M. ioensis*)				x			302
'Brandy Magic'		x					386
BRANDY WINE				x		x	387
'Bridal Crown'	x					x	388
'Brockmanns Weihnachtsapfel'	x						388
'Brouwers Beauty' (*M. toringo* var. *toringo*)	x						245
'Burgandy'				x			388
'Butterball'	x						389
'Butterfly'		x					391
'Calocarpa' (*M. toringo* var. *toringo)*	x						246
'Callaway'	x						391
CAMELOT	x						391
'Canary'	x						392
'Candymint Sargent'		x					392
'Canterbury'		x					392
'Cardinal' (*M. hupehensis*)			x				191
'Cardinal's Robes'				x			392
'Carmen' (*M. toringoides)*	x						269
'Carnival'	x						382
'Centennial'	x						392
CENTURION				x			392
'Charlottae' (*M. coronaria*)		x				x	290
'Carmen' (*M. transitoria*)	x						269
'Cheal's Crimson' (*M. prunifolia*)	x						214

Sorte	weiß	rosa	violett od. purpurrosa	rot/ rosarot	purpur od. violettrot	Blüten +- stark gefüllt	Seite
'Cheal's Golden Gem'	x						393
'Cheal's Weeping'			x				393
'Chilko'			x				396
Christmas Holly	x						396
Cinderella	x						396
Coccinella					x		396
'Color Parade'	x						399
'Comtesse de Paris'	x						399
Columnar Siberian Crab Apple (*M. baccata*)	x						158
'Copper King'	x						399
'Coral Cascade'	x						399
'Coralene'	x						399
Coralburst	x					x	399
'Coronell' (*M. hupehensis*)		x					191
'Cotton Candy'		x				x	399
'Cowichan'		x					400
'Crimson Brillant'				x			400
'Crittenden'			x				401
'Dark Rosaleen'		x					402
'Dartmouth'	x						403
'David'	x						404
'De Klenge Renert'							405
'Dolgo' (*M. ×robusta*)	x						351
'Donald Wyman'	x						406
'Dorothea'		x					406
'Doubloons'	x					x	407
'Echtermeyer' (*M. ×gloriosa*)		x					316
'Egret'	x					x	407
'Eleyi' (*M. ×purpurea*)				x			340

Sorte	weiß	rosa	violett od. purpurrosa	rot/ rosarot	purpur od. violettrot	Blüten +- stark gefüllt	Seite
'Eleyi Compacta' (*M. ×purpurea*)					x		344
'Erecta' (*M. ×robusta*)	x					x	351
'Elise Rathke'	x						407
'Elk River' (*M. ioensis*)				x			302
'Ellen Gerhardt'		x					407
'Esel Brockman'	x						409
'Eskilstuna' (*M. toringo* var. *toringo*)	x						249
'Evelyn'				x			409
EXALIBUR	x						409
'Excellent Thiel' (*M. floribunda*')		x					175
'Fastigiata' (*M. hupehensis*)	x						217
'Ferril's Crimson'				x			410
'Fiesta'	x						410
'Fimbriata' (*M. ionensis*)		x				x	302
'Firebelle'	x						410
FIREBIRD (*M. toringo* var. *sargentii*)	x						257
'Firebrand'	x						410
'Fireburst'	x						410
'Firedance'	x						410
'Flame'	x						411
'Flexilis'		x					411
'Florence'	x						412
'Fontana'	x						413
'Freja' *(M. toringo* var. *toringo)*		x					250
FOX FIRE	x						414
'Fryderyk Chopin'		x					414
'Fuyi' (*M. toringo* var. *sargentii*)			x				257
'Garry'				x			414
'Gibb's Golden Gage'	x						414
'Golden Dream'	x						414

Sorte	weiß	rosa	violett od. purpurrosa	rot/ rosarot	purpur od. violettrot	Blüten +- stark gefüllt	Seite
'Golden Galaxy'	x						414
'Golden Gem' (*M. floribunda*)	x						176
'Golden Hornet'	x						414
Golden Raindrops (*M. transitoria*)	x						271
'Golden Vlies'	x						417
'Goldfinch'	x						418
'Goldilocks'	x						418
'Gorgeous'	x						418
'Gracilis' (*M. baccata*)	x						158
'Green Star'	x						420
'Gremmel'	x						421
'Guiding Star'	x						423
'Guardsman' (*M. trilobata*)	x						132
Guinevere	x						423
'Gwendolyn'	x						423
'Gypsy Dancer'	x						425
Hamlet				x			425
'Harry Baker'							425
Harvest Gold	x						425
'Helen'				x			425
'Henningii'	x						425
'Henrietta Crosby'		x					425
'Henry F. DuPont'		x					426
'Henry Kohankie'	x						427
'Herkenrode'		x					427
'Hillieri' (*M. floribunda*')		x					176
'Hopa' (*M. ×adstringens*)		x					306
'Hyslop'	x						429
'Hyvingiensis' (*M. prunifolia*)	x						218
'Indian Magic'			x				430

Sorte	weiß	rosa	violett od. purpurrosa	rot/ rosarot	purpur od. violettrot	Blüten +- stark gefüllt	Seite
'Indian Summer'				x			430
'Irene'					x		431
IVANHOE				x			431
IVORY SPEAR	x						431
'Jackii' (*M. baccata*)	x						159
'Jadwiga' (*M. ×robusta*)		x					344
JELLY KING	x						431
'Jewelberry'		x					432
'John Downie'	x						432
'Joan' (*M. ×robusta)*	x						352
'Justynia'	x						433
'Katherine' (*M. ×hartwigii*)		x					322
'Kelsey' (*M. ×adstringens')*					x		310
'Kerr'	x						433
'Kibele'				x			434
KING ARTHUR	x						434
'Kingsmere'			x				434
'Klehm's Improved Bechtel' (*M. ionensis)*		x				x	303
'Koi'	x						434
'Kola' (*M. coronaria*)		x					291
'Kornicensis' (*M. ×purpurea*)					x		344
'Lady Nothcliff' (*M. baccata*)		x					161
LANCELOT	x						435
'Laura'		x					435
'Lemoine' (*M. ×purpurea*)					x		345
'Leprechaun'	x						435
'Limelight'							435
'Lisa'		x			x		435
'Liset' (*M. ×moerlandsii*)	x				x		329

Sorte	weiß	rosa	violett od. purpurrosa	rot/ rosarot	purpur od. violettrot	Blüten +- stark gefüllt	Seite
'Little Troll'	x						436
'Louisa'		x					436
'Lullaby'		x				x	436
'Lustgarten Strain' (*M. sargentii* var. *sargentii*)	x						258
'Macrocarpa' (*M. baccata*)	x						162
MADONNA	x						437
'Makamik'		x					437
'Mandarin' (*M. toringoides*)	x						264
'Mandarin Magic'	x						438
'Maria'				x			438
'Maria' (*M. Prunifolia*)	x						219
MARILEE	x						438
'Marshall Oyama'	x						439
'Mary Potter'	x						439
'Matador'	x						439
'Maysong'	x						439
'McTudosh'	x						440
'Mercer' (*M. ×soulardii*)		x					362
'Michele Tenore' (*M. spectabilis*)							235
'Miyama'	x						440
'Mokum'			x				440
MOLTEN LAWA	x						441
'Montreal Beauty'	x						441
'Moonglow'	x						442
'Mount Arbor Special'		x					442
'Naragansett'	x						442
'Neville Copeman'			x				442
'Nevis' (*M. ioensis*)		x					303
'Nicoline'	x						444

Sorte	weiß	rosa	violett od. purpurrosa	rot/ rosarot	purpur od. violettrot	Blüten +- stark gefüllt	Seite
'Nieuwlandiana' *(M. coronaria)*		x				x	293
'Nipissing' (*M. ×adstringens*)		x					310
NORDIC (*M. baccata*)	x						163
'Odorata' (*M. baccata*)	x						163
'Okanagan'		x					444
'Opporto'		x				x	444
'Orange' (*M. baccata*)	x						163
'Orange Crush'							445
'Ormiston Roy'		x					445
'Osman' (*M. ×adstringens*)	x						310
'Pagoda'	x						447
'Parkmannii' (*M. halliana*)		x				x	183
'Patricia'					x		447
'Paul Huber'		x					447
'Peachblow' (*M. floribunda*)		x					178
'Pendula' (*M. baccata*)		x					164
PERPETU ('Evereste')	x						448
'Persicifolia' (*M. ×robusta)*	x						355
'Peter Pan'	x						451
'Pink' (*M. toringo* var. *sargentii*)		x					258
'Pink Beauty'		x					451
'Pink Cascade'		x					451
'Pink Perfection'		x					451
PINK PRINCESS		x					451
'Pink Satin'		x					451
'Pink Spires'		x					452
'Plena' (*M. ioensis)*		x				x	303
'Plena Nova' (*M. ioensis*)		x				x	303
Pom'zai	x						452
'Prairie Maid'		x					454

Sorte	weiß	rosa	violett od. purpurrosa	rot/ rosarot	purpur od. violettrot	Blüten +- stark gefüllt	Seite
'Prairie Rose' (*M. ioensis*)		x				x	303
'Prairifire'					x		454
'Prince Georges' (*M. ioensis*)		x				x	303
'Professor Sprenger' (*M.* ×*zumi*)	x						372
'Profusion' (*M.* ×*moerlandsii*)					x		331
'Purple Prince'				x			455
'Purple Wave'					x		457
'Purpurea Pendula' (*M. baccata*)		x					165
'Purpurroter Cousinot'	x						458
'Radiant'				x			459
'Ralph Shay'	x						459
'Rancho Ruby' (*M. toringo* var. *sargentii*)				x			258
'Red Barron'		x					459
'Red Jade'	x						460
Red Jewel	x						461
Red Obelisk	x						463
'Red Peacock'		x					464
'Red River'		x					464
'Red Sentinel'	x						464
'Red Silver' (*M.* ×*adstringens*)					x		310
'Red Splendor'			x				467
'Red Swan'		x					467
'Red Tip'				x			468
'Red Top'				x			469
Redbird	x						469
'Redfield'							469
'Redflesh' (*M.* ×*soulardii*')					x		363
'Robinson'		x					470
'Rosea' (*M. floribunda*)		x					178

Sorte	weiß	rosa	violett od. purpurrosa	rot/ rosarot	purpur od. violettrot	Blüten +- stark gefüllt	Seite
'Rosea' (*M. toringo* var. *sargentii*)		x					258
'Rosehip'							471
'Roselow' (*M. toringo* var. *sargentii*)	x						259
'Rosseau'				x			471
'Royalty'			x				471
'Royal Beauty'			x				473
ROYAL RAINDROPS				x			473
'Royal Ruby'				x			475
'Royal Splendor'	x						475
RUBY TEARS		x					475
'Rudolph'			x				475
'Sargent's Elegant' (*M. toringo* var. *toringo*)	x						250
'Scarlet' *(M. toringo* var. *toringo*)				x			250
'Scugog'					x		477
'Seafoam'	x						477
'Selektion Kalmthout' (*M. baccata*)	x						165
'Selkirk'					x		477
'Sensation'	x						477
'Sentinel'		x					477
'Serenade'	x						478
'Silver Moon'	x						478
'Simcoe' (*M. ×adstringens*')			x				311
'Sinai Fire'	x						478
SIR GALAHAD	x						478
'Sissipuk' (*M. ×adstringens*)				x			311
'Snowbank' (*M. floribunda*)	x						178
'Snowcloud'	x					x	478
'Snowdrift' (*M. baccata*)	x						166
'Snow Magic'	x						479

Sorte	weiß	rosa	violett od. purpurrosa	rot/ rosarot	purpur od. violettrot	Blüten +- stark gefüllt	Seite
'Sophia' (*M. ×purpurea*)		x					345
Sparkling Spride	x						479
'Spring Snow'	x						479
'Stenström'				x			479
'Strahtmoore'		x					479
'Strawberry Parfait'		x					479
'Street Parade' (*M. baccata*)	x						167
Sugar Tyme	x						481
'Sundog'		x					482
'Sun Rival'		x					482
'Szafer' (*M. ×purpurea)*		x					346
'Tanner'	x						482
'Tea Time'	x						482
'Teobel'	x						482
'Thalys' (*M. tschonoskii*)	x						277
'Thunderchild'		x					482
'Timiskaming' (*M. ×adstringens*)			x				311
'Tina' (*M. toringo* var. *sargentii*)	x						259
'Transcendent' (*M. ×adstringens)*	x						311
'Tremon Weeper'	x						483
'Van Eseltine'			x			x	484
'Vanguard'			x			x	483
'Veitch's Scarlet' (*M. yunnanensis*)	x						281
Velvet Pillar		x					487
'Volcano'	x						487
'Wabiscaw' (*M. ×adstringens*)					x		312
'Wedding Bouquet' (*M. brevipes*)	x						168
Weeping Candied Apple		x					487
White Angel	x						487
'White Candle'		x					488

Sorte	weiß	rosa	violett od. purpurrosa	rot/ rosarot	purpur od. violettrot	Blüten +- stark gefüllt	Seite
White Cascade	x						488
'Whitney'	x						487
'Wildfire'		x					488
'William Sim'	x						488
'Winter Gem' (*M.* ×*zumi*)	x						375
'Wintergold' (M. *toringo* var. *toringo*)	x						250
'Wierdak' (*M.* ×*purpurea*)			x				346
'Wisley Crab'			x				484
'Wooster' (*M. toringo* var. *toringo*)	x						252
'Woven Gold'	x						484
'Wynema' (*M.* ×*soulardii*)		x					365
'Yellow Siberian'	x						490
'Zita'		x					490

Fruchtfarben der Zier-Apfel-Sorten

Angegeben wird die Grundfarbe der Früchte. Sorten mit ± grünen Fruchtfarben, wie z. B. die *Malus ioensis*-Sorten, werden hier nicht aufgelistet. Die Fruchtfarben einiger Sorten lassen sich nicht in die unten genannte Farbtabelle einfügen. Das gilt z. B. für die Sorten 'Burgandy' und 'Orange Crush' mit ihren kastanienbraunen Früchten und für 'Copper King' mit den rötlich kupferfarbenen Früchten. Die gelbgrünen bis rotbraunen Früchte von 'Van Eseltine' fallen kaum auf.

Sorte	violett- oder purpurrot	rot/ karminrot	orangerot	gelb	Seite
'Abraham'		x			377
'Adams'		x			379
'Adirondack'			x		380
'Aldenhamensis' (*M.* ×*purpurea*)	x				338
'Aldenham Purple'	x				381
'Alexis' (*M.* ×*robusta*)		x			350
'Almey'			x		381
'Amberina'			x		382

Sorte	violett- oder purpurrot	rot/ karminrot	orangerot	gelb	Seite
'American Beauty'		x			382
AMERICAN SPIRIT		x			382
'Amisk'		x			382
'Andreas Bärtels' (*M. baccata*)			x		156
'Angel Choir'		x			382
'Arie Mauritz' (*M. hupehensis*)				x	191
'Arrow'	x				382
'Aspiration' (*M. baccata*)				x	158
'Artic Dawn'	x				383
'August Vaga' (*M. ×purpurea*)		x			340
'Autumn Glory'			x		383
'Autumn Treasure'				x	383
'Ballerina'				x	383
'Barbara Ann'	x				383
'Baskatong'	x				383
'Beauty'		x			384
'Behrens Crab'				x	385
'Belmonte' (*M. tschnonoskii*)				x	276
'Beverly'		x			385
'Blanche Ames'				x	386
'Bob White' (*M. ×zumi*)				x	370
'Bonfire'			x		386
'Brandy Magic'			x		386
BRANDY WINE				x	387
'Bridal Crown'		x			388
'Brockmanns Weihnachtsapfel'					388
'Brouwers Beauty' (*M. toringo* var. *toringo*)				x	245
'Butterball'				x	389
'Butterfly'		x			391
'Calocarpa' (*M. toringo* var. *toringo*)		x			246

Sorte	violett- oder purpurrot	rot/ karminrot	orangerot	gelb	Seite
'Callaway'		x			391
CAMELOT	x				391
'Canary'				x	392
'Candymint Sargent'	x				392
'Canterbury'		x			392
'Cardinal' (*M. hupehensis*)		x			191
'Cardinal's Robes'		x			392
'Carmen' (*M. transitoria*)				x	269
'Carnival'				x	392
'Centennial'			x		392
CENTURION		x			392
'Charlottae' (*M. coronaria*)				x	290
'Cheal's Crimson' (*M. prunifolia*)		x			214
'Cheal's Golden Gem' (*M. floribunda*)				x	393
'Cheal's Weeping'		x			393
'Chilko'	x				396
CHRISTMAS HOLLY		x			396
CINDERELLA				x	396
COCCINELLA	x				396
'Color Parade'		x			396
COLUMNAR SIBERIAN CRAB APPLE (*M. baccata*)				x	158
'Comtesse de Paris'				x	399
'Coral Cascade'			x		399
CORALBURST				x	399
'Coronell' (*M. hupehensis*)		x			191
'Cotton Candy'				x	399
'Cowichan'		x			400
'Crimson Brillant'	x				400
'Crittenden'	x				401
'Dark Rosaleen'		x			402

Sorte	violett- oder purpurrot	rot/ karminrot	orangerot	gelb	Seite
'Dartmouth'		x			403
'David'			x		404
'De Klenge Renert'					405
'Dolgo' (*M. ×robusta*)		x			351
'Donald Wyman'		x			406
'Dorothea'				x	406
'Doubloons'				x	407
'Echtermeyer' (*M. ×gloriosa*)		x			316
'Egret'		x			407
'Eleyi' (*M. ×purpurea)*		x			340
'Eleyi Compacta' (*M. ×purpurea*)	x				344
'Erecta' (*M. ×robusta*)				x	351
'Esel Brokman'					407
'Eskilstuna' (*M. toringo* var. *toringo)*			x		249
EXALIBUR				x	409
'Excellent Thiel' (*M. floribunda*)				x	175
'Fastigiata' (*M. hupehensis*)	x				217
'Ferril's Crimson'		x			410
'Fiesta'			x		410
'Firebelle'		x			410
FIREBIRD (*M. toringo* var. *sargentii*)	x				257
'Firebrand'			x		410
'Fireburst'		x			410
'Firedance'		x			410
'Flame'		x			411
'Florence'				x	412
'Fontana'				x	413
'Freja' (*M. toringo* var. *toringo*)		x			250
FOX FIRE		x			414
'Fryderick Chopin'	x				414

Sorte	violett- oder purpurrot	rot/ karminrot	orangerot	gelb	Seite
'Fuyi' (*M. toringo* var. *sargentii*)				x	257
'Garry'	x				414
'Gibb's Golden Gage'				x	414
'Golden Dream'				x	414
'Golden Galaxy'				x	414
'Golden Gem' (*M. floribunda*)				x	176
'Golden Hornet'				x	414
GOLDEN RAINDROPS (*M. transitoria*)	x				271
'Golden Vlies'				x	417
'Goldfinch'				x	418
'Goldilocks'				x	418
'Gorgeous'			x		418
'Gracilis' (*M. baccata*)		x			158
'Green Star'				x	420
'Gremmel'			x		421
'Guiding Star'				x	423
'Guardsman' (*M. trilobata*)		x			132
GUINEVERE		x			423
'Gwndolyn'			x		423
'Gypsy Dancer'			x		425
HAMLET		x			425
'Harry Baker'		x			425
HARVEST GOLD				x	425
'Helen'	x				425
'Henningii'		x			425
'Henrietta Crosby'		x			425
'Henry F. DuPont'		x			426
'Henry Kohankie'	x				427
'Herkenrode'		x			427
'Hillieri' (*M. floribunda*)				x	176

Sorte	violett- oder purpurrot	rot/ karminrot	orangerot	gelb	Seite
'Hopa' (*M. ×adstringens*)		x			306
'Hyslop'	x				429
'Hyvingiensis' (*M. prunifolia*)				x	218
'Indian Magic'		x			430
'Indian Summer'		x			430
'Irene'	x				431
IVANHOE		x			431
IVORY SPEAR		x			431
'Jackii' (*M. baccata*)	x				159
'Jadwiga' (*M. ×robusta*)		x			344
JELLY KING				x	431
'Jewelberry'		x			432
'John Downie'				x	432
'Joan' (*M. ×robusta*)		x			352
'Justynia'				x	433
'Katherine' (*M. ×hartwigii*)				x	322
'Kelsey' (*M. ×adstringens*)	x				310
'Kerr'	x				433
'Kibele'	x				434
KING ARTHUR		x			434
'Kingsmere'	x				434
'Koi'			x		434
'Kola' (*M. coronaria*)				x	291
'Kornicensis' (*M. ×purpurea*)	x				344
'Lady Nothcliff' (*M. baccata*)				x	161
LANCELOT				x	435
'Laura'			x		435
'Lemoine' (*M. ×purpurea*)	x				345
'Leprechaun'		x			435
'Limelight'				x	435

Sorte	violett- oder purpurrot	rot/ karminrot	orangerot	gelb	Seite
'Lisa',		x			435
'Liset' (*M. ×moerlandsii*)	x				329
'Little Troll'			x		436
'Louisa'				x	436
'Lullaby'			x		436
'Macrocarpa' *(M. baccata)*				x	162
Madonna				x	437
'Makamik'	x				437
'Mandarin' (*M. toringoides*)	x				264
'Mandarin Magic'		x			438
'Maria'	x				219
Marilee	x				438
'Marshall Oyama'	x				439
'Mary Potter'		x			439
'Matador'		x			439
'Maysong'		x			439
'McTudosh'			x		440
'Michele Tenore' (*M. spectabilis*)					235
'Miyama'	x				440
'Mokum'	x				440
Molten Lawa			x		441
'Montreal Beauty'				x	441
'Moonglow'				x	442
'Mount Arbor Special'	x				442
'Naragansett'		x			442
'Neville Copeman'			x		442
'Nicoline'					442
'Nieuwlandiana' (M. *coronaria*)				x	293
'Nipissing' (*M. ×adstringens*)		x			310
Nordic (*M. baccata*)		x			163

Sorte	violett- oder purpurrot	rot/ karminrot	orangerot	gelb	Seite
'Odorata' *(M. baccata)*			x		163
'Oporto'	x				444
'Ormiston Roy'				x	445
'Osman' (*M. ×adstringens*)		x			310
'Pagoda'			x		447
'Parkmannii' (*M. halliana*)		x			183
'Patricia'		x			447
'Paul Hauber'		x			447
'Peachblow' (*M. floribunda*)				x	178
'Pendula' *(M. baccata)*				x	164
PERPETU ('Evereste')			x		448
'Persicifolia' *(M. ×robusta)*		x			355
'Peter Pan'		x			451
'Pink Beauty'		x			451
'Pink Cascade'		x			451
'Pink Perfection'	x			x	451
PINK PRINCESS					451
'Pink Satin'		x			451
'Pink Spires'	x				452
Pom'zai			x		452
'Prairie Maid'			x		454
'Prairifire'		x			454
'Professor Sprenger' (*M. ×zumi*)			x		372
'Profusion' (*M. ×moerlandsii*)	x				331
'Purple Prince'	x				455
'Purple Wave'	x				457
'Purpurea Pendula' (*M. baccata*)		x			165
'Purpurroter Cousinot'		x			458
'Radiant'				x	459
'Ralph Shay'				x	459

Sorte	violett- oder purpurrot	rot/ karminrot	orangerot	gelb	Seite
'Rancho Ruby' (*M. toringo* var. *sargentii*)					258
'Red Barron'		x			459
'Red Jade'		x			460
'Red Jewel'		x			461
RED OBELISK		x			463
'Red Peacock'			x		464
'Ed River'		x			464
'Red Sentinel'	x				464
'Red Silver' (*M. ×adstringens*)	x				310
'Red Splendor'	x				467
'Red Swan'	x				467
'Red Tip'				x	468
'Red Top'		x			469
REDBIRD		x			464
'Redfield'		x			464
'Redflesh' (*M. ×soulardii*)		x			363
'Robinson'		x			470
'Rosea' (*M. toringo* var. *sargentii*)				x	258
'Rosea' (*M. floribunda*)				x	178
'Rosehip'		x			417
'Roselow' (*M. toringo* var. *sargentii*)		x			259
'Rosseau'		x			471
'Royal Beauty'		x			473
ROYAL RAINDROPS	x				473
'Royal Ruby'		x			475
'Royal Splendor'		x			475
'Royalty'		x			475
RUBY TEARS	x				471
'Rudolph'				x	475
'Sargent's Elegant' (*M. toringo* var. *toringo*)	x				250

Sorte	violett- oder purpurrot	rot/ karminrot	orangerot	gelb	Seite
'Scarlet' (*M. toringo* var. *toringo*)	x				250
'Scugog'	x				477
'Seafoam'				x	477
'Selektion Kalmthout' (*M. baccata*)			x		185
'Selkirk'		x			477
'Sensation'					477
'Sentinel'		x			477
'Serenade'			x		478
'Silver Moon'	x				478
'Simcoe' (*M. ×adstringens*)					311
'Sinai Fire'		x		x	478
SIR GALAHAD					478
'Sissipuk' (*M. ×adstringens*)		x			311
'Snowbank' (*M. floribunda*)				x	178
'Snowcloud'				x	478
'Snowdrift' (*M. baccata*)		x			166
'Snow Magic'	x				479
'Sophia' (*M. ×purpurea*)	x				345
SPARKLING SPRIDE			x		479
'Spring Snow'				x	479
'Stenström'		x			479
'Strahtmoore'		x			479
'Strawberry Parfait'				x	479
'Street Parade' (*M. baccata*)	x				167
SUGAR TYME		x			481
'Sundog'		x			482
'Sun Rival'		x			482
'Szafer' (*M. ×purpurea*)	x				346
'Tanner' (*M. baccata*)			x		482
'Tea Time'				x	482

Sorte	violett- oder purpurrot	rot/ karminrot	orangerot	gelb	Seite
'Teobel'				x	482
'Thalys' (*M. tschonoskii*)				x	277
'Thunderchild'	x				482
'Timiskaming' (*M. ×adstringens*)	x				311
'Tina' (*M. toringo* var. *sargentii*)		x			259
'Transcendent' (*M. ×adstringens*)				x	311
'Van Eseltine'				x	484
'Vanguard'		x			483
VELVET PILLAR		x			487
'Volcano'			x		487
'Wabiscaw' (*M. ×adstringens*)		x			312
'Wedding Bouquet' (*M. brevipes*)		x			168
WEEPING CANDIED APPLE		x			487
WHITE ANGEL		x			487
'White Candle'		x			488
WHITE CASCADE				x	488
'Whitney'				x	487
'Wildfire'		x			488
'William Sim'		x			488
'Winter Gem' (*M. ×zumi*)		x			375
'Wintergold' (*M. toringo* var. *toringo*)				x	250
'Wiedrack' (*M. ×purpurea*)	x				346
'Wisley Crab'		x			488
'Wooster' (*M. toringo* var. *toringo*)			x		252
'Woven Gold'				x	489
'Wynema' (*M. ×soulardii*)		x			365
'Yellow Siberian'				x	490
'Zita'		x			490

Danksagung

Ohne die Unterstützung zahlreicher Kollegen hätte dieses Buch in dieser Form nicht entstehen können.

Danken möchte ich zunächst meinem Verleger Herrn Gerhard Stahl. Er hat zu meinem Vorschlag zu diesem Buchthema rasch sein „vitales Interesse“ bekundet.

Fachbücher sind gegenwärtig ohne farbige Abbildungen nicht denkbar. Um Aufnahmen machen zu können, ist der Zugang zu Pflanzensammlungen notwendig.

Da gilt mein Dank zunächst Frau Dr. Monika Höfer vom Institut für Züchtungsforschung an Obst in Dresden-Pillnitz. In Pillnitz wird die europaweit größte geschlossene ex situ-Sammlung von Malus-Arten unterhalten. Dort sind zahlreiche Aufnahmen zu diesem Buch entstanden.

Von Herrn Dr. Robert Gliniaris, Stuttgart, bekam ich eine Auflistung der in den Hohenheimer Gärten kultivierten *Malus*-Arten und -Sorten.

Herr Dr. A. Schneidewind stellte mir eine Bestandsliste der Zierapfelsammlung der Landesanstalt für Landwirtschaft und Gartenbau, Quedlinburg, zur Verfügung

Zur reichen Bebilderung dieses Buches haben vor allem die Herren Eike Jörn Jablonski, Kruchten, Kaspar Heißel, Göppingen, Alex Scheidewind, Quedlinburg, Philippe de Spoelberch, Haacht-Wespelar, Belgien, und Hans Roland Müller, Laußnitz, beigetragen. Sie haben mir zahlreiche ihrer *Malus*-Aufnahmen zur Verfügung gestellt (siehe Bildnachweis).

Zur reichen Illustration hat auch das „Archiv Fischer 2002“ beigetragen. Es enthält handkolorierte Zeichnungen von Wildäpfeln und deren Hybriden, die zwischen 1940 und 1950 am Institut für Obstzüchtung in Naumburg an der Saale angefertigt worden sind und die Herr Prof. Dr. Manfred Fischer aus dem Nachlass des Institutes gerettet hat.

In seiner Eigenschaft als Präsident der Deutschen Dendrologischen Gesellschaft hat Herr Eike Jörn Jablonski dankenswerterweise das Geleitwort zu diesem Buch verfasst und einige seltene, mir bis dahin nicht bekannte Zierapfelsorten beschrieben, darunter auch eigene Selektionen.

Herrn Prof. Dr. Peter Schmidt, Coswig-Sörnewitz, bin ich sehr dankbar für die Übersetzung russischer Literatur.

Literatur

AAS, G. (2013): Der Wildapfel – Biologie und Ökologie einer gefährdeten Baumart. In: Beiträge zum Wildapfel. LWF–Wissen 73: 7–13. Freising: Bayerische Landesanstalt für Wald und Forstwirtschaft.

AIGREMONT (1907–1910): Volkserotik und Pflanzenwelt, Bd. 1 und 2. Berlin: Express Edition.

Archiv Fischer (2002): Malusarten-Zeichnungen Wildsortiment Naumburg/Saale.

ARMITAGE, J. (ED.) (2014): The Hillier Manual of Trees & Shrups. 8th ed. London.

ARNDT, H.J. & H. WEISSGERBER (2020) : Wild-Apfel in Beberbeck. In ROLOFF A. (Hrsg.): Die staken Bäume Deutschlands. Wiebelsheim: Quelle & Meyer.

ASSYOV, B. ET AL. (2006): Conspectus of the Bulgarian Vascular Flora. Sofia: Bulgarian Biodiversity Foundation.

BAILEY, L.H. & E.Z. BAILEY (1976): Hortus Third: A Consice Dictionary of Plants Cultivated in the United States and Canada, New York: Macmillan.

BARTHA-PICHLER, B. ET AL. (2006): Rosenapfel und Goldparmäne, 2. Aufl. Baden und München: AT Verlag.

BARTELS, H. (1993). GEHÖLZKUNDE. EINFÜHRUNG IN DIE DENDROLOGIE. STUTTGART: Verlag Eugen Ulmer.

BÄRTELS, A. (1986): Äpfel wie Kirschen. Gartenpraxis 08: 9–13.

BÄRTELS, A. (1999). STUDIENREISE DER DDG NACH JAPAN VOM 14. OKTOBER BIS 4. NOVEMBER 1994. MITT. DTSCH. DENDROL. GES. 84: 173–218.

BÄRTELS, A. (2008). GEHÖLZVERMEHRUNG, 5. AUFL. STUTTGART: Verlag Eugen Ulmer.

BÄRTELS, A. (2009): Ostasiatische Zieräpfel. Gartenpraxis 35 Jahrg., 06: 28–35.

BÄRTELS, A. (2019): Europäische Wildäpfel. Gartenpraxis 45. Jahrg., 04: 20–25.

BÄRTELS, A. (2019): Kaukasische und zentralsasiatische Wild-Äpfel. Gartenpraxis, 45. 09: 14–18.

BÄRTELS, A. (2019): Japanische Wild-Äpfel. Gartenpraxis, 46, 12, 16–23.

BÄRTELS, A. (2020): Chinesische Wild-Äpfel. Gartenpraxis 47, 3, 24–31.

BÄRTELS, A. & A.P. SCHMIDT (HRSG.) (2014). ENZYKLOPÄDIE DER GARTENGEHÖLZE, 2. AUFL. STUTTGART: Verlag Eugen Ulmer.

BELITZ, H.-D & W. GROSCH (1992): Lehrbuch der Lebensmittelchemie, 4. Aufl. Berlin, Heidelberg, New York: Springer Verlag.

Benk, E. & D. Ganniger-Hauch (1991) Die Geschichte der Ballerinas. Gartenpraxis 18. 6. 30- 33.

BERTSCH, K. & F. BERTSCH (1947): Geschichte unserer Kulturäpfel. Stuttgart: Wissenschaftliche Verlagsgesellschaft.

BINDER, M., I. WAGNER & S. WAGNER (2001): Lichtökologische Untersuchungen an Wild-Apfel (Malus sylvestris (L.) Mill., Rosaceae. Mitt. Deutsch. Dendrol. Ges. 96: 119–124.

BLASCHKE, M. & A. NANNING (2013: Pilze am Wildapfel. In: Beiträge zum Wildapfel. LWF–Wissen 73: 50–54. Freising: Bayerische Landesanstalt für Wald und Forstwirtschaft.

BLASSE, W. (1978): Malus floribunda als Befruchter für Apfelsorten. Gartenbau 25,4: 112–113.

BOER, A. DEN (1959): Ornamental Crab Apples. The American Association of Nurserymen.

BRÄNDLE, M. & R. BANDL (2001): Species richness of insects and mites on trees: expanding Southwood. Journal of Animal Ecology 70: 491–504.

BRECKLE, S.-W. (2007): Flora and Vegetation of Afghanistan. In: Basis an Apploed Dryland Research 1,2, 155–194.

BREŽNEV, D.D. & O.N. KOROVINA (1981): Dikie sorodiči kulturnych rasteni fkory SSS. (Wildwachsende Verwandte von Kulturpflanzen der Flora der UdSSR). Leningrad: Kolos (Russ.).

BROWICZ, K. ET AL. (1969): Flora des Iranischen Hochlandes und der umliegenden Gebirge. Lfg. 66/30, 35–39. Graz: Akad. Druck- u. Verl.-Anst.

BRUMMIT, R.K. & C.E. POWELL (1992): Authors of Plant Names. Kew: Royal Botanic Gardens.

BÜCHMANN, G., FORTGESETZT VON W. ROBERT-TORNOW ET AL. (1995): Geflügelte Worte, 40. Aufl. Berlin: Ullstein Verlag.
Bundessortenamt (1999): Beschreibende Sortenliste Wildobstarten. Hannover: Landbuch Verlagsgesellschaft.
BUSSLER, H. (2013): Käferarten am Wildapfel. In: Beiträge zum Wildapfel. LWF–Wissen 73: 41–43. Freising: Bayerische Landesanstalt für Wald und Forstwirtschaft.
BUTIN, H. (2019): Die Krankheiten der Wald- und Parkbäume, 2. Aufl. Stuttgart: Verlag Eugen Ulmer.
BÜTTNER, R. (1995): Einheimische genetische Ressourcen des Wildobstes. Beispiel: Malus sylvestris. In: Begemann, F.; Vogel, R. (Hrsg.) In-situ-Erhaltung pflanzengenetischer Ressourcen in der Bundesrepublik Deutschland am natürlichen Standort und on farm. Schriften zu Genetischen Ressourcen Bd. 2, 224–227.
BÜTTNER, R. (1999): Malus sylvestris (L.) Mill. – eine potenzielle Quelle für Mehltauresistenz in der Apfelzüchtung. Erwerbsobstbau, 41, 100–101.
CASTEREN, C. VAN ET AL. (HRSG.) (2015): Van den Berk über Bäume, 2. Aufl. Donderdonk: Gebr. Van den Berk.
CHITTARANJAN, K. (ED.) (2007): Genome Mapping and olecular Breeding in Plants. Fruit and Nuts. Berlin, Heidelberg, New York: Springer Verlag.
CHRISTENHUSZ, M.M.J., M.F. FAY & J.W. BYNG (2018): The Global Flora. A practical flora to vascular plant species of the world. Special Edition. Glovap Nomenclature Part 1, Vol. 4: 1–155. Bradfort: Plant Gateway Ltd.
CORNILLE, A. ET AL. (2012): New insight into the history of domesticated apple: secondary contribution of the european wild apple to the genom of the cultivated varietes. Plos Genetics 8, 5:1–13.
CROSSLEY, J.A. (1974A). IN YOUNG, J.A. AND YOUNG C.G. (1992): Seeds of Woody Plants in North America. Portland: Dioscorides Press.
CULLEN, J. ET AL. (1995): The European Garden Flora, Vol. IV. Cambridge: University Press.
Czerpanov, S.K. (1995): Vascular Plants of Russia and Adjacent States. Cambridge: University Press.
DAVIS, P.H. (1972): Flora of Turkey and the East Aegean Islands. Edinburgh: University Press.
DAYTON, D.F. (1982): 'Präriefire'. HortSciense 17 (2): 262.
DIPPEL, L. (1938): Handbuch der Laubholzkunde, 3. Teil. Berlin: Verlag Paul Parey.
DIRR, M. A. (1998): Manual of Woody Landscape Plants. Champaign, Illinois: Stipes Pulblishing.
DIRR. M. A. & K. S. WARREN (2019): The Tree Book, Superior Selections for Landscapesm Streestcapes and Gardens. Portland, Oregon: Timber Press.
DZHANGALIEV, A. D. ET AL. (2010): The Wild Fruit and Nuts Plants of Kazakhstan. https://www.semanticscholar.org/paper/The-Wild-Fruit-and-Nut-Plants-of-Kazakhstan-Dzhangaliev-Salova/651211edb3ff4a339c3ee2099e77bd869383283e
DZHANGALIEV, A. D. (2003): The wild apple trees of Kazakhstan. Hortic. Rev. John Wiley Sons.
Egolf, D.R. (1987): 'Adirondack' crab apple. HortSciense 22 (5): 969–970.
ELLENBERG, H. (1996): Vegetation Mitteleuropas mit den Alpen, 5. Aufl. Stuttgart: Verlag Eugen Ulmer.
ENZENBACH, B. & M. LAUTERBACH (2013): Der Wildapfel – ein Rundumversorger für Vögel. In: Beiträge zum Wildapfel. LWF–Wissen 73: 37–40. Freising: Bayerische Landesanstalt für Wald und Forstwirtschaft.
ERHARDT, W. ET AL (2014): Zander – Handwörterbuch der Pflanzennamen, 19. Aufl. Stuttgart: Verlag Eugen Ulmer.
ESELTINE, G.P. VAN (1933): Note of the Species of Apples. II. The Japanese flowering Crab apples of the Sieboldii Group and their Hybrids. Technical Bulletin No. 214, 3–21.
FELLENBERG, U. (2001): Beurteilung von Wildobst – Voraussetzung für geeignetes Vermehrungsgut zur Erhaltung von Waldgenressourcen. Forst u. Holz 56, 50–54.
FISCHER, A. & M. SCHMIDT (1938): Wilde Kern- und Steinobstarten, ihre Heimat und ihre Bedeutung für die Entstehung der Kultursorten und die Züchtung. Der Züchter: 10 (6): 157–167.

FISCHER, M. (2010): Die Vielfalt der Zieräpfel nutzen. Dt. Baumschule 62, 5, 22–25.
FISCHER, M. & H.-R. MÜLLER (2014): Asiatische Wildäpfel und ihre Auslesen. Gartenpraxis 40, 3, 26–35.
FISCHER, M. (2019): Handzeichnung von Malus-Arten des Naumburger Wildartensortimentes von 1940/50. Beiträge zur Gehölzkunde. 23. Ausgabe, S. 122–127.
FORSLINE, P. ET AL. (2002) COLLECTION MAINTENANCE CHARACTERIZATION AND UTILIZATION OF WILD APPLES OF CENTRAL ASIA. HORTIC. REV. JOHN WILEY SONS.
FORTE, A.V. ET AL. (2002): Phylogeny of the Malus (Apple Tree) Species. Inferred from Morphological Traits and Molecular DNA Analysis. Russian Journal of Genetics Vol. 38, 10: 1151–1160.
FRANKE, W. (1997): Nutzpflanzenkunde, 6. Aufl. Stuttgart, New York: Thieme.
FÜLLEMANN, V. & A. BÄNNINGER (1997): Faites von pommes! Eine Art Kulturgeschichte des Apfels. Zürich: Pro Litteris.
GARMING, H. ET AL. (2018): Entwicklung des Obstbaues in Deutschland von 2005 bis 2017. Obstarten, Anbauregionen, Betriebsstrukturen und Handel. Braunschweig: Thünen Working Paper 100.
GAYLE, M.V. ET AL. (2009): Capturing the Diversity of Wild Malus orientalis from Georgia, Armenia, Russia an Turkey. Journal of the American for Horticultural Science. Vol. 134 no. 4 453–459.
GAYLE, M.V. ET AL. (2013): Malus sieversii: A Diverse Central Asian Apple Species in the USDA-ARS National Plant Germplasm System. HortScience 48(12): 1440–1444.
GENAUST, H. (2005): Etymologisches Wörterbuch der botanischen Pflanzennamen, 3. Aufl. Hamburg: Nicol Verlagsgesellschaft.
GLOWALLA, K.-G. (2003): Morphologische, phänologische und biochemisch-genetische Untersuchungen an zwei Populationen von Malus sylvestris (L.) Mill. im Biosphärenreservat Schorfheide-Chorin. Dipl.-Arbeit FH Eberswalde, FB Forstwirtschaft.
GRISHAM, J. & R. BAYTON (2009): New Trees. Recent Introductions to Cultivation. Kew: Royal Botanic Gardens.
GROSSER, D. (2013): Das Holz des Apfelbaumes – Eigenschaften und Verwendung. . In: Beiträge zum Wildapfel. LWF–Wissen 73: 55–58. Freising: Bayerische Landesanstalt für Wald und Forstwirtschaft.
GUTKNECHT, C. (2001): Lauter spitze Zungen, 3. Aufl. München: Beck.
HAKANSON, S.C. ET AL. (1997): Collecting and Managing Wild Malus Germsplasm in the Center of Diversity. HortScience. Vol. 32 (2) 173–176.
HANKE, M.-V. & H. FLACHOWSKY (2016): Obstzüchtung und wissenschaftliche Grundlagen. Berlin: Springer Spectrum.
HARRIS, S.A. ET AL. (2002): Genetic clues to the origin of the apple. Trends in Genetics. Vol. 18: 8.
HECKER, U. (1998): Bäume und Sträucher. 2. Aufl. München: BLV.
HENNEBO, D. (1987): Gärten des Mittelalters. München und Zürich: Artemis Verlag.
HENNING, W. (1947): Morphologisch-systematische und genetische Untersuchungen an Arten und Artbastarden der Gattung Malus. Der Züchter, 18. Jahrg., Heft 10/12, 289–349.
HERRMANN, K. (2001): Inhaltsstoffe von Obst und Gemüse. Stuttgart: Verlag Eugen Ulmer.
HERTZKA, G. & W. STREHLOW (2015): Große Hildegard-Apotheke, 16. Aufl. Kißlegg-Immenried: Christiana.
HESS, D. (1983): Die Blüte. Stuttgart: Verlag Eugen Ulmer.
HEYMANN, P. & H. DAUTZENBERG (1988): Wildapfel und Wildbirne. Erhaltungs- und Vermehrungsmöglichkeiten beim heimische Wildobst. Forst und Holz, Nr. 19, 483–486.
HILLER, K. & M.F. MELZIG (2010): Lexikon der Arzneipflanzen und Drogen, 2. Aufl.
HEIDELBERG: Spektrum Akademischer Verlag.
HILKENBÄUMER, F. (1954): Zur Herkunft unserer Obstarten. Deutsche Baumschule. 6. Jahrg., 11, 299–302.
HÖFER, M. (2009): The crab apple Malus sylvestris – Basis for a Delicious Fruit Tea. European landraces: on-farm conservation, management and use. Bioversity International, Rom.
HOFFMANN, M.A.H. (2016): List of names of Woody Plants. International standard ENA 2016–2020. 9st. ed. Roelofarendsveen, Niederlande: Naktuinbouw.

HOOPS, J. (1973): Reallexikon der Germanischen Alterskunde, Bd. 1. Apfel (Malus communis L.). Berlin. New York: Walter Gruyter.

HUBER, G. ET AL. (2013): Verbreitung, Genetik und Erhaltungsstrategien des Wildapfels. In: Beiträge zum Wildapfel. LWF-Wissen 73: 14–27. Freising: Bayerische Landesanstalt für Wald und Forstwirtschaft.

IKETANI, H. & N. MASE (2009): Exploration and Collection of Malus and Pyrus genetics resources in Tochi Prefecture. Annual Report on Exploration and Introduction of Plant Genetic Resources. 25: 61–69.

IKETANI, H., N. MASE & Y. SATO (2007). EXPLORATION AND COLLECTION OF PYRUS AND MALUS GENETIC RESOURCES IN NAGANO AND YAMANASHI PREFECTURES. ANNUAL REPORT OF EXPLORATION AND INTRODUCTION OF PLANT GENETIC RESOURCES. 23: 55–61.

IKETANI, H., N. MASE & Y. SATO (2008). EXPLORATION AND COLLECTION OF PYRUS AND MALUS GENETIC RESOURCES IN TOYAMA AND ISHIKAWA PREFECTURES. ANNUAL REPORT OF EXPLORATION AND INTRODUCTION OF PLANT GENETIC RESOURCES. 24: 55–61.

IKETANI, H. & N. MASE (2013): Exploration and Collection of two Crab apple species, Malus spontanea Makino and "Takanabe kaidō", in southern Kyushu, Japan. Naro Institute of Fruit Tree Science. 2-1 Fujimoto 3005–8615, Japan. https://www.gene.affrc.go.jp/pdf/publications/plant-exp_2012(29)_p119.pdf

IKETANI, H. & H. OHASHI (2001): Malus. In: Iwatsuki, K. et al. (ed.): Flora of Japan IIb. Angiospermae Dicotyledoneae Archichlamydeae (b): 120–123. Tokyo: Kodasha.

ILES, J.K. & J.S. STOOCKY (1997): Crab apples: Sales trends and consumer preference in Iowa. Journal of Agriculture 23 (3): 94–99.

ILES, J.K. (2009): Crab apples ... With no Apologies. Arnoldia 67 (2): 7.

IWATSUKI, K. ET AL. (1993): Flora of Japan. Vol. IIb. Tokyo: Kodansha.

Jablonski, E.-J. (2020): Perönliche Mitteilung. Beschreibung folgender Zierapfelsorten: *Malus baccata* 'Andreas Bärtels', *M. prunifolia* 'Maria', *M. prunifolia* 'Hyvingiensis', *M. transitoria* 'Carmen', *M. spectabilis* 'Michele Tenore', *M.* 'Abraham', *M.* 'Brockmann's Weihnachtsapel', *M.* 'De Klenge Renette', *M.* 'Esel Brockman', *M.* 'Golden Vlies', *M.* 'Paul Hauber', *M.* 'Tremon Weeper'.

JACOBSON, A.L. (1996): North American Landscape Trees. Berkeley, Ten Speed Press.

JEFFERSON, R.M. (1970): History, Progeny and Locations of Crab apples of Documented Authentic Origin. Washington: National Arboretum Contribution No. 2.

JÄGER, E.J. (HRSG.) (2011): Rothmaler. Exkursionsflora von Deutschland, 20. Aufl. Halle: Spektrum Akademischer Verlag.

JESCH, H-H., C. FISCHER & S. FITZNER (2006): Ergebnisse der Prüfung von Malus-Wildarten-Hybriden für die Verwendung als Ziergehölze. Mitt. Deutsch. Dendrol. Ges. 91, 147–154.

JONG, P.C. DE (1996): Malus – Sierappels. Dendroflora 33, 80–121.

JUNIPER. B. E. (1999). THE ORIGIN OF THE APPLE. PROC. OF THE EUCARPIA SYMPOSIUM ON FRUIT BREEDING AND GENETICS. ACTA HORTICULARE NR. 484.

JUNIPER, B.E.; MABBERLEY, D.J. (2006): The Story of the Apple. Portland, Oregon: Timber Press.

KADEREIT, J.W. ET AL. (2014): Strassburger – Lehrbuch der Pflanzenwissenschaften, 37 Aufl. Berlin, Heidelberg: Spectrum.

KÄTZEL, R. (PROJEKTLEITER) (2013): Erfassung und Dokumentation genetischer Ressourcen seltener und gefährdeter Baumarten in Deutschland. Endbericht. Berichtsteil: Wild-Apfel. Eberswalde: Landesbetrieb Forst Brandenburg und Landeskompetenzzentrum Forst Eberswalde.

KIERMEIER, P. (1990): Wildgehölze des mitteleuropäischen Raumes. BDB-Handbuch Teil VIII. Pinneberg: Fördergesellschaft „Grün ist Leben" Baumschulen GmbH.

KIERMEIER, P. & L. VON EHREN (2018): Lorenz von Ehren. Die Baumschule Seit 1865. 5. Aufl. Hamburg: Lorenz von Ehren GmbH & Co. Kg.

KLOPP, K. (2019): Arbeitstagebuch für das Obstjahr 2019. 86. Ausgabe. Esteburg: Obstbauzentrum Jork.

KLUGE, F., BEARBEITET VON ELMAR SEEBOLD (2002): Etymologisches Wörterbuch der deutschen Sprache, 24. Aufl. Berlin, New York: Walter de Gruyter.
KONG, W.-S. & D. WATTS (1993): The Plant Geography of Korea with an emphasis on the Alpine Zones. Geobotany 19. Dordrecht, Jamaica Plain, London: Kluwer Academic Publishers.
KONING, J. DE & W. VAN DEN BROEK (2009): Dendrologie van de lage Landen. Zeist: KNNV Uitgeverij.
KORAKLIS, G. ET AL. (2006): New localities of the vulnerable species Eriolobus trilobatus (Rosaceae) in northern Greece. Plant, fungal and habitat diversity investigation and conservation. Proceedings of IV BBC, Sofia: 422–426.
KRANICH, E. M. (1976): Pflanze und Kosmos. Stuttgart: Freies Geistesleben.
KRÜSSMANN, G. (1977): Handbuch der Laubgehölze, 2. Aufl. Bd. II. Berlin und Hamburg: Paul Parey.
KU, T.-C. (1991): New Taxa of Saxifragaceae and Rosaceae from the Hengduan Mountains 29:83 Beijing: Acta Phytotaxinomica Sinica B.
KURATA, S. (1964–1976): Illustrated Important Forest Trees of Japan. Vols. 1–5. Tokyo.
KUTZELNIGG, H. & R. SILBEREISEN (1995): Maloideae. In: Hegi, G.: Illustrierte Flora von Mitteleuropa. Bd. IV, Teil 2 B: 298–328. Berlin, Wien: Blackwell Wissenschafts-Verlag.
LAGONI, N. (2013): Äpfel – Bedeutung für die Ernährung und Gesundheit. In: Beiträge zum Wildapfel. LWF–Wissen 73: 63–65. Freising: Bayerische Landesanstalt für Wald und Forstwirtschaft.
LANGENFELD, W. (1971): Die Evolution der Gattung Malus Mill. Wissenschaftliche Zeitschrift der Universität Rostock. 20. Jahrg. Mathematisch- Naturwissenschaftliche Reihe, Heft 1, 49–51.
LAUDERT, D. (2003): Mythos Baum. München: BLV Verlagsgesellschaft.
LI, C.-L. (1989): A new Species of Malus Mill. Acta Phytotaxonomia 27 (4): 301–303.
LIKHANOS, A. (1974): A survey of the species in the genus Malus Mill. Tr. Prikl. Bot. Genet. Sel. 52: 16–34.
LING, G. ET AL. (2017): The International Crab apple Register and Checklist. www.malusregister.org
LOHMEYER, W. (1976): Verwilderte Zier- und Nutzgehölze als Neuheimische (Agriophyten) unter besonderer Berücksichtigung ihrer Vorkommen am Mittelrhein. Natur und Landschaft 51, 10, 275–283.
Lombarts, P. (1984): Malus, Keuringsrapport. Dendroflora 21: 39–62.
LOOS, G.H. (1992): Hybriden bei Wildbirnen und Wildäpfeln. Floristische Rundbriefe Nr. 26,1, 45–47.
LÖSING, H. (2013): Schadbilder an Gehölzen. Schwarzenbeck: Cadmos.
LUTHER, M. (1912) : Lutherbibel.
LYLE, S. (2006): Ultimate fruit & nuts. London: Frances Lincoln Ltd.
MABBERLY, D.J. (2008): Mabberly's Plant-Book, 3rd ed. Cambridge: University Press.
MADAUS, G. (1976): Lehrbuch der biologischen Heilmittel, B. III. Hildesheim, New York: Georg Olms.
MAEVSKIJ, P.F. (2006): Flora der mittleren Zone des europäischen Teiles Russlands, 10. Aufl. Moskau: KMK.
MARKGRAF, K. (2008): Schädlinge und Krankheiten an Zieräpfeln. Gartenpraxis 05: 35–39.
MARZELL, H. (1922): Die heimische Pflanzenwelt im Volksbrauch und Volksglauben. Leipzig: Quelle & Meyer.
MAURICIO A. & I. GRAFL (1969): Das Trachtpflanzenbuch. München: Ehrenwirth.
MEUSEL, H. ET AL. (1992): Vergleichende Chronologie der zentraleuropäischen Flora, Bd. I. Jena: Fischer.
MEYER, C.E. (1985): Gedichte. Kettwig: Magnus.
MILDENBERGER, G. (1961): Morphologische und zytologische Studien zur Genetik und Systematik der Gattung Malus. Diss. an der Mathematisch–Naturwissenschaftlichen Fakultät der Friedrich-Schiller-Universität Jena.
MILDENBERGER, G. (1963): Studien zur Taxonomie der Gattung Malus. I. Morphologische und genetische Untersuchungen. Archiv für Gartenbau 11, 191–207.
MILDENBERGER, G. (1963): Studien zur Taxonomie der Gattung Malus. II. Embryologische Untersuchungen. Archiv für Gartenbau, 11, 493–503.

Mody, K. (2013): Der Wildapfel – Nahrungsgrundlage und Lebensraum phytophager Arthropoden. In: Beiträge zum Wildapfel. LWF–Wissen 73: 44–50. Freising: Bayerische Landesanstalt für Wald und Forstwirtschaft.

Morgan, J. & A. Richards (1993): The Book of Apples. London: Ebury Press.

N.N. (2019): GALK-Straßenbaumliste. strassenbaumliste.galk.de

N.N. (2019): Landford Trees. LINK FEHLT

Nelson, G. et al. (2014): Trees of Eastern North America. Princeton and Oxford: Princeton University Press.

Nienhaus, F. & L. Kiewnick (1998): Pflanzenschutz an Ziergehölzen. Stuttgart: Verlag Eugen Ulmer.

Nikitin, V.V. & A.M. GEL'DIKHANOC (1988): Opredelitel' rastenij Turmenistana. (Bestimmungsbuch der Pflanzen Turmenistans) Leningrad: Hayka.

Ohwi, J. (1965): Flora of Japan. Washington D.C.: Smithsonian Institute.

Parolly,G. & J.G. Rohwer (2016): Schmeil-Fitschen. Die Flora Deutschlands und angrenzender Länder, 96. Aufl. Wiebelsheim: Quelle & Meyer.

Pfisterer, J. A. & A. Roloff (2010): Katalog zur Kronenarchitektur von Gehölzen der temperierten Zone – ein praxisorientierter Beitrag. Mitt. Deutsch. Dendrol. Ges. 95, 23–46.

Phipps, J.B. et al. (1988): Checklist of the subfamily Maloideae (Rosaceae). Can. J. Bot. 68, 2209–2269.

Pignatti, S. (1982): Flora D'Italia (Vol. primo). Bologna: Edagricole.

Pilaske, R. (2002): Heilkraft der Bäume. Mainz: Fachverlag Dr. Fraund.

Pirc, H. (2015): Enzyklopädie der Wildost- und seltenen Obstarten. Graz, Stuttgart: Leopold Stocker.

Pirc, H. (2017): Alles über Gehölzschnitt. 3. Aufl. Stuttgart: Eugen Eugen Ulmer.

Pomorenko, V. V. (1975): What is Malus pumila Mill. ? Botanicheskii Zhurnal, 60, 1574–1586. (Russisch mit englischer Zusammenfassung).

Pomorenko, V.V. (1986): Review of the species in the genus Malus Mill. Shornick Nauchikh Tyrudov po prikladnoi Botanike, Genetike i selectii 106: 3–27 (Russisch mit englischer Zuammenfassung).

Popov, M.G. (1929): Wild growing fruit trees and shrubs of Asia Media. Bulletin of applied Botany, of Genetics and Plant-Breeding. Englische Zusammenfassung S. 473–483.

Proft, A. & S. Heinz (2011): Abschlussbericht zum Modell- und Demonstrationsvorhaben „Erhaltung von Malus sylvestris unter In-situ-Bedingungen im Osterzgebirge". https://docplayer.org/52108712-Abschlussbericht-zum-modell-und-demonstrationsvorhaben-erhaltung-von-malus-sylvestris-unter-in-situ-bedingungen-im-osterzgebirge.html

Qian, G. et al. (2006): A new section in Malus (Rosacea) from China. Ann. Bot. Fennia 43, 68–73.

Qian, G. et al. (2008). Taxomomic study of Malus section Florentinae. Botanical Journal of the Linnean Sociyety, 158, 223–227.

Raven, P.H., R.E. Everet & S.E. Eichhorn (2000): Biologie der Pflanzen, 3. Aufl. Berlin, New York: de Gruyter.

Räsänen, K. (2019): Briefliche Mitteilung: European tree hight country records, ranked by species, measured with laser.

Rehder, A. (1940): Manual of cultivated Trees and Shrubs Hardy in North America. Ed. 2. Portland, Oregon: Dioscorides Press.

Remmy, K. & F. Gruber (1993): Untersuchung zur Verbreitung und Morphologie des Wildapfels (Malus sylvestris (L.) Mill.). Mitt. Dtsch. Dendrol. Ges. 81, 71–94.

Richter, G.R. (2013): Kunst- und kulturgeschichtliche Aspekte zum Apfel. In: Beiträge zum Wildapfel. LWF–Wissen 73: 66–69. Freising: Bayerische Landesanstalt für Wald und Forstwirtschaft.

Robinson, J.P. et al. (2001): Taxonomy of the genus Malus Mill. (Rosaceae) with emphasis on the cultivated apple, Malus domestica Borkh. Plant Syst. Evol. 226: 35–58.

Roland W.S. & O. Weber (2015): Die Biologie des Obstbaumkrebspilzes. Obstbau 4, 15–17.

Romer, J.P., J.K. Iles & C.L. Hayens (2003): Selection preferences for crab apple cultivars and specis. HortTechnologiy 13(3): 522–526.

RONNINGER, K. (1927): Sorbus florentina (Zuccagni) Nyman in Albanien.
ZOOL.-BOT. GES. ÖSTERREICH. (DOWNLOAD UNTER WWW.BIOLOGIEZENTRUM.AT).
ROLOFF, A. (2017): Der Charakter unserer Bäume. Stuttgart: Verlag Eugen Ulmer.
ROLOFF, A. & A. BÄRTELS (2018): Flora der Gehölze, 5. Aufl. Stuttgart: Verlag Eugen Ulmer.
SARGENT, C.S. (1922): Manual of Trees of North America (Exclusive of Mexico), 2nd. edition (reprint 1965). New York: Dover Publications.
SARGENT, C.S. (REPRINT 1988): Plantae Wilsoniae. Vol. II. Portland, Oregon: Dioscorides Press.
SAX, K. (1931): The Origin and Relationships of the Pomoideae. Journal of the Arnold Arboretum. 12: 3–22.
SCHEFFLER, M. (2000): Bach-Blütentherapie. Theorie und Praxis. München: Heyne.
SCHIEMANN, E. (1932): Entstehung der Kulturpflanzen. In: Baur, E. und Hartmann, M. (Hrsg.): Handbuch der Vererbungswissenschaften, Bd. 3: Berlin: Gebrüder Bornträger.
SCHIRAREND, C. & M. HEILMEYER (1996): Die Goldenen Äpfel. Berlin: Freundeskreis der naturwissenschaftlichen Museen Berlins e. V.
SCHLOSSER, S. ET AL. (1991): Wildpflanzen Mitteleuropas. Nutzung und Schutz. Berlin: BLV.
SCHMIDT, P.A. (2006): Bäume und Sträucher Kleinasiens. Teil 5: Laubgehölze der Familien Ranunculaceae (Hahnenfußgewächse) bis Rutaceae (Rautengewächse). Mitt. Deutsch. Dendrol. Ges. 91, 21–56.
SCHMIDT, P.A. (2018): Persönliche Mitteilung. Übersetzung russischer Literatur.
SCHNEIDER, C.K. (1904/12): Illustriertes Handbuch der Laubholzkunde. I. II. Jena: Gustav Fischer. (Scan online verfügbar unter www.biodiversitylibrary.org).
SCHÖNFELD, P. (2013): Landschaftsgestaltung mit Bäumen und Sträuchern. In: Beiträge zum Wildapfel. LWF–Wissen 73: 59–62. Freising: Bayerische Landesanstalt für Wald und Forstwirtschaft.
SCHRAMM, P.E. (1958): Sphaira, Globus, Reichsapfel. Wanderung und Wandlung eines Herrschaftszeichens von Caesar bis zu Elisabeth II. Ein Beitrag zum „Nachleben" der Antike. Stuttgart: Hiersemann.
SCHULZ, B. (2014): Gehölzbestimmung im Winter. Stuttgart: Verlag Eugen Ulmer.
SCHULZ, B. (2017) IN: Schmidt, P.A.; Schulz, B. (Hrsg.): Fitschen – Gehölzflora. Wiebelsheim: Quelle & Meyer.
SCHULZE, T. ET AL. (2013): Endbericht zum Projekt „Erfassung und Dokumentation genetischer Ressourcen seltener und gefährdeter Baumarten in Deutschland, Teillos 2: Wildapfel (Malus sylvestris) und Wild-Birne (Pyrus pyraster). Bundesanstalt für Landwirtschaft und Ernährung.
SCHWEINGRUBER, F. H. (1979): Wildäpfel und historische Äpfel. In: Festschrift Maria Hopf. Archaeo-Physika, Bd. 8: 283–294. Herausgegeben vom Rheinischen Landesmuseum Bonn. Köln: Rheinland-Verlag.
SCHWIND, M. (1967): Das Japanische Indelreich, Bd.1. Die Naturlandschaft. Berlin: Walter de Gruyter & Co.
SEBALD, O., S. SEYBOLD & G. PHILIPPI (1992): Die Farn- und Blütenpflanzen Baden-Württembergs, Bd. 3, 194–196.
SELIGER, R. (1934): Beobachtungen an Malus-Arten I. Mitt. Dtsch. Dendrol. Ges. 46, 1–22.
SELBMANN, S. (1984): Der Baum: Symbol und Schicksal des Menschen, 4. Aufl. Karlsruhe: Bad. Landesbibliothek.
SEYFERT, A. & H. DAPPNER (1993): Einige Zierapfelsippen und deren Früchte. Baumschulpraxis 2. 80–84.
SMITH, E.M. (1981): The Flowering Crab Apple – a Tree for all Seasons.
JOURNAL OF AGRICULTURE 7 (4) 90–95.
SPELLENBERG, R. ET AL. (2014): Trees of Western North America. Princeton and Oxford: Princeton University Press.
Statistisches Bundesamt (2017): Fachserie 3: Land- und Forstwirtschaft, Fischerei, Reihe 3.1.4: Baumobstflächen.
STIENEN, H. (1988): Fichten-Tannen-Wälder der östlichen USA und ihre Schäden.

Mitt. Dtsch. Dendrol. Ges. 78, 7–21.
Stika, H.-P. (1991): Die Paläoethnobotanische Untersuchung der linearbandkeramischen Siedlungen Hitzingen im Hegau, Kreis Konstanz. Fundber. Bad.-Württ. 16: 63–104.
Turćec, F.J. (1961): Ökologische Beziehung der Vögel und Gehölze. Bratislawa: Verlag der Slowakischen Akademie der Wissenschaften.
Tutin, T.G. et al. (1968): Flora Europaea, Vol. 2. Cambridge: University Press.
Uhland, L. (2006): Lieder und Balladen. Crailsheim: Baier.
Uhland, L. (1983): Gedichte. Frankfurt: Insel.
Vassilczenko, I.L. (1969): In Rechinger, K.H.: Flora Iranica. Graz: Akademische Druck- und Verlagsanstalt.
Velasco, R. et al. (2010): The Genom of the domesticated apple (Malus ×domestica Borkh.). Nature Genetics 428: 833–839.
Wagenitz, G. (2003): Wörterbuch der Botanik, 2. Aufl. Heidelberg, Berlin: Spectrum Akademischer Verlag.
Wager, I. (1995): Identifikation von Wildapfel (Malus sylvestris (L.) Mill.) und Wildbirne (Pyrus pyraster (L.) Burgsd.). Voraussetzung zur Generhaltung des einheimischen Wildapfels. Forstarchiv 66, 39–47.
Wagner, I. (1996): Zusammenstellung morphologischer Merkmale und ihrer Ausprägung zur Unterscheidung von Wild- und Kulturformen des Apfel- (Malus) und des Birnbaumes (Pyrus). Mitt. Deutsch. Dendrol. Ges. 82, 87–108.
Wagner, I. (1998): Artenschutz bei Wildapfel. Forst und Holz, Jahrg. 53: 40–43.
Wagner, I. (2011): Bestimmen von Kulturferne beim Wildobst – Beispiel Malus sylvestris (L.) Mill. Mitt. Forsch. Anst. Waldökologie & Forstw. Rheinland-Pfalz 69, 187–194.
Wagner, I. (2012): Malus sylvestris (l.) Mill. 1768. Enzyklopädie der Holzgewächse. 42 Erg. Lfg. 5:1–16.
Warda, H.D. (1998): Das große Buch der Garten- und Landschaftsgehölze, 2. Aufl. Bad Zwischenahn: Bruns Pflanzen Export GmbH.
Warda, H.D. & D. Münstermann (2019): Bruns Pflanzen. Sortimentskatalog 2018/19. Bad Zwischenahn: Bruns Pflanzen Export GmbH & Co. Kg.
Wassermann, B., H. Müller & G. Berg (2019): An Apple a Day: Which Bacteria Do We Eat With Organic and Conventional Apples? Frontiers in Microbiology. Original Research 24. Juli 2019.
Way, R.D. et al. (1990): Apple (Malus). In Genetic resources of temperate fruit and nut crops. Waageningen: International Society for Horticultural Science. 3–62.
Wein, K. (1931): Die erste Einführung nordamerikanischer Gehölze in Europa. I. Mitt. Deutsch. Dendrol. Ges. 42: 137–163.
Wein, K. (1931): Die erste Einführung nordamerikanischer Gehölze in Europa. II. Mitt. Deutsch. Dendrol. Ges. 43: 95–154.
Weryszko-Chielewska, E. & M. Dmitruk (2009): Charakteristics of blooming, floral Nectaries and Nektar of Malus sargentii Rehd. Actza Agrobotanica. Vol 62 (1): 17–25.
Wu, Z.Y. & P.H. Raven (eds.) (1999–2011): Flora of China. Vol. 9. Beijing: St. Louis. (Siehe auch www.efloras.org/flora_page.aspx?flora_id=2).
Wyman, D. (1955): Crab apples for America. American Association of Botanical Gardens and Arboretums.
Wyman, D. (1956): Crap apples for Ornamental Fruit. Arnoldia: 16: 29–23.
Wyman, D. (1958): Where some of the Crab-Apples come from. The Garden Journal, Bd. 8, 122–124.
Wyman, D. (1959): Crap apples for Merit. Arnoldia Vol. 19. Nr. 4: 15–22.
Wyman, D. (1965): Trees for American Gardens. New York: MacMillan.
Wyman, D. (1969): Plant Registration. Arnoldia, Vol. 29, Nr. 1: 1–22.
Wyman, D. (1989): Flowering Crap apples for Spring and Fall. Arnold Arboretum. Bulletin of Popular Information. Vol. VII, Nr. 6.
Young, J.A. & C.G. Young (1992): Seeds of Woody Plants in North America. Portland: Dioscorides Press.

ZAHORY, M. (1983): Pflanzen der Bibel. Stuttgart: Callwey Verlag.
ZENO.ORG: Homer: Ilias / Odyssee. http://www.zeno.org/nid/2000509688X
ZINN, R. (HRGS.) (1987): Rainer Maria Rilke. Sämtliche Werke. Frankfurt: Insel.

Internetquellen

Genutzt in den Jahren 2018 und 2019.

Botanischer Garten und Botanisches Museum Berlin – Online Informationssysteme und Datenbanken: www.bgbm.org/de/datenbanken-und-datenzugriff
CTL (2019): Champion Tree List. Liste der Rekordbäume. https://www.ddg-web.de/index.php/rekordbaeume.html
Edelborsdorfer: https://de.wikipedia.org/wiki/Edelborsdorfer
EURO+MED: Euro+Med Plant Base – the information recourse for Euro-Mediterranean plant diversity: https://ww2.bgbm.org/EuroPlusMed/query.asp
GRIN: Germplasm Resources Information Network. www.ars-grin.gov
Kew Science: Plants of the World. www.plantsoftheworldonline.org
Kulturäpfel: https://de.wikipedia.org/wiki/Kulturapfel
Malusregister: https://www.malusregister.org
Missouri Botanical Garden – Datenbanken: http://www.missouribotanicalgarden.org/
Royal Botanic Garden Kew: https://www.kew.org
Straßenbaumregister: https://www.gogle.com/search?client-firefox-d&q=Straßenbaumregister
Streuobstwiese: https://de.wikipedia.org/wiki/Streuobstwiese
The International Plant Names Index: http://www.ipni.org
The Plant List – A working list of all plant species, Version 1.1, 2013: www.theplantlist.org
Trees and Shrubs Online – A modern reference to temperate woody plants: https://treesandshrubsonline.org/

Abbildungen von Bildautoren

Adobe Stock/zhengzaishanchu: 230

Archiv Fischer: alle handkolorierten Zeichnungen

Hans-Jürgen Arndt: 7, 58 r., 122

Arnold Arboretum: 233, 234, 254 o., 445, 446

Baumschule Bruns: 402, 403 o., 404, 461 u., 462

Bundessortenamt: 100 o.l., 101 u.l.

Foundation Arboretum Wespelaar (Team Koen Kamelbeke, Laura Wester, Joke Ossaer): 13, 14, u., 199, 201 o., 264, 274, 277 o., 427 u.

Jens Dockhorn: 324

Euforgen: 123

Andreas Gomolka: 174 u.

Kaspar Heißel: 181 o., 275 o.r., u., 302, 380, 381, 385 u., 389 u., 390, 394, 413, 440 u., 443, 448 u.l., 467

Eike J. Jablonski: 18 r., 19 l., 20 o., 21 r., 49, 82, 113, 156, 157, 162, 164, 167, 178, 201 u., 203, 218, 219, 226 o., 235, 254 u., 270, 275 o.l., 319, 345, 346, 372, 377, 378, 388, 389 o.l., 401 u., 405, 409 l., 417, 434, 437 l., 447, 465 u., 473 o., 480 o.l., 483 o, 489

Hans-Heinrich Jesch: 63

Scott Krausen (Schwarz-Weiß-Zeichnungen): 20 u., 36 o.l., 36 o.r., 36 u.l., 36 u.r., 37 o.l., 37 o.r., 37 u.l., 37 u.r., 38 o.l., 38 o.r., 38 u., 59, 61 o., 61 u., 62 o., 62 u.

Volker Meng: 475 r.

Hans-Roland Müller: 14 o.r., 16 o.r., l., 22 u., 68, 94, 95, 146, 147, 166 u., 215, 216 o., 245, 249, 250, 261 o., 307 o., 323, 351 u., 365 o., 379, 386 u., 387, 393 u., 395, 397 u., 416 u., 430 o.r., 465 o.l., 470, 472, 484 o., 487

Andreas Roloff: 17 u.r., 119

Giovanni Scafiosi: 88, 89

Alex Schneidewind: 22 o.r, 175, 214, 216 u., 217, 232, 257, 281 u., 282, 351 o., 363 o., 365, u., 383, 384, 385 o., 386 o., 393 o., 400, 403 u., 406, 408, 410, 419, 421 u., 426, 429, 430 o.l., u., 431, 433 u., 435, 436, 437 r., 438, 440 o., 444, 445, 446, 469, 477, 483 u., 488, 490, 491

Daan Smit: 326 o., 409 r.

Phillipe de Spoelberch: 154, 171 o., 186 u., 187, 188 u., 194 o., 266, 278 u., 416 o., 427 o., 428, 449, u., 463, 464 o.

Wikimedia Commons

Edmond Louyot: Der Apfel des Paris. Gemeinfrei. https://commons.wikimedia.org/wiki/File:Edmond_Louyot_-_Der_Apfel_des_Paris.jpg?uselang=de 69

Ortswappen Pohrsdorf. Archiv Andre Kaiser. Gemeinfrei. https://commons.wikimedia.org/wiki/File:Wappen_Pohrsdorf.svg 97

Andreas Bärtels: alle übrigen Abbildungen